划教材

统设计与建模

胡荷芬　贾海龙　主　编
王长利　王博玲　副主编

前　言

UML(unified modeling language，统一建模语言)是当前比较流行的一种建模语言，可用于创建各种类型的项目需求、设计及上线文档。Rational Rose 是目前最受业界瞩目的可视化软件开发工具之一，通过 Rational Rose 能用一种统一的方式设计各种项目的 UML 图。

UML 的设计动机是让开发者用清晰和统一的方式完成项目的前期需求和设计文档，而这些需求和设计文档能够让项目的开发变得更加便捷和清晰。随着 UML 应用的逐渐深入，其获得了广泛的认同，目前已经成为主流项目需求和分析的建模语言。

本书之所以选择 Rational Rose 作为开发 UML 的工具结合信息系统设计，是因为它不仅提供了绘制所有 UML 图的功能，还完全支持“双向工程”，实现代码和模型的相互转换。

本书包含了 UML 的基础知识、基本元素及使用方法，在讲述 UML 的使用过程中结合了 Rational Rose，以便使读者从中感受到利用 Rational Rose 开发 UML 的便捷性和高效性。同时，在讲述 UML 的元素时，结合了大量的实战案例，并且为了提高学习效率，在除第 13、14 章外的各章后面还提供了一定数量的习题。

本书共分为 14 章及一个附录，各章内容遵循从简单到复杂、由浅入深的思路进行组织。由于本书案例基于实际项目，所以能让读者更快地掌握 UML 的基本元素和建模技巧，也能让读者学会通过 Rational Rose 开发 UML 的方法，是 UML 初学者必备的书籍。

1. 本书内容

第 1 章信息系统与面向对象技术概述，介绍了信息系统的基本概念、信息技术在生活中的应用，面向对象的基本概念、面向对象的软件开发，以及用面向对象思想建立软件过程模型的方法。

第 2 章 UML 概述，介绍了 UML 的通用知识，包括 UML 的各种常用元素和 UML 的通用机制。

第 3 章 Rational Rose 的使用，介绍了 Rational Rose 的安装和操作方法及 Rational Rose 的操作技巧。

第 4 章用例图，介绍了用例图的概念和构成要素、用例的重要元素、用例之间的各种重要关系和使用 Rose 创建用例图的步骤。

第 5 章类图与对象图，介绍了类图和对象图的基本概念，使用 Rose 创建类图和对象图的方式，以及案例分析。

第 6 章包图，介绍了包图的基本概念、使用 Rose 创建包图的方式及使用 Rose 在实际项目中创建包图的具体案例。

第 7 章顺序图与协作图，介绍了顺序图与协作图的基本概念、顺序图与协作图的组成、顺序图与协作图中项目的相关概念、使用 Rose 创建顺序图与协作图的方式，以及使用 Rose 在实际项目中创建顺序图与协作图的具体案例。

第 8 章状态图，介绍了状态图的基本概念、构成状态图的元素、状态的组成，使用 Rose 创建状态图的方式，以及使用 Rose 在实际项目中创建状态图的具体案例。

第 9 章活动图，介绍了活动图的基本概念、活动图的组成，使用 Rose 创建活动图的方式，以及使用 Rose 在实际项目中创建活动图的具体案例。

第 10 章组件图，介绍了组件图的基本概念，使用 Rose 创建组件图的方式，以及使用 Rose 在实际项目中创建组件图的具体案例。

第 11 章部署图，介绍了部署图的基本概念，使用 Rose 创建部署图的方式，以及使用 Rose 在实际项目中创建部署图的具体案例。

第 12 章双向工程，介绍了正向工程和逆向工程的概念，以及使用 Rose 并以 Java 语言为例，介绍如何从图形生成代码和如何从代码生成图形的具体案例。

第 13 章和第 14 章从需求分析讲起，分别通过应急救援指挥调度系统、安全培训题库管理系统，介绍了创建系统用例图模型、静态模型、动态模型和部署模型的方式。

附录一共提供了 5 个完整的课程实验，可作为课程结束时的课程设计使用，有助于学生从整体上把握系统建模的技术和方法，方便教师课堂教学。

2. 本书特点

(1) 从入门到精通。本书遵循由浅入深、循序渐进的方式，按照知识点的梯度逐渐深入，这样编写的目的是让读者能快速地学习和掌握 UML 技术。

(2) 基于实战案例教学。本书的 UML 相关知识点都配套了实际的案例，能让读者了解现实项目中 UML 的具体应用。

(3) 用 Rational Rose 实现。目前有很多种 UML 的开发工具，但 Rational Rose 在业内使用比较广泛。通过学习本书，读者能了解 Rational Rose 的常规用法。

(4) 习题配套。为了让读者快速掌握 UML 技术，除第 13、14 章外，每章后面都提供了相关的习题。

3. 学时安排

本课程总学时为 96 学时，各章学时分配见表 1(供参考)。

表 1　学时分配建议表

课程内容	学时数		
	合　计	讲　授	实　验
第 1 章　信息系统与面向对象技术概述	1	1	
第 2 章　UML 概述	2	2	
第 3 章　Rational Rose 的使用	3	2	1

(续表)

课程内容	学时数		
	合　计	讲　授	实　验
第 4 章　用例图	5	3	2
第 5 章　类图与对象图	6	4	2
第 6 章　包图	1	1	
第 7 章　顺序图与协作图	6	4	2
第 8 章　状态图	4	2	2
第 9 章　活动图	4	2	2
第 10 章　组件图	5	3	2
第 11 章　部署图	1	1	
第 12 章　双向工程	2	2	
第 13 章　应急救援指挥调度系统	1	1	
第 14 章　安全培训题库管理系统	1	1	
附录　课程实验	6	2	4
合计	48	31	17

本书可作为高等院校计算机及相关专业的 UML 课程教材，也可作为自学者及网站开发人员的参考书。

本书免费提供 PPT 教学课件、案例源文件和习题答案，可通过扫描下方二维码获取。

教学资源下载

本书由曹德胜、胡荷芬、贾海龙任主编，狐为民、程刚、王长利、王博玲任副主编。参与本书编写工作的还有周钰婷、李惟等，在此，编者对他们表示衷心的感谢。

在本书的编写过程中，借鉴了许多现行教材编写的宝贵经验，在此，谨向这些作者表示诚挚的感谢。

由于时间仓促，加之编者水平有限，书中难免有不足之处，敬请广大读者批评指正。

服务邮箱：476371891@qq.com。

编　者

2023 年 5 月

目 录

ᵔ 第1章 ᵕ

信息系统与面向对象技术概述

随着全球化带来的经济、文化和技术变革，信息系统已经渗透到我们的生活中，拥有操作计算机的技术与能力，也成为越来越多工作岗位的就职条件之一。在信息化时代，管理人员使用企业资源计划系统来管理业务运营，医生使用医疗信息系统分析患者数据、诊断病情，农民使用地理信息系统来减少肥料、优化植物产量。总而言之，信息系统已经成为人们生活和工作的重要组成部分。

现在，面向对象技术已经逐渐取代了传统的技术，成为当今计算机软件工程学中的主要开发技术。面向对象技术能够使计算机以更符合人的思维方式去解决一系列的编程问题，极大地提高了程序代码复用程度和可扩展性，大幅度提高了编程效率，并减少了软件维护的代价。面向对象技术发展的重大成果之一就是出现了统一建模语言(unified modeling language，UML)。UML是面向对象技术领域内占主导地位的标准建模语言，它统一了过去相互独立的数十种面向对象的建模语言共同存在的局面，通过统一语义和符号表示，系统地对软件工程进行描述和构造，形成了一个统一的、公共的、具有广泛适用性的建模语言。

1.1 信息系统的基本概念

信息系统领域是巨大的、多样化的、不断发展的，有大量的系统分析师、系统程序员等技术人员对信息系统进行构建、管理、使用和研究，他们所用的信息技术包括硬件、软件与通信网络。因而，我们将信息系统定义为创建、收集、处理、存储和传播有用数据的人员和信息技术的结合。如今，信息系统已逐渐成为我们学习、工作和生活中最基础、最重要的部分之一。

1.1.1 数据、信息与知识

在了解信息系统之前，必须区分原始的数据、信息和知识。

1. 数据

数据是原始符号、未经加工的事实及信息系统的根源，如字符、数字、图像、声音或它们的组合等都是数据。数据只是一个描述，其本身没有任何特定的背景和意义，在处理之前几乎没有价值。例如，1001没有特定含义，可以表示日期、门牌号码、长度等。虽然数据没有固定的含义，但如果输入错误数据，输出得到的也会是错误数据。因此，评估数据对决策是否可靠的关键因素就是数据质量，包括数据的完整性、准确性、及时性、有效性和一致性。

2. 信息

信息(information)是经过格式化、组织化或处理加工而变得有用的数据，也是提供决策的有效数据，对特定用户有价值，并能传达意义。信息可以被定义为现实的代表，可以说明何时、何地、何人(或物)、何事。例如，没有经过处理的银行每天存取款的数据是无用的，但如果对数据进行统计分析，进行客户画像后展开精准营销，这些无用的数据就会变成对银行有很大帮助的有用信息。

除此之外，信息还有一个非常重要的特性——时效性。信息的时效性是指从信息源发送信息后经过接收、加工、传递、利用的时间间隔及其效率。时间间隔越短，使用信息越及时，信息的使用程度越高，时效性越强。我们在获取信息后，需要判断其时效性来确定该信息的价值，例如“今天下午三点到中央广场”，这种信息会在时效性消失后变得没有价值。

3. 知识

知识(knowledge)是使用信息、理解信息后形成的观点、认识或理解，是客观世界规律的总结。知识对每个人来说都是独一无二的，是过去经验和洞察力的积累让我们拥有解释信息并赋予信息意义的能力，与人们对事物的了解程度、谈论问题的角度、人的价值观念和所处环境等都有关系。对于地球是方还是圆的讨论，就是一个很好的例子。

知识具有：①隐性特征，具备较强的隐蔽性，需要进行归纳、总结与提炼；②行动导向特征，能够直接推动人的决策和行为，加速行动过程。若要使知识转化为行动，个人必须有权利和能力执行决定，用知识和权威来生成可产生影响的可操作信息。

4. 数据、信息与知识的比较

数据、信息与知识常被人们混淆，难以辨别。数据是记录信息的一种形式，信息由数据不断解析和加工而产生。例如，电子温度计上的数据 39.5℃，仅是对温度进行描述的数据符号，只是在人观察温度计上的数据判断出体温过高后，39.5℃这个数据才成为了信息。数据只有对实体行为产生影响时才成为信息。

而知识来源于信息，是基于某种角度的信息整合而形成的观点。由于信息的时效性，它的价值往往会在时间效用失效后开始衰减，只有通过人们参与对信息进行归纳、演绎、比较等手段提取有价值的部分信息，并与已经存在的人类知识体系相结合，这部分信息才会转变成知识。如上例，39.5℃是数据，通过“正常人类的体温在 36.0～37.3℃”是知识，以此判断出“体温过高”的信息。综上，同时拥有高质量的数据、充足的信息和相关的知识，才能做出高质量的决策，即决策依赖数据、信息和知识。

数据、信息与知识的关系如图 1-1 所示。

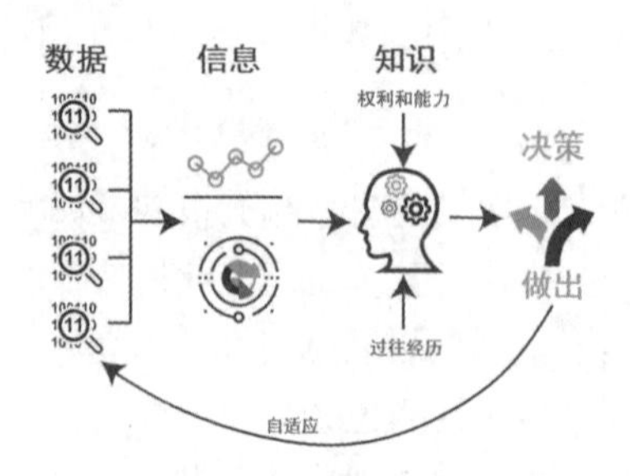

图 1-1　数据、信息与知识的关系

1.1.2　系统

系统(system)是内部相互依赖的各部分按照某种规则，为实现某一特定目标而联系在一起的合理的、有序的组合。

一般来说，系统具有以下 4 个特性。

(1) 整体性。系统内部的各部分是为了实现某一特定目标而联系在一起的，因此每部分都要服从整体，追求整体最优，而不是局部最优。即使一个系统中的各部分都不是最完善的，但通过综合与协调要使整个系统达到最好的效果。

(2) 层次性。复杂的系统总是由若干较为简单的子系统组成，这些较为简单的子系统又由更简单的子系统组成。对于一个复杂的系统可以采用分解的方法，利用系统的层次性由高到低、由表及里、由粗到细地进行分析。

(3) 关联性。系统的各部分在功能上相对独立，但彼此之间是相互联系、相互制约的。这些联系与制约决定了整个系统的运行机制，分析这些联系是构建一个系统的基础，实现一个系统的过程中不仅要考虑如何将系统分成若干子系统，而且要考虑这些子系统之间的相互制约关系。

(4) 目的性。任何一个系统都是为了完成某一特定目标而构造的，如学校的目标是培养经济建设人才、取得先进的科研成果，工厂的目标是生产出高质量、高销量的产品。因此，在建设系统之初就需要按照这个明确的目标设计系统的每一部分。

图 1-2 所示是系统的一般模型，系统边界是系统与环境分开的虚拟边界，在此边界实现物质、能量、信息的交换，边界之内是系统，边界之外是环境，环境和系统互相有一定的影响。反馈是系统设计中重要的策略之一，将观测到的输出取作反馈量以构成反馈律，形成对系统的闭环控制，以达到期望的对系统的性能指标要求。

系统无处不在，如大学就是一个常见的人造系统，学生、教师、管理人员、教材、设置等为系统输入，教学、研究、服务等为系统处理机制，受教育的学生、有意义的研究和提供服务为系统输出，知识与劳动成果的获得为输出反馈。

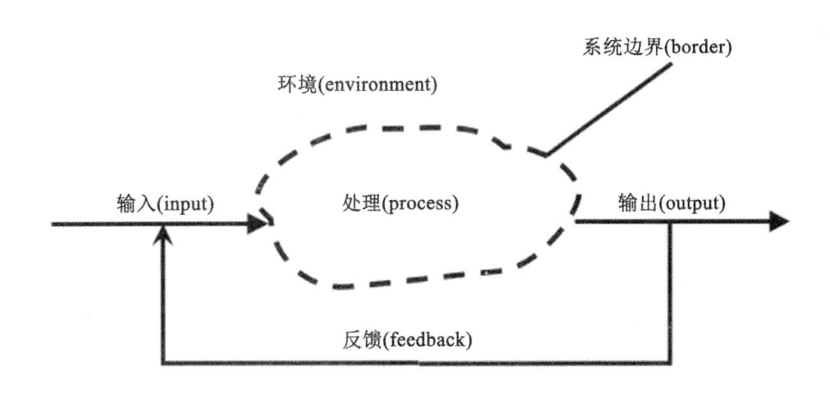

图 1-2　系统的一般模型

1.1.3 信息系统

人类有了生产活动时就有了简单的信息系统，即采用手工管理方式。但随着科学技术的发展与社会活动的复杂化，手工处理方式显然已经远远不能满足人类生产活动的需要，为了提高用于记录、查找和加工信息的效率，计算机已经成为信息处理的有力工具，目前人们所说的信息系统已经不是以往传统的手工管理信息系统，而是计算机化的信息系统。

于此给出信息系统的概念，信息系统是创建、收集、处理、存储和传播有用数据的人员和信息技术的结合，目的是实现组织中各项活动的管理、调节和控制。本质上，信息系统就是输入数据或信息，通过加工处理产生信息的系统，其运转情况与整个组织的效率密切相关。

信息系统自 20 世纪 50 年代以来经历了由单机到网络，由低级到高级，由电子数据处理系统到管理信息系统再到决策支持系统，由数据处理到智能处理的过程。这个发展过程大致经历了以下几个阶段。

(1) 20 世纪 50 年代中期，电子数据处理系统(electronic data processing system，EDPS)使用计算机代替以往人工进行事务性数据处理的系统，因此也被称为事务处理系统(transaction processing system，TPS)。但受限于当时计算机的能力与人们对计算机的认知，EDPS 完全模拟人工系统，数据收集速度慢且容易出错，是该系统最薄弱的环节。

(2) 20 世纪 70 年代，随着数据库技术、网络技术和科学管理方法的发展，人们开始不满足于仅用计算机来模拟简单的数据处理，便诞生了管理信息系统(management information system，MIS)。MIS 最大的特点是高度集中，它将组织中的数据集中起来，在中心数据库和计算机网络系统的基础上分布式处理数据。MIS 利用定量化的科学管理方法，通过预测、计划优化、管理、调节和控制等手段来支持决策。

但传统的 MIS 缺乏对企业组织机构和不同阶层管理人员决策行为的深入研究，忽视了人在管理决策过程中不可替代的作用，在辅助企业高层的管理决策工作中常显得力不从心，而决策支持系统(decision support system，DSS)能较好地解决这一问题。相较于早期的 MIS，DSS 强调决策过程中人的主导作用，用户可以针对企业决策的问题，建立一个模型以考察一些变量的变化对决策结果的影响，在人和计算机交互的过程中帮助决策者探索可能的方案，为管理者提供决策所需要的信息，如用户可以观察利率变化对一个新建制造厂的投资的影响。

EDPS、MIS 和 DSS 代表了信息系统发展过程中的某一阶段，至今仍各自不断地发展着，并且是相互交叉的关系。随着网络技术、人工智能技术的发展，信息系统向网络化、智能化发展，此外，还出现主管信息系统(executive information system，EIS)、战略信息系统(strategic information system，SIS)、办公自动化系统(office automation system，OAS)等新概念。各类信息系统的开发应用，改善了人们的工作环境，提高了工作效率、扩大了人们思考问题的范围并增强了控制问题的能力。如果信息系统的构思、设计、使用和管理是有效且有战略性的，那么伴随着健全的商业模式，信息系统会大幅度提高公司的效率，拓展公司业务层面，并获得或保持竞争优势。

1.2 面向对象技术

信息系统在各行各业普遍应用的同时，软件工程和信息系统在自身开发技术方面也取得了一系列的成果，最早人们是从结构化开发方法开始从事信息化开发的，随后在计算机软件开发领域产生了软件工程，在管理信息系统开发领域产生了商务系统规划方法。20 世纪 80 年代后，由于第四代程序生成语言的出现，产生了原型方法及近来比较热门的面向对象(object-oriented)开发方法。

信息系统开发的成功与否与使用的开发工具和方法有直接联系。面向对象程序开发中的对象由数据和对数据执行的活动组成。因此，程序中的对象之间有相互作用的机会。例如，一个对象可能由员工信息和对员工执行的所有操作(如工资、福利等)方面的数据组成。

面向对象技术和过去的软件开发技术完全不同，是一种全新的软件开发技术。面向对象的概念从问世到现在，已经发展为一种非常成熟的编程思想，并且成为软件开发领域的主流技术。面向对象的程序设计(object oriented programming，OOP)旨在创建软件重用代码，具备更好的模拟现实世界环境的能力，这使它被公认为是自上而下编程的最佳选择。它通过给程序中加入扩展语句，把函数“封装”到编程所必需的“对象”中。面向对象的编程语言使得复杂的工作条理清晰，编写容易。说它是一场革命，不是对对象本身而言，而是对它处理工作的能力而言。

1.2.1　面向对象技术的含义

面向对象方法的核心是面向对象技术，这是一种以对象为基础，以事件或消息来驱动对象执行处理的程序设计技术。从程序设计方法上来讲，面向对象设计是一种自下而上的程序设计方法，它从问题的一部分着手，一点一点地构建出整个程序。面向对象设计以数据为中心，使用类作为表现数据的工具，类是划分程序的基本单位，而函数在面向对象设计中成了类的接口。

面向对象的程序设计方法能够使程序的结构清晰简单，大大提高了代码的重用性，有效减少了程序的维护量，提高了软件的开发效率。面向对象程序设计由类的定义和类的使用两部分组成，在程序中定义数个对象并规定它们之间消息传递的方式，程序中的一切操作都是通过面向对象的发送消息机制来实现的。对象接收到消息后，启动消息处理函数完成相应的操作。

面向对象开发过程中，系统由一系列计算对象组成，每个对象都封装了其自身的数据和逻辑程序，开发者通过定义一个类来定义程序逻辑的结构和数据字段，只有当程序开始执行时，对象才能存在，这个过程我们称为类的实例化。例如，面向对象方法不再把世界看成一个紧密关联的系统，而是看成一些相互独立的小组件，这些组件依据某种规则组织起来，完成特定功能。

1.2.2　对象、类、属性和操作

1. 对象

对象(object)是面向对象系统的基本构造块，是理解面向对象技术的关键。万物皆是对象，对象可以是有形的实体，如汽车、人、房子等，也可以是抽象的规则、计划或事件，如图书编号、学生学号、职员所属部门等。

2. 类

类(class)是对一组有相同属性和相同操作的对象的组合，而对象是类实例化的结果。也就是说，类描述了一组相似对象的共同特征，为属于该类的全部对象提供了统一的抽象描述。对象的特征称为属性，属性是对象从类中继承的或是自己拥有的属性。如图 1-3 所示，称为 Person 的类包括 Teacher 和 Student。Teacher 类和 Student 类都继承了 Person 类的 Name(姓名)、Gender(性别)属性，同时，Student 类也有不被 Person 类中的其他成员所共享的系部属性。面向对象设计将数据和对数据的操作封装到一起，作为一个整体进行处理，并且采用数据抽象和信息隐藏技术，最终将其抽象成一种新的数据类型——类。

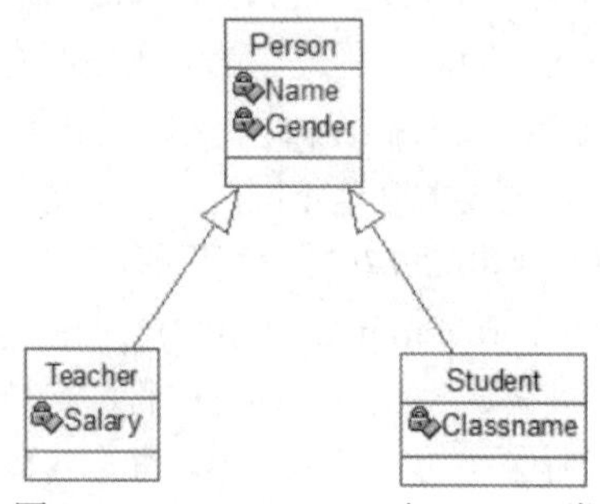

图 1-3　Person、Teacher 与 Student 类

类与类之间的联系及类的重用出现了类的继承、多态等特性。类的集成度越高，越适合大型应用程序的开发。类的思想使用有一个引用点，并根据具体对象与本类的相似性或区别对它进行描述，因此在面向对象开发过程中每次需要一个对象时，不必从头开始描述该对象，适当地继承其他类会大大减少工作量。

3. 属性

属性(attribute)是已命名的类的特性，它描述了该特性的实例可以取值的范围。类可以有任意数目的属性，也可以没有属性。属性描述了正被建模的事物的一些特性，这些特性为类的所有对象共有。如图 1-4 所示，每个顾客都有姓名、地址、手机号码和出生日期。因此，属性是对类的对象可能包含的数据种类或状态种类的抽象，在一个给定时间，类的一个对象将具有该类的每个属性的特定值。

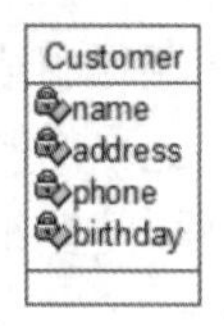

图 1-4　属性

4. 操作

操作(operate)，也称方法，它定义了对象可以执行的任务，是一个服务的实现，该服务可以由任何类的对象来请求以影响其行为。也就是说，操作是能对一个对象所做的事情的抽象，并且它由这个类的所有对象共享。类可以有任意数目的操作，也可以没有操作。

例如“门”对象可以同假定能够在其上执行的行为相关联，如门可以打开、关闭、上锁、开锁。这些行为都与“门”对象相关，并由该对象实现。调用对象的操作经常会改变对象的数据或状态。

通常，若操作名由一个单词组成，则小写；若操作名由多个单词组成，则第一个单词小写，第一个单词后面的每个单词的首字母大写，如 move 或 isEmpty，如图 1-5 所示。

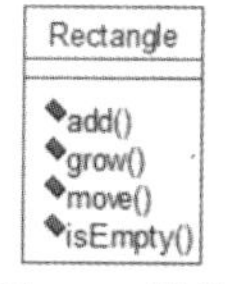

图 1-5　操作

可以通过阐明操作的特征标记来详细描述操作，特征标记包含所有参数的名称、类型和默认值，如果是函数，还包括返回值类型，如图 1-6 所示。

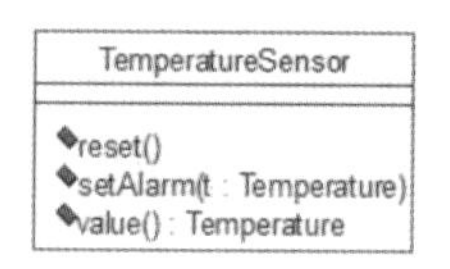

图 1-6　含有特征标记的操作

1.2.3　消息与事件

消息是对象间的通信，它传递了要执行动作的信息，并能触发事件。接收到的一个消息通常被认为是一个事件。一个消息主要由消息的发送对象、消息的接收对象、消息的传递方式、消息的内容(参数)、消息的返回五部分组成。传入消息内容的目的有两个：一个是让接收请求的对象获取执行任务的相关信息；另一个是行为指令。

事件通常是指一种由系统预先定义而用户或系统发出的动作。事件作用于对象，对象识别事件并做出相应的响应。一个事件具有原子性(不可中断)且在概念上无持续，如“已插卡”“已输入密码”“钱已取出”等都是事件。事件会相互依赖，例如在一个给定的事件序列中，“已输入密码”总是在事件“钱已取出”之前发生。现代高级语言中可以通过一些其他技术在类中加入事件，如我们通常所熟悉的一些事件：Click，单击对象时发生的事件；Load，当界面被加载到内存中时发生的事件等。

对象通过对外提供的方法在系统中发挥自己的作用，当系统中的其他对象请求该对象执行某个方法时，就向其发送一个消息，该对象响应请求，并完成指定的操作。程序的执行取决于事件发生的顺序，由顺序产生的消息来驱动程序的执行，而不必预先确定消息产生的顺序。

1.2.4　封装、继承和多态

封装、继承、多态是面向对象程序的三大特征。随着信息技术的发展，这三大特征已被应用于硬件、数据库、人工智能技术、分布式计算、网络、操作系统等领域。三大特征相互配合，使得面向对象程序具有更好的组织结构和可维护性：封装保护了对象的内部细节，继承提供了代码的重用性，多态使代码可以在不同的对象和场景中重用。通过合理应用三大特征，可以设计出更加灵活可靠的面向对象程序。

1. 封装

封装(encapsulation)就是把对象的状态和行为绑到一起的机制，使对象形成一个独立的整体，并且尽可能地隐藏对象的内部细节。封装有两个含义：一是把对象的全部状态和行为结合在一起，形成一个不可分割的整体。对象的私有属性只能由对象的行为来修改和读取。二是尽可能隐蔽对象的内部细节，与外界的联系只能通过外部接口来实现。

从对象外部来看，良好的封装能隐藏大量细节。隐藏是使用封装将某些信息或实现方法限制在封装结构内部，以约束外部的可见性。隐藏有两种形式：信息隐藏和实现隐藏。信息隐藏就是使封装单元内的信息不被外界察觉，而实现隐藏是指外界不能察觉单元内的实现细节。例如，使用手机时，我们关注的通常是这部手机能实现什么功能，而不太会去关心这部手机是怎么被制造出来的。

但是在实际项目中，如果一味地强调封装，对象的任何属性都不允许外部直接读取，反而会增加许多无意义的操作，为编程增加负担。为避免这一点，在语言的具体使用过程中，应该根据需要和具体情况，来决定对象属性的可见性。例如，房子就是一个类的实例，室内的装饰和摆设只能被室内的居住者欣赏和使用，如果没有四面墙的遮挡，室内的所有活动在外人面前将一览无遗。由于有了封装，房屋内的所有摆设都可以被随意改变且不影响他人，然而，如果没有门窗，即使它的空间再宽阔，也没有实用价值。房屋的门窗，就是封装对象暴露在外的属性和方法，专供人进出，以及空气流通和带来阳光。

2. 继承

继承(inheritance)是利用可重用软件构造系统的有效机制，它可以使开发人员在已有类的基础上定义和实现新的类。继承意味着自动地拥有或隐含地复制，它是一种连接类与类之间的层次模型，是指特殊类的对象拥有其一般类的属性和行为。例如，交通工具可以分为车、船、飞机等，我们通过抽象的方式实现一个交通工具类以后，可以通过继承的方式分别实现车、船、飞机等类，并且这些类包含交通工具的特性。交通工具类继承结构示例如图 1-7 所示。

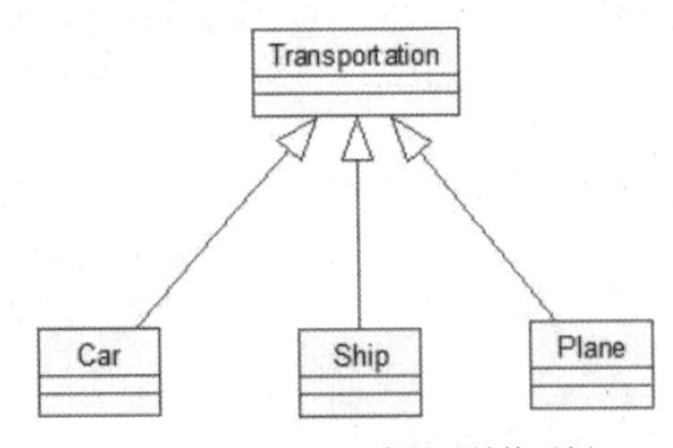

图 1-7　交通工具类继承结构示例

继承性表示较一般的类与较特殊的类之间的关系，在此关系中，一般的类通常被称为“超类”“基类”“父类”等，而较特殊的类被称为“子类”“衍生类”“派生类”等，UML 中将这种关系称为“泛化”或“一般化”。

继承是传递的，当一个特殊类被它更下层的特殊类继承时，它继承来的及自定义的属性和行为又被下一层的特殊类继承下去。通过继承机制，子类可以自动拥有(隐含复制)父类的全部属性与操作，继承机制简化了对现实世界的认识和描述，在定义子类时，不必重复定义那些已在父类中定义过的属性和操作，只要声明自己是某个父类的子类，把精力集中在定义子类所特有的属性和操作上即可，所以继承机制提高了软件的可复用性。

3. 多态

多态(polymorphism)是指两个或多个属于不同类的对象对于同一个消息或方法调用所做出不同响应的能力。在面向对象技术中，多态性是指在父类中定义的属性和操作被其子类继承后，可以具有不同的数据类型或表现出不同的行为。例如，我们在“动物”基类中定义了“进食”行为，派生类“猫”和“狗”都继承了动物类的进食行为，但其进食的事物却不一定相同，猫喜欢吃鱼，而狗喜欢啃骨头。该进食的消息发出以后，猫类和狗类的对象接收到消息后各自执行不同的进食行为。图 1-8、图 1-9 所示为多态性示例。

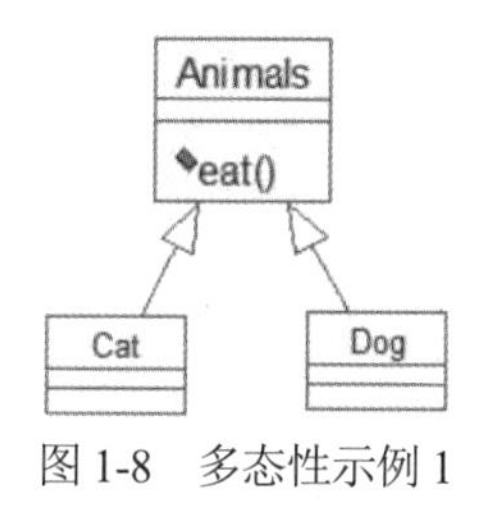

图 1-8　多态性示例 1

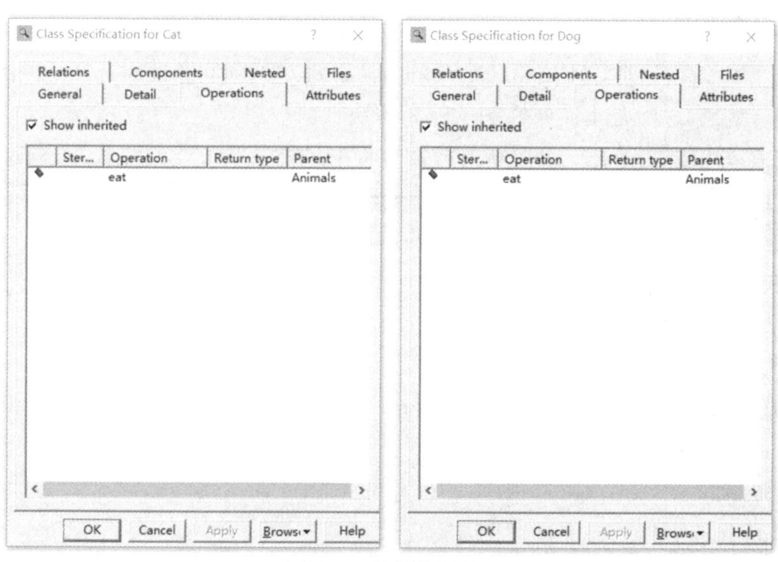

图 1-9　多态性示例 2

在一般与特殊关系的类层次结构中，利用多态性可以使不同层次的类共享一个操作名称，而各自有不同的实现，当一个对象接收到一个请求进行某项服务的消息时，将根据该对象所属的类，动态地选用在该类中定义的操作。子类继承父类的属性或操作名称，而根据子类对象的特性修改属性的数据类型或操作的内容，这称为重载(overloading)，它是实现多态性的重要方法之一。

继承性和多态性的结合可以生成一系列虽然类似但独一无二的对象：由于继承性，这些对象共享许多相似的特征；由于多态性，针对相同的消息，不同的对象可以有独特的表现方式，实现个性化的设计。

1.3 面向对象的软件开发

软件开发是一项系统工程，它的真正决定性因素来自前期对所解决问题的分析、抽象和概念问题的提出，而非后期的程序源代码的实现，只有正确识别并深刻理解了目标问题的内在逻辑和本质特征，才可能圆满地解决问题，设计出优秀的软件。综上，在软件开发与设计的全过程中，程序代码设计只是相对较小的一项工作。

面向对象的程序设计方法是一种新型、实用的程序设计方法。该方法的主要特征在于支持数据抽象、封装和继承等概念。借助数据抽象和封装，可以抽象地定义对象的外部行为而隐蔽其实现细节，从而达到规约和实现的分离，有利于程序的理解、修改和维护，对系统原型速成和有效实现大有帮助；支持继承则可以在原有代码的基础上构造新的软件模块，从而有利于软件的复用。在采用面向对象的程序设计方法开发系统时，系统实际上是由许多对象构成的集合。

1.3.1 面向对象分析

面向对象分析的目的是认知客观世界的系统并对系统进行建模，主要过程为对系统进行评估，采集和分析系统的需求，理解系统要解决的问题，重点是充分考虑系统的实用性。这一阶段的结果可以建立用例模型，描述系统需求。在开发过程中，随着对系统的认识不断加深，用例模型可以自顶向下不断精化，演化出更为详细的用例模型。

在这一过程中，抽象是最本质、最重要的方法，针对不同问题性质选择不同的抽象层次，过简或过繁都会影响对问题本质属性的了解和解决。

面向对象的分析方法是在一个系统的开发过程中进行了系统业务调查后，按照面向对象的思想来分析问题。面向对象分析与结构化分析有较大的区别，面向对象分析所强调的是在系统调查资料的基础上，针对面向对象方法所需要的素材进行的归类分析和整理，而不是对管理业务现状和方法的分析。

面向对象分析一个事物时的基本步骤如下。

1) 确定对象和类

这里所说的对象是对数据及其处理方式的抽象，它反映了系统保存和处理现实世界中某些事物的信息的能力。类是对多个对象的共同属性和方法集合的描述，包括如何在一个类中建立一个新对象的描述。

2) 确定结构

结构是指问题域的复杂性和连接关系。例如，类成员结构反映了泛化与特化的关系，整体和部分结构反映了整体和局部之间的关系。

3) 确定主题

主题是指事物的总体概貌和总体分析模型。

4) 确定属性

属性就是数据元素，可用来描述对象或分类结构的实例，在对象的存储中指定。

5) 确定方法

方法是在收到消息后必须进行的一些处理操作。对于每个对象和结构来说，那些用来增加、修改、删除和选择一个方法本身的操作都是隐含的，而有些操作则是显示的。

1.3.2　面向对象设计

1. 面向对象设计的准则

面向对象设计的准则包括模块化、抽象、信息隐藏、低耦合和高内聚等。

1) 模块化

面向对象开发方法很自然地支持了把系统分解成模块的设计原则，即对象就是模块。它是把数据结构和操作这些数据的方法紧密地结合在一起所构成的模块。类的设计要很好地支持模块化这一准则，这样能使系统有更好的维护性。

2) 抽象

面向对象方法不仅支持对过程进行抽象，而且支持对数据进行抽象。抽象方法的好坏及抽象的层次都对系统的设计有很大影响。

3) 信息隐藏

在面向对象方法中，信息隐藏是通过对象的封装性来实现的。对象暴露接口的多少及接口的好坏都对系统的设计有很大影响。

4) 低耦合

在面向对象方法中，对象是最基本的模块，因此耦合主要是指不同对象之间相互关联的紧密程度。低耦合是设计的一个重要标准，因为这有助于使系统中某一部分的变化对其他部分的影响降到最低限度。低耦合的程序有助于类的维护，也是衡量类质量的一个很重要的指标。

5) 高内聚

在面向对象方法中，高内聚也是必须满足的条件。高内聚是指在一个对象类中应尽量多地汇集逻辑上相关的计算资源。如果一个模块只负责一件事情，则说明这个模块有很高的内聚度；如果一个模块负责了很多相关的事情，则说明这个模块的内聚度很低。内聚度高的模块通常容易理解，很容易被复用、扩展和维护。较低的耦合度和较高的内聚度，也即我们常说的“低耦合、高内聚”，是所有优秀软件的共同特征。

2. 系统设计

系统设计阶段主要确定系统的高层次结构，包括子系统的分解、系统的固有并发性、子系统如何分配给硬软件、数据存储管理、资源协调、软件控制实现、定义人机交互接口等，需要做出如下决策。

1) 将系统划分为子系统

对于每个子系统，都必须建立该子系统与其他子系统之间的定义良好的接口，接口的建立使不同子系统的设计可以独立进行。如果必要，还可以不断地将子系统进一步分解为更小的子系统，直到将子系统分解为模块。

2) 识别并发

若要识别出系统固有的并发，可以通过分析状态图来完成这个任务。为了定义并发任务，需要检查系统中不同的、可能的控制线程，并将这几个控制线程合并为一个。

3) 将子系统和任务分配给处理器

将子系统分配给处理器是从估计所需要的硬件资源开始的，同时设计者还必须决策哪个子系统由硬件实现，哪个子系统由软件实现。

4) 选择实现数据存储的策略

在系统设计阶段，必须完成关于数据库的决策，即决定是使用文件还是数据库管理系统存储数据。

5) 识别出全局资源，并确定控制访问全局资源的机制

必须明确定义对全局资源(如物理单元、逻辑名和共享数据等)的使用和访问。

6) 选择实现软件控制的方法

用软件实现控制又分为外部控制和内部控制两种。外部控制(external control)是系统中对象间的外部可见的事件流。处理外部控制有 3 种方式：过程驱动系统、事件驱动系统和并发系统。内部控制(internal control)是进程内的控制流，可以被看作程序语言中的过程调用(所提到的系统并不是唯一的选择，还可以采用基于规则的系统或其他非过程的系统)。

7) 考虑边界条件

描述各种边界条件也是很重要的，包括系统的初始化、系统的结束和系统的失败。

8) 建立折中的优先级

系统的所有目标并不是都可以达到，所以要分析系统的所有目标，然后进行折中，为不同的目标设置不同的优先级。

1.4 软件过程模型

面向对象的建模以面向对象开发者的观点创建所需要的系统。事实上，选择创建什么样的模型，对如何解决问题和形成解决方案有深远的影响，可跨越整个生存期的系统开发、运作和维护所实施的全部过程、活动和任务的结构框架。

软件过程模型能清晰、直观地表达软件开发的全过程，明确规定了要完成的主要活动和任务，用来作为软件项目开发工作的基础。对于不同的软件系统，可采用不同的开发方法，使用不同的程序设计语言和不同技能的人员，以及不同的管理方法和手段等，它还允许采用不同的软件工具和不同的软件工程环境。

常见的软件过程模型有瀑布模型、喷泉模型、基于构件的开发模型等。

1.4.1 瀑布模型

瀑布模型，也被称为生存周期模型，是历史上第一个正式使用并得到业界广泛认可的软件开发模型，其核心思想是按照相应的工序将问题进行简化，将系统功能的实现与系统的设计工作分开，便于项目之间的分工与协作，即采用结构化的分析与设计方法将逻辑实现与物理实现分开。瀑布模型将软件的生命周期划分为系统工程、需求分析与规约、设计与规约、编码与单元测试、集成测试与系统测试及运行与维护 6 个阶段，并且规定了它们自上而下的次序，如同瀑布一样下落，每个阶段都是依次衔接的。采用瀑布模型的软件开发过程如图 1-10 所示。

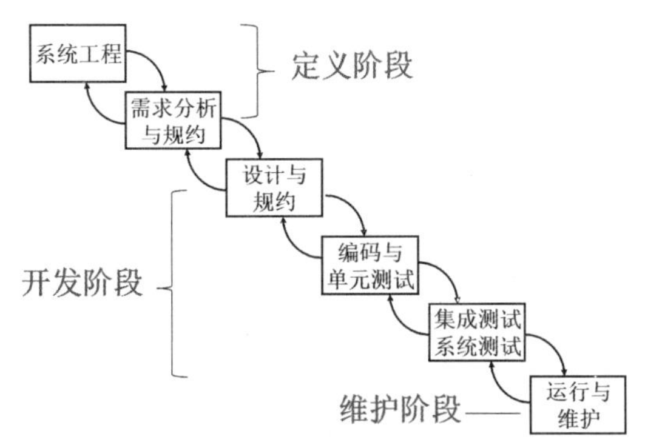

图 1-10　采用瀑布模型的软件开发过程

瀑布模型是最早出现的软件过程模型，在软件工程中占有重要的地位，它提供了软件开发的基本框架。瀑布模型的本质是一次通过，即每个活动只做一次，最后得到软件产品，因此也称作“线性顺序模型”或“传统生命周期”。

瀑布模型的主要优点是：整个开发过程阶段和步骤明确，每一阶段均有明确的成果，这些成果以可行性分析报告、系统说明书、系统设计说明书等形式表现出来，并作为下一阶段工作的依据。整个项目按阶段和步骤可以划分为许多组成部分，各部分可以独立地开展工作，这有利于整个项目的管理与控制。

然而软件开发的实践表明，瀑布模型也存在一定的缺点：由于开发模型呈线性，所以当开发成果尚未经过测试时，用户无法看到软件的效果，使软件与用户见面的时间间隔较长，增加了一定的风险；在软件开发前期未发现的错误传递到后面的开发活动中时，可能会扩散，进而可能会造成整个软件项目开发失败；在软件需求分析阶段，要完全确定用户的所有需求是比较困难的，甚至可以说是不太可能的。

总之，瀑布模型代表了一种直观的、切合实际的、通用的工程方法在软件工程中的应用，它强调在执行活动之前先进行设计的重要性，并因此提供了一种有价值的平衡，平衡软件开发中对总体体系结构或程序结构不做任何考虑就开始编码的普遍倾向。但实际上，瀑布模型的应用并没有真正做到它所承诺的那样，提供一种组织软件项目的方法，使得项目将会是可控制的，按时产生在预算内交付功能正确的系统。造成这种失败的两个主要原因是，该模型管理项目中涉及的风险的方式和模型中对系统需求的处理。

1.4.2　喷泉模型

喷泉模型是典型的面向对象开发模型，着重强调不同阶段之间的重叠，认为面向对象软件开发过程不需要或不应该严格区分不同的开发阶段。喷泉模型是一种以用户需求为动力、以对象作为驱动的模型，类似一个喷泉，水喷上去又可以落下来。各个开发阶段没有特定的次序要求，可以交互进行，并且可以在某个开发阶段中随时补充其他任何开发阶段中的遗漏。喷泉模型克服了瀑布模型不支持软件重用和多项开发活动集成的局限性，具有迭代性和无间隙性。采用喷泉模型的软件开发过程如图 1-11 所示。

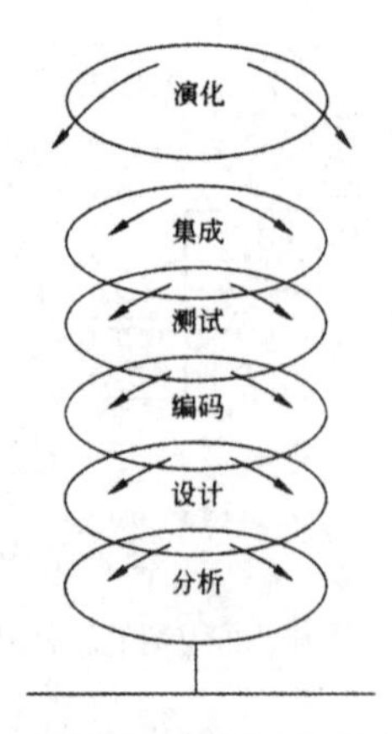

图 1-11　采用喷泉模型的软件开发过程

喷泉模型不像瀑布模型需要分析活动结束后才开始设计活动，设计活动结束后才开始编码活动，该模型的各个阶段没有明显的界限，开发人员可以同步进行开发。

喷泉模型的优点是：可以提高软件项目的开发效率，节省开发时间，适用于面向对象的软件开发过程。

喷泉模型的缺点是：由于喷泉模型在各个开发阶段是重叠的，因此在开发过程中需要大量的开发人员，不利于项目的管理。此外该模型要求严格管理文档，使得审核的难度加大，尤其是面对可能随时加入各种信息、需求与资料的情况。

1.4.3　基于构件的开发模型

基于构件的开发模型是在面向对象技术的基础上发展起来的，是利用模块化方法将整个系统模块化，并在一定构件模型的支持下复用构件库中的一个或多个软件构件，通过组合手段高效率、高质量地构造应用软件系统的过程。基于构件的开发模型由软件计划、需求分析和定义、软件快速原型、原型评审及软件设计和实现 5 个阶段组成，采用这种开发模型的软件开发过程如图 1-12 所示。

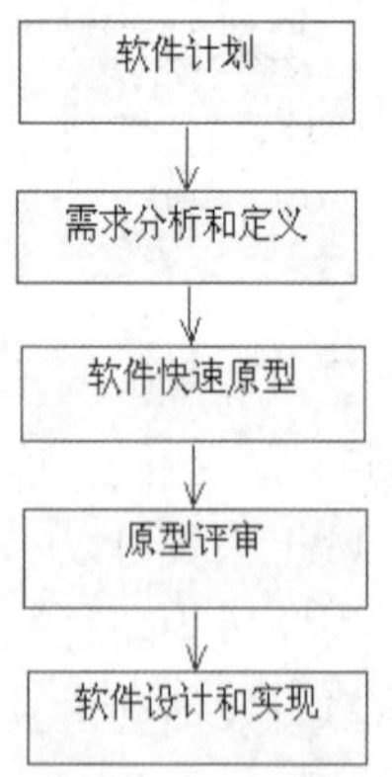

图 1-12　采用基于构件的开发模型的软件开发过程

基于构件的开发方法使软件开发不再是一切从头开始，开发的过程就是构件组装的过程，维护的过程就是构件升级、替换和扩充的过程。基于构件的软件工程在特定的应用领域内标识、构造、分类和传播一系列软件构件，这些构件经过了合格性检验、适应性修改，并集成到新系统中。对于每个应用领域，应该在建立了标准数据结构、接口协议和程序体系结构的环境中设计可复用构件。

基于构件的开发模型的优点是：构件组装模型使软件可复用，提高了软件开发的效率。构件可由一方定义其规格说明，被另一方实现，然后供给第三方使用。构件组装模型允许多个项目同时开发，降低了费用，提高了可维护性，可实现分步提交软件产品。

基于构件的开发模型的缺点是：由于采用自定义的组装结构标准，缺乏通用的组装结构标准，因而引入了较大的风险，可重用性和软件高效性不易协调，需要精干的、有经验的分析和开发人员。客户的满意度低，并且由于过分依赖于构件，所以构件库的质量影响产品质量。

【本章小结】

本章首先介绍了信息系统的基本概念，并介绍了有关面向对象技术的大体概念，这有助于我们使用面向对象技术实现软件系统的建模工作。其次介绍了面向对象分析和设计的一般步骤。最后对软件过程模型进行了简要的介绍。本章是对信息系统与面向对象的概念等进行全景式的描述，重点是信息系统的基本概念与面向对象的特征及面向对象设计的方法。

习题 1

1. 填空题

(1) ______是面向对象技术领域占主导地位的标准建模语言，它统一了过去相互独立的数十种面向对象的建模语言共同存在的局面，形成了一个统一的、公共的、具有广泛适用性的建模语言。

(2) 面向对象方法中的______机制使子类可以自动地拥有(复制)父类的全部属性和操作。

(3) 面向对象程序的三大特征是______、______和______。

(4) ________是内部相互依赖的各个部分按照某种规则，为实现某一特定目标而联系在一起的、合理的、有序的组合。

(5) ________是创建、收集、处理、存储和传播有用数据的人员和信息技术的结合。

2. 选择题

(1) 当问题比较复杂且做出最佳决策的信息难以获得时，应使用(　　)。

A. 事务处理系统　　B. 决策支持系统
C. 管理信息系统　　D. 人工智能

(2) 对象表示的含义是(　　)。

A. 如果两个对象的属性值相同，则这两个对象就是一样的

B. 每个对象的类有唯一的属性

C. 所有的对象都彼此相同

D. 每个对象都有唯一的标识，以彼此区分

(3) 封装的含义是(　　)。

A. 封装后对象不能与外界联系

B. 确保对象中的数据只能通过操作来访问

C. 密封对象的状态，使之不能改变

D. 把对象放在集合中

(4) 下列中关于类与对象的关系说法正确的是(　　)。

A. 有些对象是不能被抽象成类的

B. 类给出了属于该类的全部对象的抽象定义

C. 类是对象集合的再抽象

D. 类是用来在内存中开辟一个数据区，存储新对象的属性

(5) (　　)模型的缺点是缺乏灵活性，特别是无法解决软件需求不明确或不准确的问题。

A. 瀑布　　　　B. 增量　　　　C. 原型　　　　D. 螺旋

3. 简答题

(1) 试述对象和类的关系。

(2) 请简述面向对象的概念。

(3) 请简述数据、信息和知识的区别。

(4) 请简述系统的 4 个特性。

ꕤ 第2章 ꕤ

UML 概 述

UML(unified modeling language，统一建模语言)是软件开发和系统建模的标准工具，用于软件系统的可视化、说明、构建和建立文档等方面。本章将详细介绍 UML 的通用知识，包括 UML 的各种常用的元素和 UML 的通用机制，以便读者能进一步了解 UML 并掌握它的使用方法。

2.1 为什么要学习 UML

若想知道学习 UML 的原因，我们应先了解 UML 的发展历史、概念及优点。

1. UML 的发展历史

1994 年，Rational 软件公司的 Grady Booch、Jim Rumbaugh 和 Ivar Jacobson 开始研究 UML。经过三人的共同努力，1997 年 11 月 17 日，对象管理组织(object management group，OMG)采纳 UML 为标准建模语言。从此，UML 成为业界的标准，并在随后的几年中逐步完善和发展，得到了广泛的支持和认可。

2. UML 的概念

UML 是一个通用的可视化建模语言，用于对软件进行描述、可视化处理、构造和建立系统的工作文档。它记录了与被设计系统有关的决策和分析，可用于系统的分析、设计、浏览、配置、维护及控制。UML 并不是一种程序设计语言，而是一种描述程序设计思想的工具，不局限于某个开发平台或某种程序语言，其特点是使用图符和文档相结合的方式来描述现实世界中的问题及解决问题的方案。

3. UML 的优点

(1) 可视化表达。UML 提供了丰富的图形符号和模型元素，可以将系统的结构、行为和交互以可视化的方式表示出来。这使得开发人员能够更直观地理解和交流系统的设计和功能，降低沟通障碍。

(2) 支持系统开发的全生命周期。UML 提供了各种图形表示和建模工具，可以贯穿整个系统开发的生命周期，从需求分析到设计、实现、测试和维护阶段，都可以使用 UML 进行建模和文档化。

(3) 提供一致性和连续性。在不同阶段使用 UML 进行建模，可以使用一致的语义和符号，提供系统开发过程中的连续性和一致性，确保需求准确传递到设计和实现阶段，以及在测试和维护阶段中，开发人员能够准确理解系统的结构和行为。

综上所述，UML 能通过可视化方式促进开发团队之间的协作和沟通，支持系统开发的各个阶段并提供一致性和连续性的建模能力，这些优点使其成为了一种强大且被广泛应用的建模语言。

2.2 UML 的构成

一般情况下，我们将 UML 的概念和模型分为静态结构、动态行为、实现构造、模型组织和扩展机制几部分。模型包含两个方面的概念：一个是语义方面的概念，另一个是可视化的表达方法，也就是说，模型包含语义和表示法。以上只是从概念上对 UML 进行的划分方法，也是较为常用的介绍方法。下面从可视化的角度对 UML 的概念和模型进行划分，将 UML 的概念和模型划分为视图(view)、图(diagram)和模型元素，并对这些内容进行介绍。

2.2.1 视图

UML 不仅涉及系统的结构和行为等功能型需求，也涉及系统的性能、易理解性和复用性等非功能型需求。如图 2-1 所示，由于 UML 中的各种构件和概念之间没有明显的划分界限，所以在 UML 中可以利用 Rational Rose 2007 中的用例视图(use case view)、逻辑视图(logical view)、组件视图(component view)和部署视图(deployment view)来描述软件系统的体系结构。

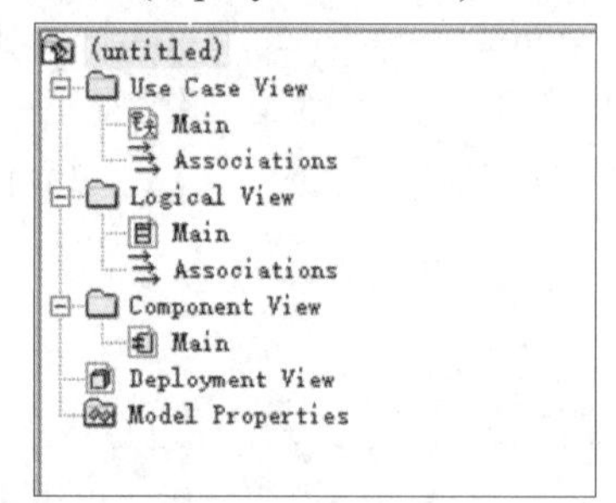

图 2-1 Rational Rose 2007 中的 4 种视图

1. 用例视图

用例视图用于描述系统应具有的功能，它是从系统外部的用户角度出发的对系统的抽象表示。用例视图中可以添加用例图、类图、顺序图、协作图和活动图。用例视图是其他视图的核心和基础，其他视图的构成和发展依赖于用例视图中所描述的内容。因为系统的最终目标是提供用例视图中所描述的功能，所以用例视图影响所有其他的视图。

在项目开始时，项目开发小组可以选择用例视图来进行业务分析，确定业务功能模型，完成系统的用例模型。客户、系统分析人员和系统管理人员根据系统的用例模型和相关文档确定系统的高层视图。一旦客户同意分析用例模型，就确定了系统的范围，即可以在逻辑视图中继续开发，关注在用例中提取的功能的具体分析。

2. 逻辑视图

逻辑视图也称设计视图，是用来显示系统内部功能是怎样设计的，包括包、子系统、类和接口，主要从软件的角度来描述系统要解决的问题和方案。其中系统的静态结构在类图和对象图中进行描述，动态模型则在状态图、顺序图、协作图及活动图中进行描述。

在逻辑视图中关注的焦点是系统的逻辑结构。在逻辑视图中，不仅要认真抽象出各种类的信息和行为，还要描述类的组合关系等，尽量产生出能够重用的各种类和组件，这样就可以在以后的项目中方便地添加现有的类和组件，而不需要一切重新开始一遍。一旦标识出各种类和对象并描绘出这些类和对象的各种动作和行为，就可以转入组件视图中，以组件为单位勾画出整个系统的物理结构。

3. 组件视图

组件视图用来描述系统中各个实现模块及它们之间的依赖关系。组件视图包含模型代码库、执行文件、运行库和其他组件的信息。组件视图中也可以添加组件和其他的附加信息，如资源分配或其他管理信息。组件视图主要由包、组件和组件图构成，它的使用者主要是开发人员。

4. 部署视图

部署视图显示的是系统的实际部署情况，它是为了便于理解系统在一组处理节点上的物理分布。在系统中，只包含一个部署视图，用来说明各种处理活动在系统中各节点的分布，它的使用者是开发人员、系统集成人员和测试人员。

部署视图考虑的是整个解决方案的实际部署情况，所描述的是在当前系统结构中所存在的设备、执行环境和软件运行时的体系结构，它是对系统拓扑结构的最终物理描述。系统的拓扑结构描述了所有硬件单元，以及在每个硬件单元上执行的软件结构。在这样一种体系结构中，可以通过部署视图查看拓扑结构中任何一个特定的节点，了解在该节点上组件的执行情况，以及该组件中包含了哪些逻辑元素(如类、对象、协作等)，并且最终能够从这些元素追溯到系统初始的需求分析阶段。

2.2.2 图

UML作为一种可视化的建模语言，其主要表现形式就是将模型进行图形化表示。UML规范严格定义了各种模型元素的符号，包括这些模型和符号的抽象语法和语义。当在某种给定的方法学中使用这些图时，使得开发中的应用程序更易理解。最常用的UML图包括用例图(use case diagram)、类图(class diagram)、对象图(object diagram)、顺序图(sequence diagram)、协作图(collaboration diagram)、状态图(statechart diagram)、活动图(activity diagram)、构件图(component diagram)和部署图(deployment diagram)。

1. 用例图

用例图描述用例、参与者及它们之间的关系(依赖、关联、泛化、实现)，主要目的是帮助开发团队以一种可视化的方式理解系统的功能需求。使用用例图可以表示出用例的组织关系，这种组织关系包括整个系统的全部用例或是完成相关功能的一组用例。在用例图中画出某个用例方式是在用例图中绘制一个椭圆，然后将用例的名称放在椭圆的中心或椭圆下面的中间位置。

在用例图上绘制一个角色的方式是绘制一个人形的符号。角色和用例之间的关系使用简单的线段来描述，如图 2-2 所示。

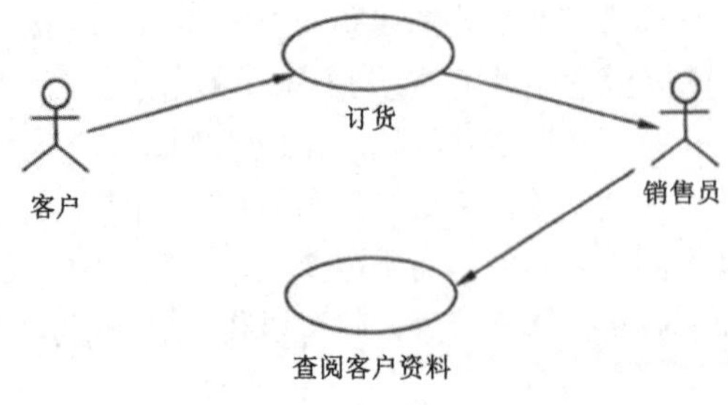

图 2-2　用例图示例

2. 类图

类图显示了系统的静态结构，表示不同的实体(人、事物和数据)是如何彼此相关联的，也就是类和类及它们之间的关系。类图可用于表示逻辑类。逻辑类通常就是用户的业务所谈及的事物，如学生、学校等。类图还可用于表示实现类。实现类就是程序员处理的实体。实现类图或许会与逻辑类图显示一些相同的类。通常，一个典型的系统有多个类图，在一个类图中不一定要包含系统中所有的类，同时一个类也可以加到多个类图中。类在类图的绘制上使用包含 3 个部分的矩形来描述，如图 2-3 所示，最上面的矩形部分显示类的名称，中间的矩形部分显示了类的各种属性，下面的矩形部分显示了类的操作或方法。

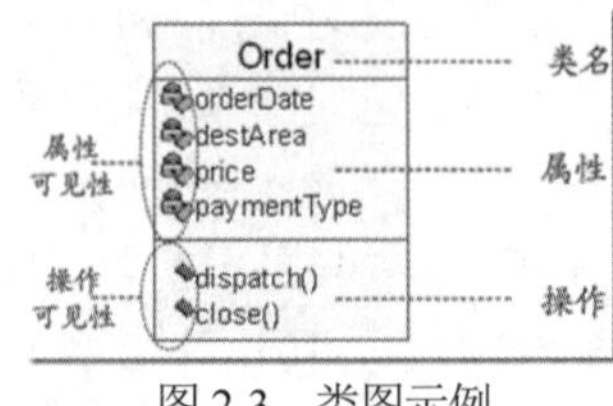

图 2-3　类图示例

3. 对象图

对象图是类图的实例，用来描述特定运行时刻一组对象之间的关系。也就是说，对象图用于描述交互的静态部分，它由参与协作的有关对象组成，但不包括在对象之间传递任何消息，如图 2-4 所示。

对象图主要用于示例一个数据结构，以及反映系统在某个特定时刻的具体状态。对象图没有类图重要，它的使用相当有限。

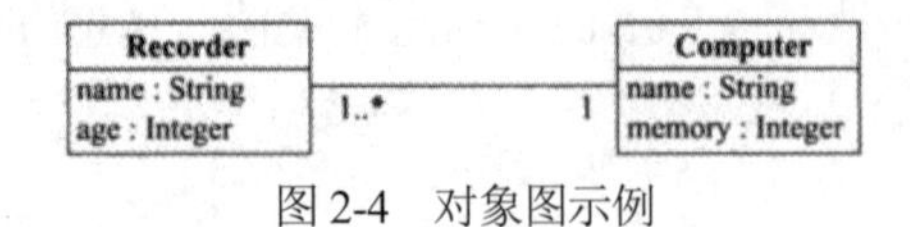

图 2-4　对象图示例

4. 顺序图

顺序图在有的书中也被称为“序列图”“时序图”，它表示了一个具体用例或用例的一部分的一个详细流程。顺序图几乎是自描述的，它不仅可以显示流程中不同对象之间的调用关系，还可以很详细地显示对不同对象的不同调用。顺序图有两个维度：①垂直维度，也称时间维度，以发生的时间顺序显示消息或调用的序列；②水平维度，显示消息被发送到的对象实例。

顺序图的绘制和类图一样也非常简单。如图 2-5 所示的横跨图顶部的每个框表示每个类的实例或对象。如果某个类实例向另一个类实例发送一条消息，则绘制一条具有指向接收类实例的开箭头的连线，并把消息或方法的名称放在连线上面。消息也可分为同步消息、异步消息、返回消息和简单消息等不同的种类。

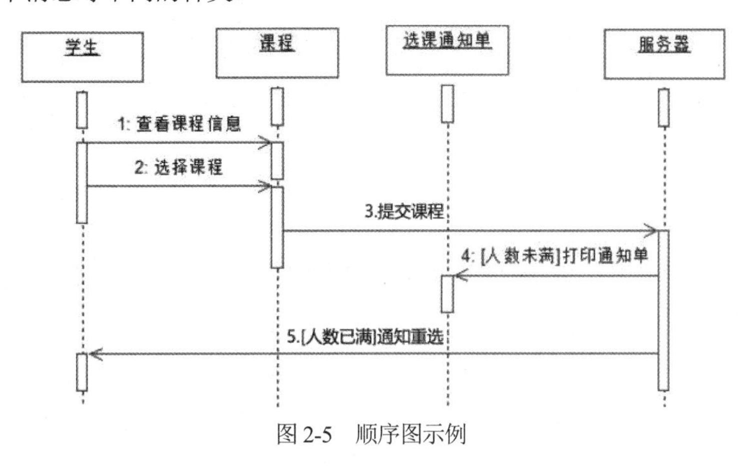

图 2-5　顺序图示例

5. 协作图

协作图(通信图)描述系统的行为是如何由系统的各个成分合作实现的，强调收发消息的对象的组织结构。协作图和顺序图是同构的，它们可以互相转换。大多数情况下，协作图主要用来对单调的、顺序的控制流建模，但它也可以用来对包括迭代和分支在内的复杂控制流进行建模。协作图中的连接用于表示对象间的各种关系，消息的箭头指明消息的流动方向，消息串说明要发送的消息、消息的参数、消息的返回值和消息的序列号等信息。

如图 2-6 所示，顺序图侧重于时间顺序，强调消息的时间顺序；协作图侧重于控件的协作，强调发送和接收消息的对象的组织结构。

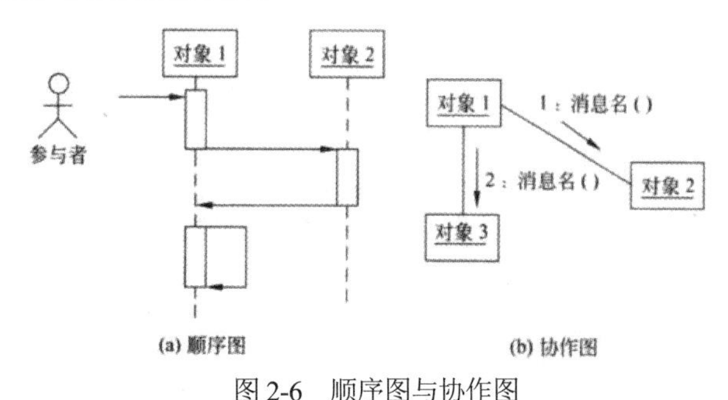

图 2-6　顺序图与协作图

6. 状态图

状态图表示某个类所处的不同状态及该类在这些状态中的转换过程。虽然每个类通常都有自己的各种状态，但是我们只对“感兴趣”或“需要注意”的类才使用状态图进行描述。图 2-7 所示的是公共汽车的状态图。状态图的符号集包含下列 5 个基本的元素。

(1) 初始起点，使用一个实心圆绘制。

(2) 状态之间的转换，使用具有开箭头的线段绘制。

(3) 状态，使用圆角矩形绘制。

(4) 判定，用空心菱形表示。

(5) 一个或多个终止点，使用内部包含实心圆的圆绘制。

若要绘制状态图，应先绘制起点和一条指向该类的初始状态的转换线段。状态本身可以在图上的任意位置绘制，然后使用状态转换线条将它们连接起来即可。

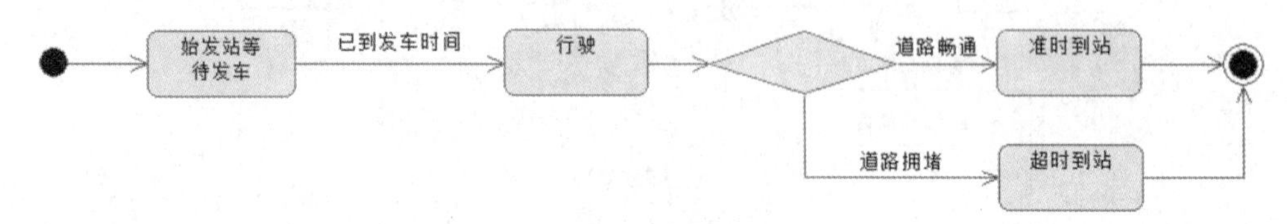

图 2-7　状态图示例

7. 活动图

活动图用来表示两个或更多个对象之间在处理某个活动时的过程控制流程。活动图能够在业务单元的级别上对更高级别的业务过程进行建模，或者对低级别的内部类操作进行建模。

与顺序图相比，活动图更加能够适合对较高级别的过程建模，在活动图的符号上，其符号集与状态图中使用的符号集非常类似，但是有一些差别。活动图的初始活动也是先由一个实心圆开始，结束由一个内部包含实心圆的圆来表示。与状态图不同的是，活动是通过一个圆角矩形来表示的，我们可以把活动的名称包含在这个圆角矩形的内部。活动可以通过活动的转换线段连接到其他活动中，或者连接到判断点，这些判断点根据不同条件所需要执行的不同动作来执行。在活动图中，出现了一个新的概念——泳道(swimlane)，可以使用泳道来表示实际执行活动的对象。图 2-8 所示的是一个简单的活动图，表示用户在线上销售系统下单的活动过程。

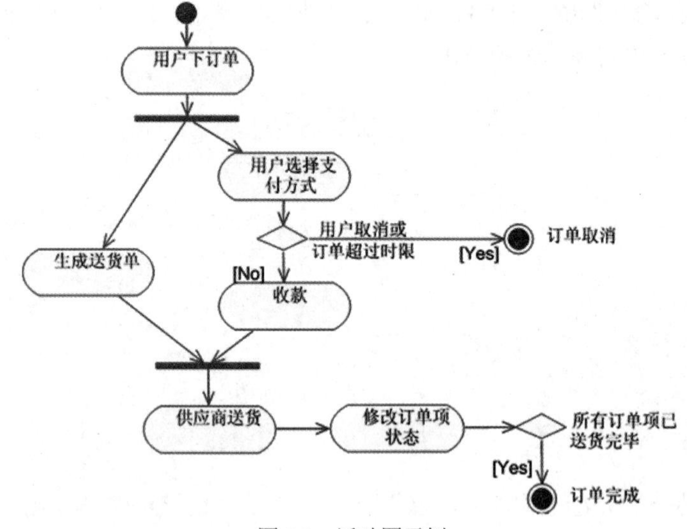

图 2-8　活动图示例

8. 构件图

构件图提供系统的物理视图，它是根据系统的代码构件显示系统代码的整个物理结构。其中，构件可以是源代码组件、二进制组件或可执行组件等。在构件中，它包含需要实现的一个或多个逻辑类的相关信息，从而创建了一个从逻辑视图到构件视图的映射，我们根据构件的相关信息可以很容易地分析出构件之间的依赖关系，指出其中某个构件的变化将会对其他构件产生什么样的影响。

一般来说，构件图最经常用于实际的编程工作中。在以构件为基础的开发中，构件图为系统架构师提供了一个为解决方案进行建模的自然形式。标准的构件图如图 2-9 所示。

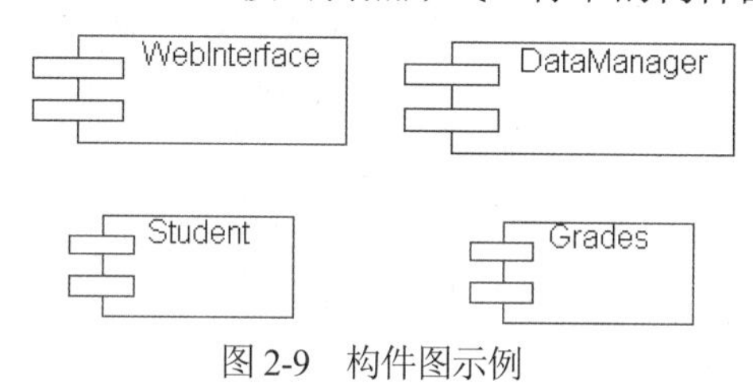

图 2-9　构件图示例

9. 部署图

部署图用于表示该软件系统是如何部署到硬件环境中的，它显示了系统中不同构件在何处物理地运行，以及如何进行彼此的通信。部署图对系统的物理运行情况进行了建模，因此系统的生产人员能够很好地利用这种图来部署实际的系统。

部署图显示了系统中的硬件和软件的物理结构，可以显示实际的计算机和设备(节点)，以及它们之间必要的连接，同时也包括对这些连接的类型的显示。在部署图中显示的节点内，包含了如何在节点内部分配可执行的构件和对象，以显示这些软件单元在某个节点上的运行情况，并且部署图还可以显示各个构件之间的依赖关系，如图 2-10 所示。

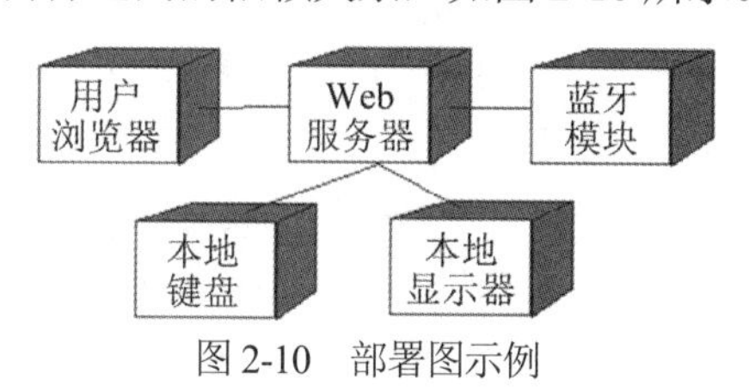

图 2-10　部署图示例

2.2.3　模型元素

我们把可以在图中使用的基本概念统称为“模型元素”。模型元素使用相关的语义和关于元素的正式定义，拥有确定的语句来表达准确的含义，它在图中用其相应的元素符号表示。利用相关元素符号可以把模型元素形象、直观地表示出来。一个元素符号可以存在于多个不同类型的图中。

1. 事务

事物(thing)是 UML 模型中基本的面向对象的模块，它们在模型中属于静态部分。事物作为模型中最具有代表性的成分的抽象，在 UML 中定义了 4 种基本的面向对象的事物，分别是结构事物、行为事物、分组事物和注释事物。

1) 结构事物

结构事物是UML模型中的名词部分，这些名词往往构成模型的静态部分，负责描述静态概念和客观元素。在UML规范中，一共定义了以下7种结构事物。

(1) 类(class)。UML中的类完全对应于面向对象分析中的类，它具有自己的属性和操作，因而在描述的模型元素中，也应当包含类的名称、属性和操作。UML中的类与面向对象的类拥有一组相同属性、操作、关系和语义的抽象描述。一个类可以实现一个或多个接口。

(2) 接口(interface)。接口由一组对操作的定义组成，但是它不包括对操作的实现进行的详细描述。接口是用于描述类或构件的一个服务的操作集，它描述了元素外部可见的操作，一个接口可以描述一个类或构件的全部行为或部分行为。接口很少单独存在，往往依赖于实现接口的类或构件。

(3) 协作(collaboration)。协作用于对一个交互过程的定义，它是由一组共同工作以提供协作行为的角色和其他元素构成的一个整体。通常来说，这些协作行为大于所有元素的行为的总和。一个类可以参与到多个协作中，协作表现了系统构成模式的实现。在Rational Rose中，没有对协作画出其单独的符号。

(4) 用例(use case)。用例用于表示系统所提供的服务，它定义了系统是如何被参与者使用的，它描述的是参与者为了使用系统所提供的某一完整功能而与系统之间发生的一段对话。用例是对一组动作序列的抽象描述，系统执行这些动作将产生一个对特定的参与者有价值而且可观察的结果。用例可结构化系统中的行为事物，从而可视化地概括系统需求。用例的表示方法如图2-11所示。

(5) 主动类(active class)。主动类的对象(也称主动对象)能够自动地启动控制活动，因为主动对象本身至少拥有一个进程或线程，每个主动对象都有它自己的事件驱动控制线程，控制线程与其他主动对象并行执行。被主动对象所调用的对象是被动对象，它们只在被调用时接受控制，而当它们返回时将放弃控制。被动对象被动地等待其他对象向它发出请求，这些对象所描述的元素的行为与其他元素的行为并发。主动类的可视化表示类似于一般类的表示方式，特殊的地方在于其外框为粗线。在许多UML工具中，主动类的表示与一般类的表示并无区别。

(6) 构件(component)。构件是定义了良好接口的物理实现单元，是系统中物理的、可替代的部件，它提供一组接口的实现，每个构件体现了系统设计中某个特定类。良好定义的构件不直接依赖于其他构件而依赖于构件所支持的接口。在这种情况下，系统中的一个构件可以被支持正确接口的其他构件替代。在每个系统中都有不同类型的部署构件，如JavaBean、DLL、Applet和可执行文件等。在Rational Rose中，使用如图2-12所示的方法来表示构件。

图2-11　用例的表示方法

图2-12　构件的表示方法

(7) 节点(node)。节点是系统在运行时切实存在的物理对象，表示某种可计算资源，这些资源往往具有一定的存储能力和处理能力。一个构件既可以驻留在一个节点内，也可以从一个节点迁移到另一个节点。一个节点可以代表一台物理机器或代表一个虚拟机器节点。Rational Rose中包含两种节点，分别是设备节点和处理节点，这两种节点的表示方式如图2-13所示，在图形表示上稍有不同。

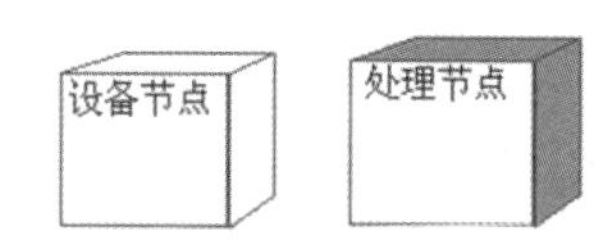

图 2-13　设备节点和处理节点的表示方法

2) 行为事物

行为事物是指 UML 模型的相关动态行为，是 UML 模型的动态部分，它可以用来描述跨越时间和空间的行为。行为事物在模型中通常使用动词来表示，如“查询”“修改”等。通常，可以将行为事物划分为交互和状态机两类。

- 交互(interactive)。交互是指在特定的语境(context)中，一组对象为共同完成一定任务，以及进行一系列消息交换而组成的动作及消息交换的过程中形成的消息机制。因此，在交互中不仅包括一组对象，还包括连接对象间的消息，以及消息发出动作形成的序列和对象间的普通连接。交互的可视化主要通过消息来表示，消息由带有名字或内容的有向箭头表示，如图 2-14 所示。

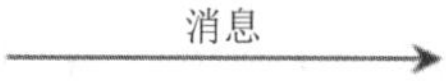

消息

图 2-14　消息的表示方法

- 状态机(state machine)。状态机是一个类的对象所有可能的生命历程的模型，因此状态机可用于描述一个对象或一个交互在其生命周期内响应时间所经历的状态序列。单个类的状态变化或多个类之间的协作过程都可以用状态机来描述。利用状态机可以精确地描述行为。状态的可视化表示如图 2-15 所示。

状态

图 2-15　状态的表示方法

3) 分组事物

分组事物是 UML 对模型中的各种组成部分进行事物分组的一种机制。我们可以把分组事物当成一个“盒子”，那么不同的“盒子”就存放了不同的模型，从而模型在其中被分解。目前只有一种分组事物，即包(package)。UML 通过包实现对整个模型的组织，包括在一个完整的模型中，对所有图形建模元素的组织。

包是一种在概念上对 UML 模型中各个组成部分进行分组的机制，它只存在于系统的开发阶段。在包中可以包含结构事物、行为事物和分组事物。包的使用比较自由，我们可以根据自己的需要划分系统中的各个部分，例如，可以按外部 Web 服务的功能来划分这些 Web 服务。包是用来组织 UML 模型的基本分组事物，它也有变体，如框架、模型和子系统等。包的表示方法如图 2-16 所示。

4) 注释事物

注释事物是 UML 模型的解释部分，用于进一步说明 UML 模型中的其他任何组成部分。我们可以用注释事物来描述、说明和标注整个UML模型中的任何元素。另外，有一种最主要的注释事物被称为“注解”。注解是依附于某个元素或一组建模元素之上，对这个或这一组建模元素进行约束或解释的简单注释符号，其一般形式是简单的文本说明。注解的符号表示如图 2-17 所示，在方框内填写需要注释的内容。建立一个完备的系统模型必须有详细的注解说明。

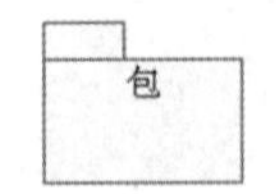

图 2-16　包的表示方法

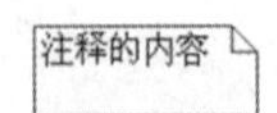

图 2-17　注解的表示方法

2. 关系

UML 模型是由各种事物及这些事物之间的各种关系(relationship)构成的。关系是指支配、协调各种模型元素存在并相互使用的规则。UML 中主要包含 4 种关系，分别是依赖、关联、泛化和实现。

(1) 依赖关系。依赖关系是事物之间的语义关系，其中一个事物(独立事物)发生变化会对另一个事物(依赖事物)造成影响。

(2) 关联关系。关联关系是一种结构关系，它描述了一组链，链是对象之间的连接。

(3) 泛化关系。泛化关系是类的一般和具体之间的关系，适用于面向对象中的继承关系，利用这种关系，子元素(特殊化对象)可以共享父元素(一般化对象)的结构和行为。

(4) 实现关系。实现关系是类之间的语义关系，其中的一个类制定了由另一个类保证执行的契约，用于在接口和实现它们的类或构件之间，或者用于在用例和它们的协作之间。

依赖、关联、泛化和实现关系的表示如图 2-18 所示，我们将会在后续章节中详细介绍。

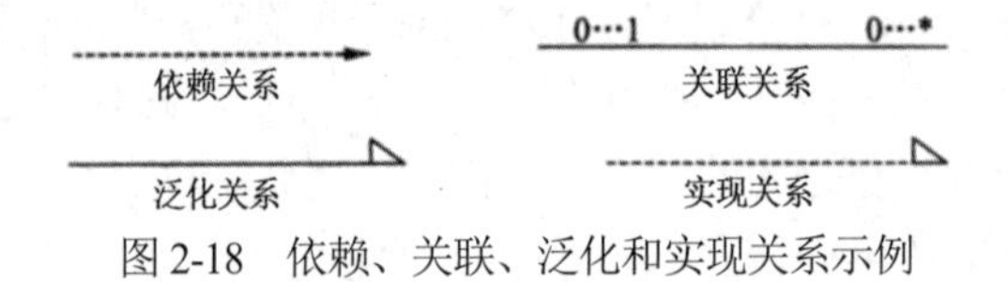

图 2-18　依赖、关联、泛化和实现关系示例

2.3 UML 机制

UML 中提供了 3 种常用的通用公共机制(通用机制)，使用这些通用机制能够使 UML 在各种图中添加适当的描述信息，从而完善 UML 的语义表达。通常，使用模型元素的基本功能不能完善地表达所要描述的实际信息，但这些通用机制可以帮助我们进行有效的 UML 建模。

2.3.1 通用机制

1. 规格说明

如果把模型元素当成一个对象来看待，那么模型元素本身也应该具有很多的属性，这些属性用于维护属于该模型元素的数据值。属性是使用名称和标记值(tagged value)来定义的。标记值指的是一种特定的类型，可以是布尔型、整型或字符型，也可以是某个类或接口的类型。UML 中对于模型元素的属性有许多预定义说明，例如，UML 类图中的 Export Control 属性指出该类对外是 public、protected、private 还是 implementation，我们有时候也将这个属性的具体内容称为模型元素的特性。

模型元素实例需要附加相关规格说明来添加模型元素的特性，实现的方法是在某个模型元素上双击，然后弹出一个如图 2-19 所示的关于该元素的规格说明对话框(窗口)，在该对话框内显示了该元素的所有特性，这里显示的是类的规格说明对话框。

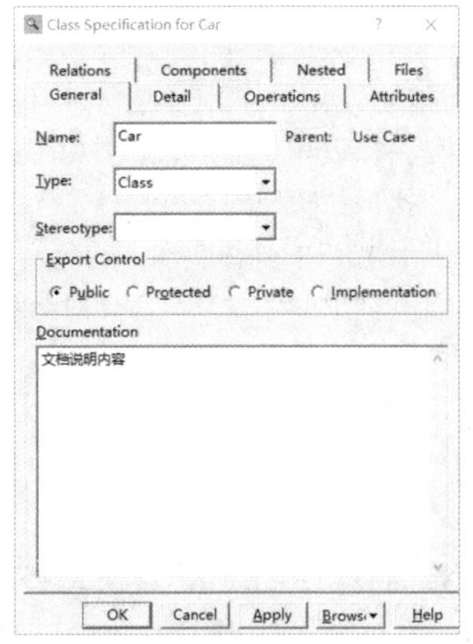

图 2-19　类的规格说明对话框

2. 修饰

在UML的图形表示中，每个模型元素都有一个基本符号，该基本符号可视化地表达了模型元素最重要的信息，但是用户也可以把各种修饰细节加到该符号上以扩展其含义。这种添加修饰细节的做法可以使图中的模型元素在一些视觉效果上发生变化。例如，在用例图中，使用特殊的小人来表示业务参与者，如图 2-20 所示。该表示方法相对于参与者发生了颜色和图形的稍微变化。

图 2-20　业务参与者图形表示

不仅在用例图中，在其他的一些图中也存在修饰，例如，在类图中，把类的名称使用斜体来表示该类是抽象类等。这里不再赘述。

另外，有一些修饰包含了对关系多重性的规格说明。这里的多重性是指用一个数值或一个范围来说明所需要的实例数目。在 UML 中，通常将修饰写在使用该修饰来添加信息的元素的旁边。如图 2-21 所示，表达了一个学生可以选一门到多门课程。

在 UML 众多的修饰符中，还有一种修饰符是比较特殊的，那就是如图 2-22 所示的注解(note)。注解是一种非常重要的并且能单独存在的修饰符，用它可以附加在模型元素或元素集上来表示约束或解释信息。

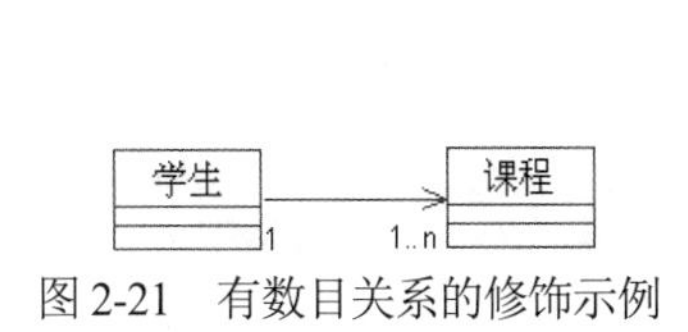

图 2-21　有数目关系的修饰示例

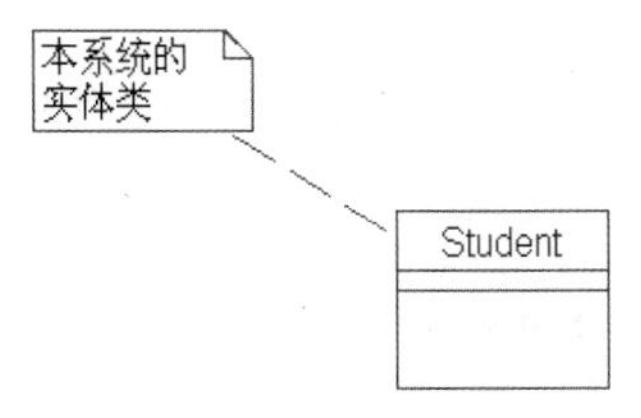

图 2-22　对于学生类的注解示例

3. 通用划分

通用划分是一种保证不同抽象概念层次的机制。通常可以采用两种方式进行通用划分：一种是对类和对象的划分；另一种是将接口和实现分离。类和对象的划分是指，类是一个抽象，而对象是这种抽象的一个实例化。接口和实现的分离是指，接口声明了一个操作接口，却不实现其内容，而实现则表示了对该操作接口的具体实现，它负责如实地实现接口的完整语义。

类和对象的划分保证了实例及其抽象的划分，从而使对一组实例对象的公共静态和动态特征无须一一管理和实现，只需要抽象成一个类，通过类的实例化实现对对象实体的管理。接口和实现的划分则保证了一系列操作的规约和不同类对该操作的具体实现。

2.3.2 扩展机制

为了在细节方面对模型进行准确的表达，UML 设计了一种简单的、通用的扩展机制，用户可以使用扩展机制对 UML 进行扩展和调整，以便使其与一个特定的方法、组织或用户相一致。扩展机制是对已有的 UML 语义按不同系统的特点合理地进行扩展的一种机制。下面将介绍 3 种扩展机制，分别是构造型(stereotype)、标记值(tagged value)和约束(constraint)。

1. 构造型

在对系统建模的时候，会出现现有的一些 UML 构造块在有些情况下不能完整无歧义地表示出系统中的每一元素的含义，所以，我们需要通过构造型来扩展 UML 的词汇，利用它来创造新的构造块。这个新创造的构造块既可以从现有的构造块派生，又可以专门针对我们要解决的问题。构造型是一种优秀的扩展机制，它能够有效地防止 UML 变得过度复杂，同时还允许用户实行必要的扩展和调整。

构造型就像在模型元素的外面重新添加了一层外壳，这样就在模型元素上又加入了一个额外语义。由于构造型是对模型元素相近的扩展，所以说一个元素的构造型和原始的模型元素经常使用在同一场合。构造型可以基于各种类型的模型元素，如构件、类、节点及各种关系等。我们通常使用的是已经在UML 中预定义了的构造型，这些预定义的构造型在 UML 的规范及介绍 UML 的各种书中都有可能找到。

构造型的一般表现形式为使用<<和>>将构造型的名称包含在里面，如<<use>>、<<extends>>等。<<use>>和<<extends>>构造型的名字就是由 UML 预定义的，这些预定义的构造型用于调整一个已存在的模型元素，而不是在UML工具中添加一个新的模型元素。这种策略保证了UML工具的简单性，突出地表现在对关系的构造型的表示上，例如，在用例图中将两个用例进行关联。我们可以使用如图 2-23 所示的方法，进行简单表示依赖或包含的关系。

若要使用其附加的构造型，只需要双击关系的连线，在弹出的对话框的 stereotype 选项中，选择相应的构造型即可。假设选择 include 关系，则出现如图 2-24 所示的图形。在对关系的表示上，只需要添加相应的构造型即可。

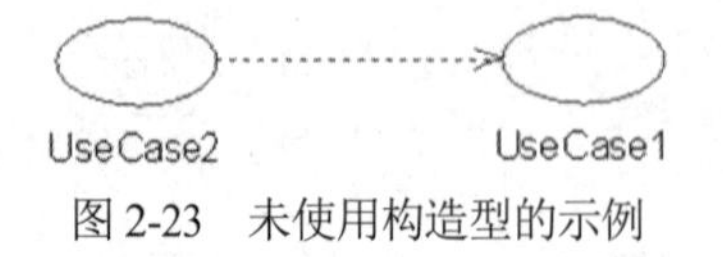

图 2-23　未使用构造型的示例

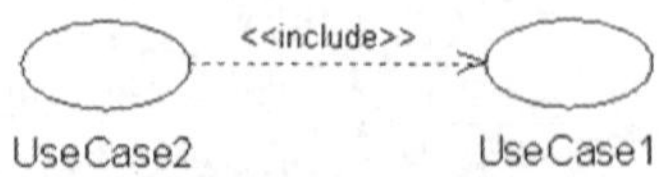

<<include>>
UseCase2
UseCase1

图 2-24　使用 include 构造型的示例

用户也可以自定义构造型，其格式按照构造型的一般表现形式来表示。

2. 标记值

标记值由一对字符串构成，这对字符串包含一个标记字符串和一个值字符串，从而存储有关模型元素或表达元素的一些相关信息。标记值可以被用来扩展 UML 构造块的特性，我们可以根据需要来创建详述元素的新元素。标记值可以与任何独立元素相关，包括模型元素和表达元素。标记值是当需要对一些特性进行记录时而给定元素的值。例如，一个标记为“科目”，值是该“科目”元素的名字，如“高等数学”。

通过标记值可以将各种类型的信息都附属到某个模型元素上，如元素的创建日期、开发状态、截止日期和测试状态等。若将这些信息进行划分，则主要包括对特定方法的描述信息、建模过程的管理信息(如版本控制、开发状态等)、附加工具的使用信息(如代码生成工具)，还有用户自定义的连接信息。

标记值用字符串表示，字符串由标记名、等号和值构成，一般表现形式为{标记名=标记值}。各种标记值被规则地放置在大括弧内。图 2-25 所示是关于一个版本控制信息的标记值。

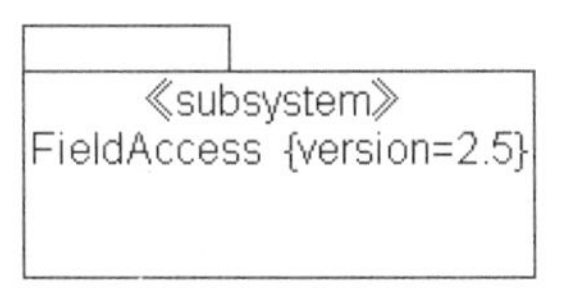

图 2-25　版本控制信息的标记值

3. 约束

约束扩展了 UML 模型元素的语义。约束是对元素的限制，通过约束限定元素的用法或元素的语义。约束可以在 UML 工具中预定义，这样就可以在需要的时候反复使用，也可以在某个特定需要的时候再添加。约束可以表示在 UML 的规范表示中不能表示的语义关系，特别是当陈述全局条件或影响许多元素的条件时，约束特别有用。

约束使用大括号和大括号内的字符串表达式表示，即约束的表现形式为：{约束的内容}。约束可以附加在表元素、依赖关系或注释上，如{信息的等待时间小于 10 秒钟}。

如图 2-26 所示，显示了学生类和复印机类之间的关联关系。但是，要具体地表达就需要定义一定的约束条件，例如，本复印机仅供本校学生使用。在定义了这些约束以后，分别加入对应的元素中。这些约束信息能够有助于帮助系统理解和准确应用，因此，应尽可能准确地定义这些约束信息。

图 2-26　标记值与约束示例

在上述情况下，约束是在图中直接定义的，但是，前面也提到过，约束也可以被预定义，它可以被当作一个带有名称和规格说明的约束，并且可以在多个图中使用。

【本章小结】

UML 语言提供了丰富的系统模型化的概念和表示法，能够满足常见的、典型的软件项目建立系统模型的需要，通过本章介绍的 UML 常用元素就可以达到这样的要求。但是，为了满足一些特殊要求，UML 还定义了扩展机制，让用户能够增加自定义的构造型、标记值和约束等模型元素来描述特定的模型特征。本章对 UML 的内容进行了总体上的概括，了解它们可为后面对 UML 的详细学习做好准备。

习题 2

1. 填空题

(1) UML 中主要包含 4 种关系，分别是______、______、______和______。

(2) UML 并不是一种程序设计语言，而是一种________的工具，不局限于某个开发平台或某种程序语言，其特点是使用图符和文档相结合的方式来描述现实世界中的问题及解决问题的方案。

(3) Rational Rose 2007 中包含 4 种视图，分别是______、______、______和______。

(4) 常用的 UML 扩展机制分别是______、______和______。

(5) UML 的通用机制分别是______、______和______。

2. 选择题

(1) 在用例图中，参与者的表示方法是(　　)。

A. 椭圆　　B. 虚线
C. 方框　　D. 人形图标

(2) UML 中的 4 种关系是依赖、泛化、关联和(　　)。

A. 继承　　B. 合作
C. 实现　　D. 抽象

(3) 用例用来描述系统在事件做出响应时所采取的行动。用例之间是具有相关性的。在一个“订单输入子系统”中，创建新订单和更新订单都需要检查用户账号是否正确。那么，用例“创建新订单”“更新订单”与用例“检查用户账号”之间是(　　)关系。

A. 包含　　B. 扩展
C. 分类　　D. 聚集

(4) UML 包是指(　　)。

A. 一组模型元素的聚集　　B. 一个方框
C. 一组用例的聚集　　D. 一组类的聚集

(5) 下列关于状态图的说法中，正确的是(　　)。

A. 状态图是 UML 中对系统的静态方面进行建模的五种图之一

B. 状态图是活动图的一个特例，状态图中的多数状态是活动状态

C. 活动图和状态图是对一个对象的生命周期进行建模，描述对象随时间变化的行为

D. 状态图强调对有几个对象参与的活动过程建模，而活动图更强调对单个反应型对象建模

3. 简答题

(1) 部署图用来描绘什么？

(2) 请说出使用 Rational Rose 建立的 Rose 模型中所包括的视图及其作用。

(3) 请说出视图的种类。

(4) 请说出视图和图的关系。

ঌ 第3章 ଓ

Rational Rose的使用

Rational Rose是由美国Rational公司研制的统一建模语言的可视化建模工具，是目前最为业界瞩目的可视化建模软件开发工具。本章介绍如何安装并使用Rational Rose 2007，目的是希望读者能够通过对本章的学习熟悉Rational Rose的开发环境。

3.1 Rational Rose建模

Rational Rose包括UML、OOSE(object oriented software engineering，面向对象的软件工程)及OMT(object modeling technique，对象建模技术)。其中UML使Rational Rose力挫当前市场上很多基于UML可视化建模的工具，如Microsoft的Visio 2002、Oracle的Designer 2000，以及PlayCase、CA BPWin、CA ERWin、Sybase PowerDesigner等。Rational Rose是一个完全的、具有能满足所有建模环境(Web开发、数据建模、Visual Studio和C++)灵活性需求的一套解决方案。

Rational Rose是一个软件工程工具，它使开发人员、项目经理、系统工程师和分析人员能够在软件开发周期中将需求和系统体系架构转化为代码，并消除不必要的浪费。通过使用Rational Rose，用户可以将需求和系统体系架构进行可视化，以便更好地理解和优化它们。这样做能够提高团队之间的协作效率，同时也能够更好地把控项目开发过程中的要点和关键细节。通过在软件开发周期内使用同一种建模工具可以确保更快、更好地创建满足客户需求的可扩展的、灵活的并且可靠的应用系统。如果没有良好的工具支持，大量的UML图的维护、同步及提供一致性等工作几乎是不可能实现的。Rational Rose建模工具能够为UML提供很好的支持，我们可以从以下6个方面进行说明。

1. Rational Rose的绘图功能

Rational Rose的绘图功能是作为一个建模语言工具的基础，它提供了大量的绘图元素，形象化的绘图支持使绘制UML图形变得轻松有趣。经过长时间的发展，Rational Rose工具不仅对UML的各种图中元素的选择、放置、连接及定义提供了卓越的机制，还提供了用以支持和辅助建模人员绘制正确图的机制。Rational Rose同时也提供了对UML各种图的布局设计的支持。

2. Rational Rose的存储数据库

Rational Rose的支持工具维护着一个模型库，该模型库相当于一个数据库，包含模型中使用的各种元素的所有信息，而不管这些信息是来自哪个图。该模型库包含整个模型的基本信息，以后用户可以通过各种图来查看这些信息。Rational通用模型库的结构图如图 3-1 所示。

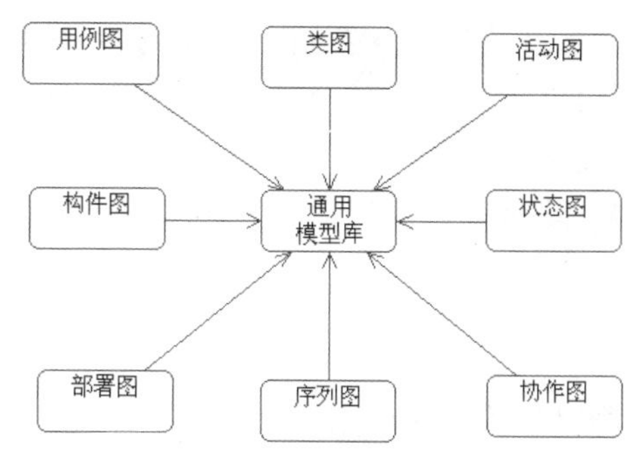

图 3-1　Rational 通用模型库的结构图

Rational Rose 通用模型库提供了一个包含来自所有图(这些图是为了确保模型的一致性而必需的)的全部信息的模型库，借助于模型库提供的支持，Rational Rose 建模工具可以执行以下几项任务。

(1) 非一致性检查。如果某个元素在一个图中的用法与其他图中的不一致，那么 Rational Rose 就会警告或禁止这种行为。

(2) 审查功能。利用 Rational Rose 模型库中的信息，我们可以通过 Rational Rose 提供的相关功能对模型进行审查，指出那些还未明确定义的部分。

(3) 报告功能。Rational Rose 可以通过相关功能产生关于模型元素或图的相关报告。

(4) 重用建模元素和图功能。Rational Rose 对所创建的模型支持模型元素和图的重用，这样，我们在一个项目创建的建模方案或部分方案可以很容易地被另一个项目的建模方案或部分方案重用。

3. Rational Rose 的导航功能

在使用多个视图或图来共同描述一个解决方案时，允许用户在这些视图或图中来回进行导航，为用户带来很大的方便。该导航功能不仅适用于各种模型的系统，而且能够便于用户浏览。利用 Rational Rose 左侧的树形浏览器，用户可以方便地对各个模型元素或图进行浏览。

4. Rational Rose 的代码生成功能

现在的建模工具大部分都支持一定的代码生成功能，因此在实际开发中会减轻一部分工作量。一般来说，这些建模工具可以针对某一种或几种目标语言，将模型中的信息生成关于该目标语言表示的代码。Rational Rose 的代码生成功能可以针对 C++、Ada、Java、CORBA、Oracle、Visual Basic 等语言。Rational Rose 的工具生成的代码通常是一些静态信息，如类的有关信息，包括类的属性和操作，但是类的操作通常只有方法的声明信息，而包含实际代码的方法体通常是空白的，需要由编程人员自己去实现方法。

5. Rational Rose 的逆向工程功能

Rational Rose 可以通过读取用户编写的相关代码，分析以后生成显示用户代码结构的相关 UML 图。一般来说，根据代码的信息只能创建出静态结构图，如类图，然后依据代码中的信息列举出类的名称、属性和操作等静态信息。但是我们无法从代码中提取详细的动态信息。

6. Rational Rose 的模型互换功能

当利用不同的建模工具进行建模时，会遇到在一种建模工具中创建了模型并导出后，接着想在另外一种建模工具中导入的情况，但是各个建模工具之间提供了不同的保存格式。为了实现这种功能，一个必要的条件就是在两种不同的工具之间采用一种用于存储和共享模型的标准格式。也就是标准的 XML 元数据交换(XML metadata interchange，XMI)模式为 UML 提供了这种用于存储和共享模型的标准。

3.2 Rational Rose 的安装

目前，Rational 公司已经被 IBM 公司并购，我们可以从 IBM 的官方网站上下载。

Rational Rose 2007 Enterprise Edition 的安装步骤如下。

(1) 读取 IBM.Rational.Rose.Enterprise.v7.0-TFTISO.iso 安装程序，浏览该光盘，查找到 setup 文件，双击该文件运行，打开 Rational Rose 的安装界面，如图 3-2 所示。

单击 Install IBM Rational Rose Enterprise Edition 进行安装。

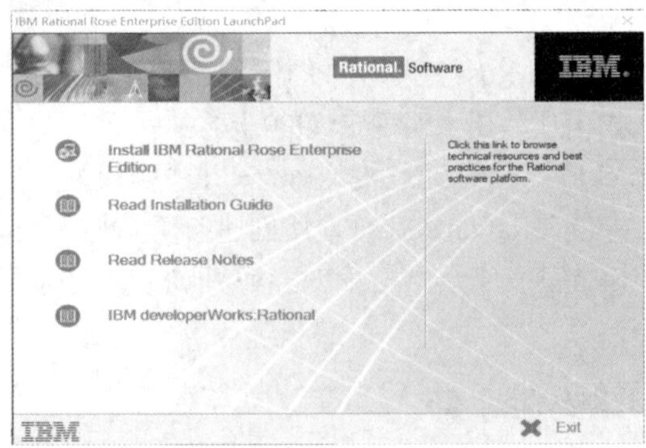

图 3-2　Rational Rose 的安装界面

(2) 进入安装向导界面，如图 3-3 所示，单击“下一页”按钮，进入部署方法界面，如图 3-4 所示，选择其默认的部署类型 Desktop installation from CD image。

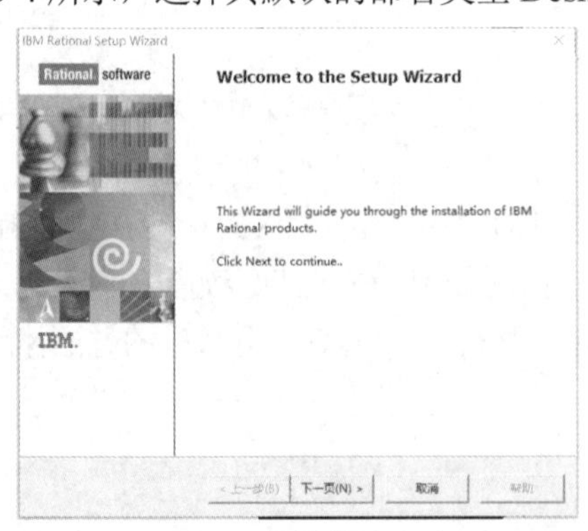

图 3-3　安装向导界面

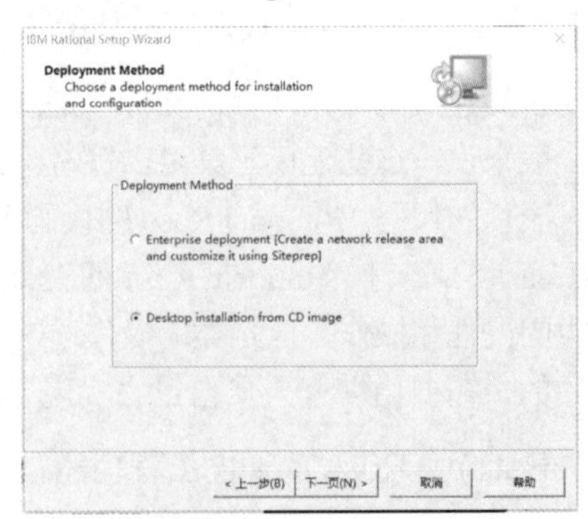

图 3-4　部署方法界面

(3) 单击“下一页”按钮，产品进入 IBM Rational Rose Enterprise Edition-Setup Wizard 界面，

如图 3-5 所示。

(4) 单击“下一页”按钮，产品进入软件安装许可界面，如图 3-6 所示。

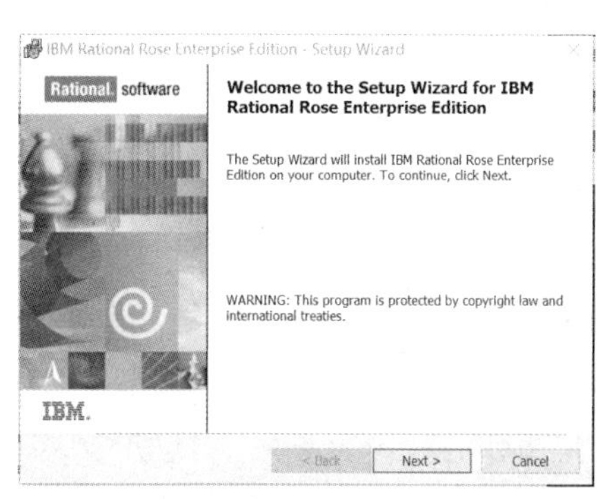

图 3-5 IBM Rational Rose Enterprise Edition-Setup Wizard 界面

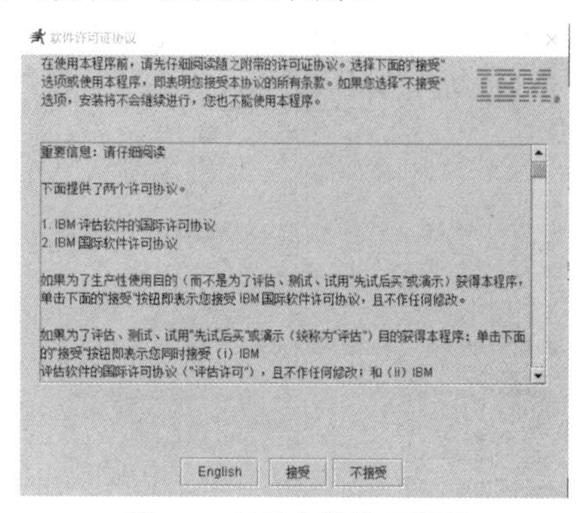

图 3-6　软件安装许可界面

(5) 单击“接受”按钮，产品进入安装文件路径界面，我们可以选择默认的位置存储解压缩的文件，或者单击 Change...按钮改变路径，在弹出的“浏览文件夹”对话框中设置安装路径，如图 3-7 所示。

(6) 单击 Next 按钮，产品进入定制安装界面，在这些安装选项中，单击任意一个，在右方可以看到关于该安装选项的说明信息。如果需要安装或是取消安装，则可以单击每个安装选项前面的图标进行选择，如图 3-8 所示。

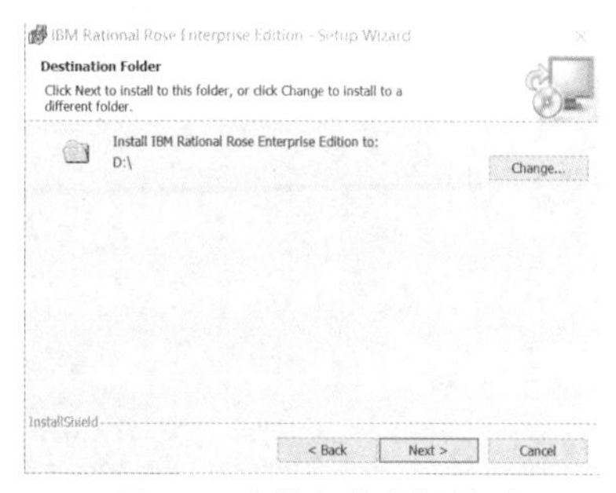

图 3-7　安装文件路径界面

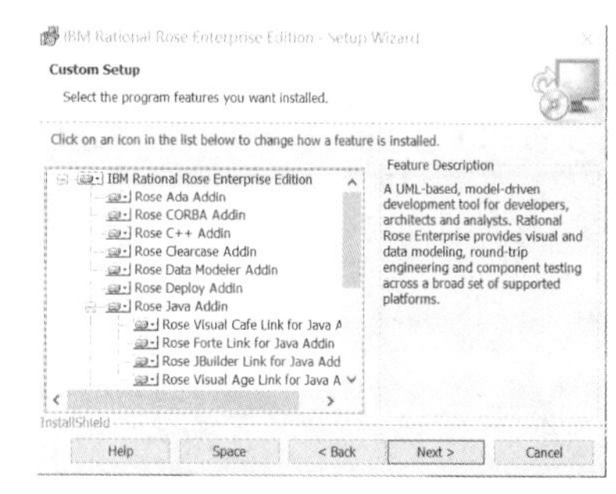

图 3-8　定制安装界面

(7) 设置完毕，单击 Next 按钮，准备进行安装，如图 3-9 所示。

(8) 单击 Install 按钮，产品开始安装，安装的时间根据机器的配置而定，如图 3-10 所示。

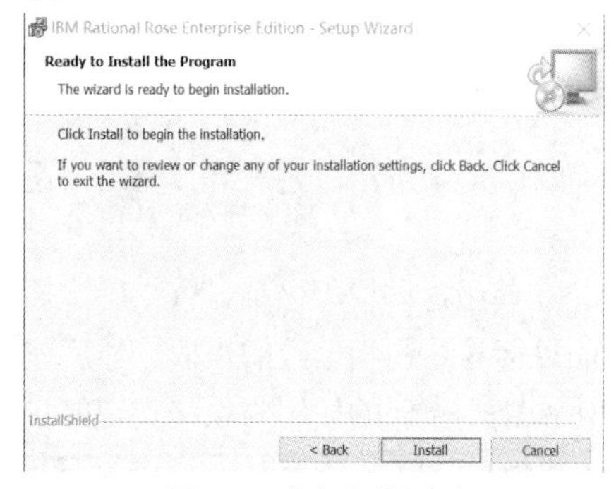

图 3-9　准备安装界面

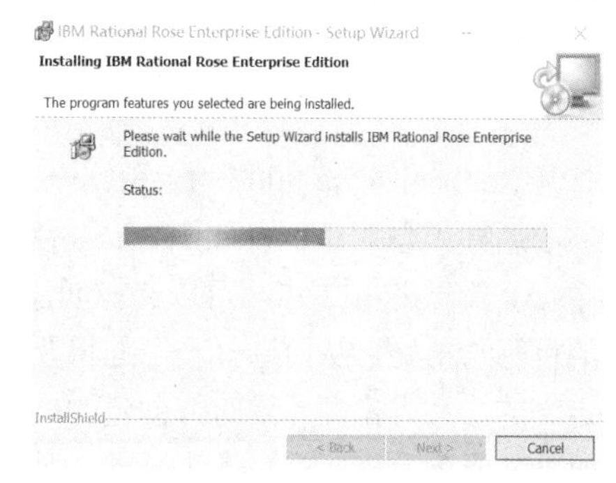

图 3-10　安装界面

(9) 安装完成后，进入安装完成提示界面，我们在该界面中可以选择是否连接到 Rational 开发者网络或打开 Readme 文件，如图 3-11 所示。

(10) 单击 Finish 按钮，确认安装完毕。在安装成功以后，会弹出软件的注册对话框，要求用户对该软件进行注册，如图 3-12 所示。

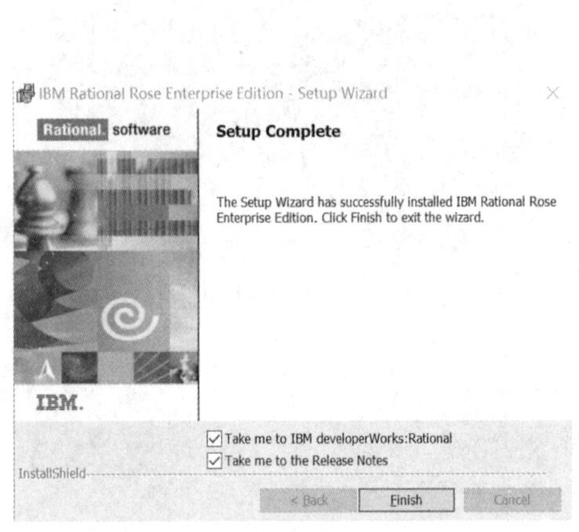

图 3-11　完成安装后的界面

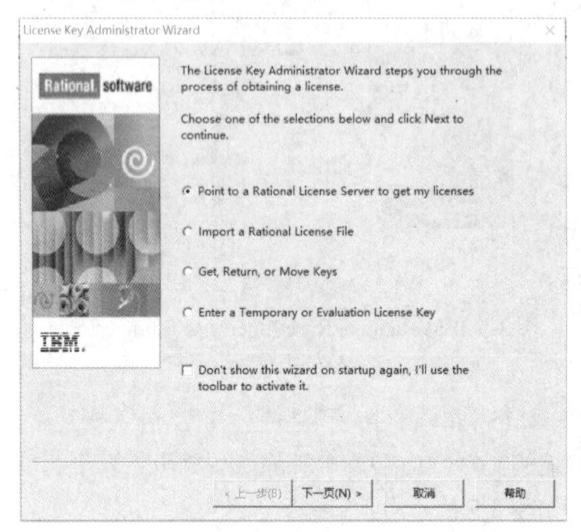

图 3-12　软件注册对话框

在系统的“开始”|“程序”菜单中将会多出 Rational Software 选项。其中，图 3-13 所示的 IBM Rational Rose Enterprise Edition 是运行的建模软件，IBM Rational License Key Administrator 是输入软件许可信息的管理软件。

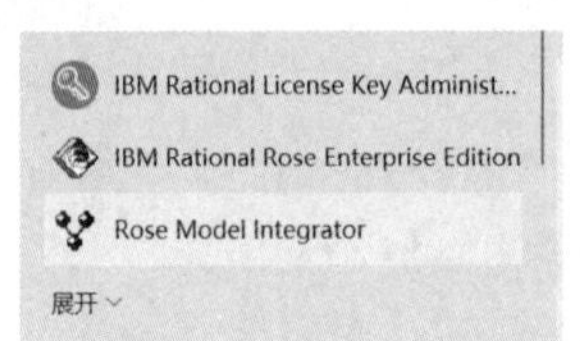

图 3-13　Rational 软件包含的部分内容

3.3　Rational Rose 基本操作

上面我们已经安装好 Rational Rose 软件，接下来开始熟悉它的各种界面。

3.3.1　Rational Rose 主界面

打开 Rational Rose 2007 后会弹出一个启动界面，如图 3-14 所示，之后会弹出用来设置启动选项的新建模型对话框，如图 3-15 所示。

在New(新建)选项卡中，可以选择创建模型的模板。在使用这些模板之前，首先确定要创建模型的目标与结构，从而选择一个与将要创建的模型的目标与结构相一致的模板，然后使用该模板定义的一系列模型元素对待创建的模型进行初始化构建。模板的使用与系统实现的目标一致。如果需要查看该模板的描述信息，则可以在选中此模板后，单击 Details 按钮进行查看。如果只是想创建一些模型，而这些模型不具体使用那些模板时，则可以单击 Cancel 按钮取消。

图 3-14　启动界面

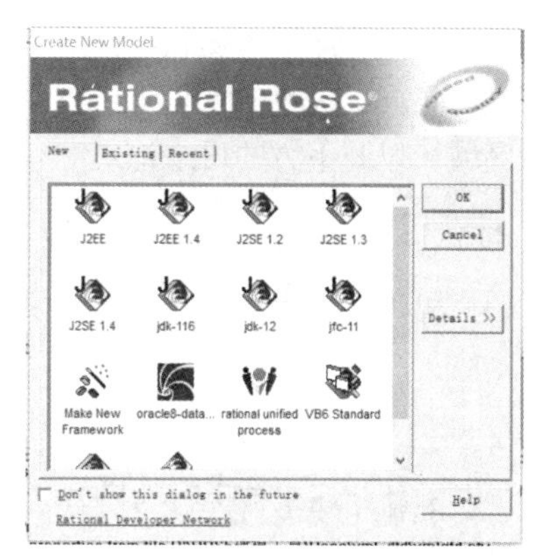

图 3-15　新建模型对话框

通过 Existing(打开)选项卡，可以打开一个已经存在的模型，在对话框左侧的列表中，逐级找到该模型所在的目录，然后从右侧的列表中选中该模型，单击 Open(打开)按钮打开。在打开一个新的模型前，应当保存并关闭正在工作的模型，当然在打开已经存在的模型时也会出现是否保存当前正在工作的模型信息提示。

在 Recent(最近使用的模型)选项卡中，可以选择打开一个最近使用过的模型文件，在该选项卡中，选中需要打开的模型，单击 Open 按钮或双击该模型文件的图标即可。如果当前已经有正在工作的模型文件，则在打开新的模型前，Rose 会先关闭当前正在工作的模型文件。如果当前正在工作的模型中包含未保存的内容，系统将会弹出是否保存当前模型的信息提示对话框。

3.3.2　了解 Rational Rose 界面模块

Rational Rose 2007 的主界面如图 3-16 所示。

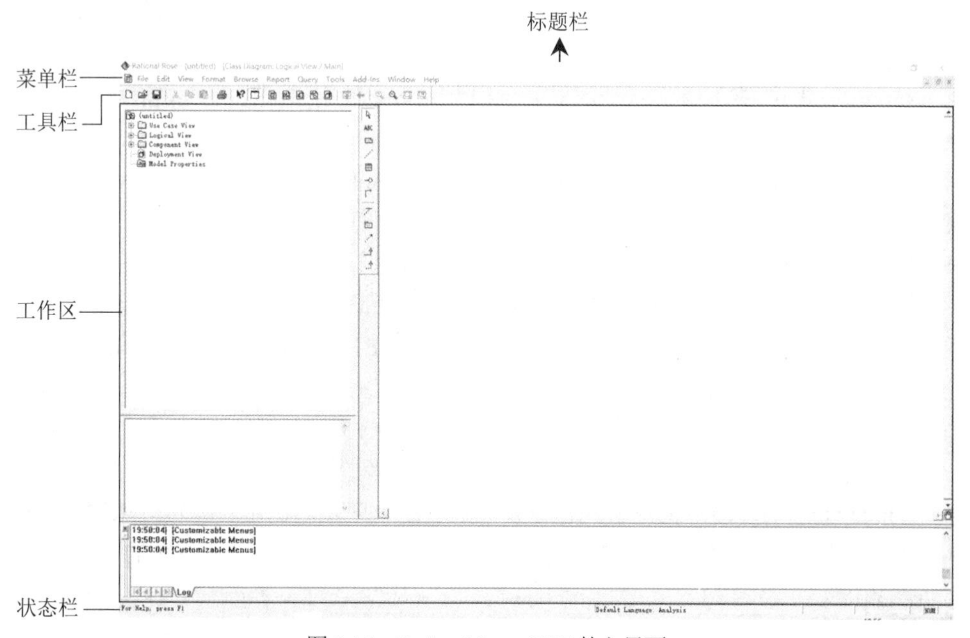

图 3-16　Rational Rose 2007 的主界面

由图 3-16 可以看出，Rational Rose 2007 的主界面主要由标题栏、菜单栏、工具栏、工作区和状态栏构成。默认的工作区域包含 4 个部分，分别是左侧的浏览器、文档编辑区和右侧的图形编辑区域，以及下方的日志记录。

1. 标题栏

标题栏可以显示当前正在工作的模型文件的名称，如图 3-17 所示。

Rational Rose - (untitled) [Class Diagram: Logical View / Main]

图 3-17　标题栏

对于刚刚新建还未被保存的模型名称用 untitled 表示。除此之外，标题栏还可以显示当前正在编辑的图的名称和位置，例如 Class Diagram：Logical View/Main，代表的是在 Logical View(逻辑视图)下创建的名称为 Main 的 Class Diagram(类图)。

2. 菜单栏

在菜单栏(如图 3-18 所示)中包含了所有在 Rational Rose 2007 中可以进行的操作，一级菜单共有 11 项，分别如下。

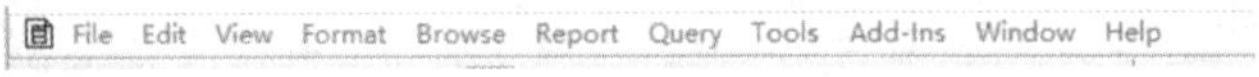

File Edit View Format Browse Report Query Tools Add-Ins Window Help

图 3-18　菜单栏

- File(文件)：该下级菜单显示了关于文件的一些操作内容。
- Edit(编辑)：该下级菜单是用来对各种图进行编辑操作的，并且它的下级菜单会根据图的不同有所不同，但是会有一些共同的选项。
- View(视图)：该下级菜单是关于窗口显示的操作。
- Format(格式)：该下级菜单是关于字体等显示样式的设置。
- Browse(浏览)：该下级菜单和 Edit(编辑)的下级菜单类似，根据不同的图可以显示不同的内容，但是有一些选项是这些图都能够使用到的。
- Report(报告)：该下级菜单显示了关于模型元素在使用过程中的一些信息。
- Query(查询)：该下级菜单显示了关于一些图的操作信息，在 sequence diagram(顺序图)、collaboration diagram(协作图)和 deployment diagram(部署图)中没有 Query 的菜单选项。
- Tools(工具)：该下级菜单显示了各种插件工具的使用。
- Add-Ins(插件)：该下级菜单选项中只包含一个，即 Add-In Manager ...，它用于对附加工具插件的管理，标明这些插件是否有效。很多外部的产品都对 Rational Rose 2007 发布了 Add-in 支持，用来对 Rose 的功能进行进一步的扩展，如 Java、Oracle 或 C#等，有了这些 Add-in，Rational Rose 2007 就可以做更多深层次的工作了。例如，在安装了 Java 的相关插件之后，Rational Rose 2007 就可以直接生成 Java 的框架代码，也可以从 Java 代码转化成 Rational Rose 2007 模型，并进行两者的同步操作。
- Window(窗口)：该下级菜单内容与大多数应用程序相同，是对编辑区域窗口的操作。
- Help(帮助)：该下级菜单内容也与大多数应用程序相同，包含了系统的帮助信息。

3. 工具栏

在 Rational Rose 2007 中，工具栏的形式有两种，分别是 Standard(标准)工具栏和编辑区工具栏。标准工具栏在任何图中都可以使用，因此在任何图中都会显示，其默认的标准工具栏中的内容如图 3-19 所示。

图 3-19　标准工具栏

编辑区工具栏是根据不同的图形而设置的具有绘制不同图形元素内容的工具栏，显示时位于图形编辑区的左侧。我们也可以通过 View(视图)下的 Toolbars(工具栏)来定制是否显示标准工具栏和编辑区工具栏。标准工具栏和编辑区工具栏也可以通过菜单中的选项进行定制：单击 Tools(工具)下的 Options(选项)，弹出一个对话框，选中 Toolbars(工具栏)选项卡，我们可以在 Standard Toolbar(标准工具栏)复选框中选择显示或隐藏标准工具栏，或者设置工具栏中的选项是否使用大图标，也可以在 Diagram Toolbar(图形编辑工具栏)中选择是否显示编辑区工具栏，以及编辑区工具栏显示的样式。

4. 工作区

工作区由 4 个部分构成，分别为浏览器、文档区、编辑区和日志区。在工作区中，我们可以方便地完成各种 UML 图形的绘制。

1) 浏览器和文档(注释)区

浏览器和文档区位于 Rational Rose 2007 工作区域的左侧，如图 3-20 所示。

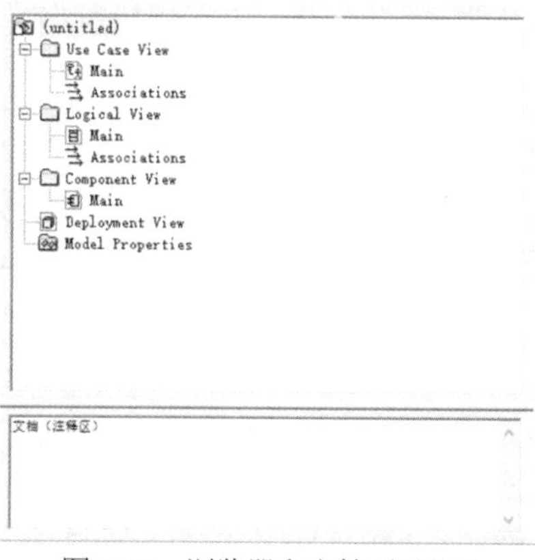

图 3-20　浏览器和文档(注释)区

浏览器是一种树形的层次结构，可以帮助我们迅速地查找到各种图或模型元素。在浏览器中，默认创建了 4 个视图，分别是 Use Case View(用例视图)、Logical View(逻辑视图)、Component View(组件视图)和 Deployment View(部署视图)。在这些视图所在的包或图下，可以创建不同的模型元素。

文档区用于对 Rational Rose 2007 中所创建的图或模型元素进行说明。在类中加入的文档信息在生成代码后以注释的形式存在。

2) 编辑区

编辑区位于 Rational Rose 2007 工作区域的右侧，用于对组件图进行编辑操作，界面如图 3-21 所示。

图 3-21　编辑区

编辑区包含了图形工具栏和图的编辑区域，在图的编辑区域中可以根据图形工具栏中的图形元素内容绘制相关信息。在图的编辑区添加的相关模型元素会自动地在浏览器中添加，这样可使浏览器和编辑区的信息保持同步。我们也可以将浏览器中的模型元素拖动到图形编辑区中进行添加。

3) 日志区

日志区位于 Rational Rose 2007 工作区域的下方，在日志区中记录了对模型的一些重要操作，如图 3-22 所示。

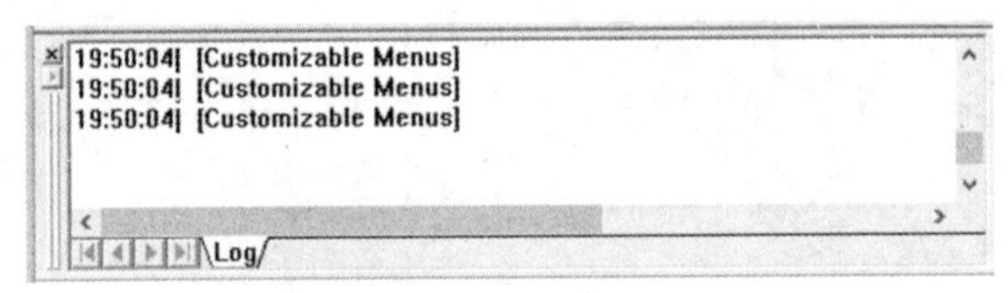

图 3-22　日志区

5. 状态栏

状态栏中记录了对当前信息的提示和当前的一些描述信息，如 For Help, press F1 帮助信息及当前使用的语言 Default Language：Analysis 等信息，如图 3-23 所示。

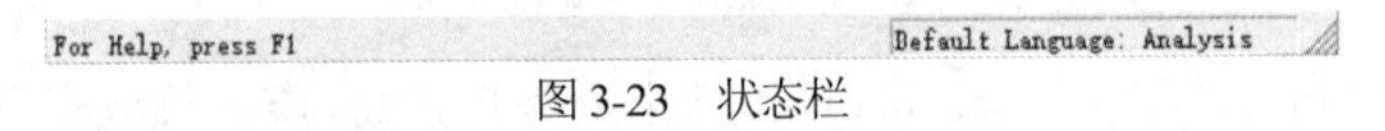

图 3-23　状态栏

3.3.3　介绍 Rational Rose 的操作

从本小节开始具体地学习如何操作 Rational Rose 2007。

1. 创建模型

我们可以通过选择 File(文件)菜单栏下的 New(新建)命令来创建新的模型，也可以通过标准工具栏下的“新建”按钮创建新的模型，这时便会弹出选择模板的对话框，选择想要使用的模板后，单击 OK(确定)按钮。如果使用模板，则 Rational Rose 2007 系统就会将模板的相关初始化信息添加到创建的模型中，这些初始化信息包含了一些包、类、组件和图等。如果不使用模板，则单击Cancel(取消)按钮，这时创建的是一个空的模型项目。

2. 保存模型

保存模型包括对模型内容的保存和对在创建模型过程中日志记录的保存，这些都可以通过菜单栏和工具栏实现。

1) 保存模型内容

我们可以通过选择 File(文件)菜单下的 Save(保存)命令来保存新建的模型，也可以通过标准工具栏下的“保存”按钮保存新建的模型，保存的 Rational Rose 模型文件的扩展名为.mdl。在选择 File(文件)菜单下的 Save(保存)命令进行保存文件时，在“文件名”文本框中可以设置 Rational Rose 模型文件的名称，如图 3-24 所示。

2) 保存日志

我们可以通过选择 File(文件)菜单下的 Save Log As 保存日志，也可以通过 AutoSave Log 自动保存日志，通过指定保存目录可以在该文件中自动保存日志记录，如图 3-25 所示。

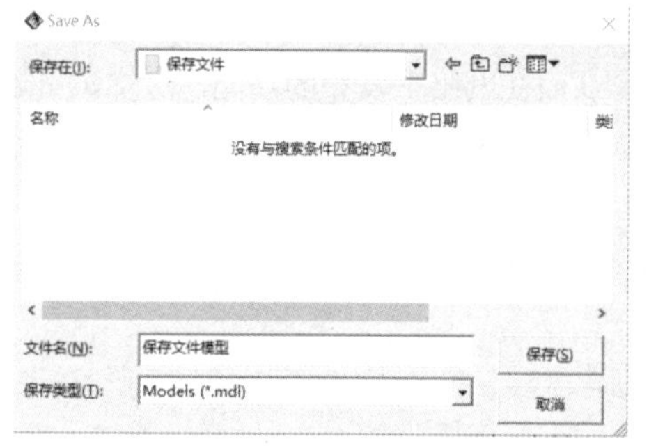

图 3-24　保存模型内容

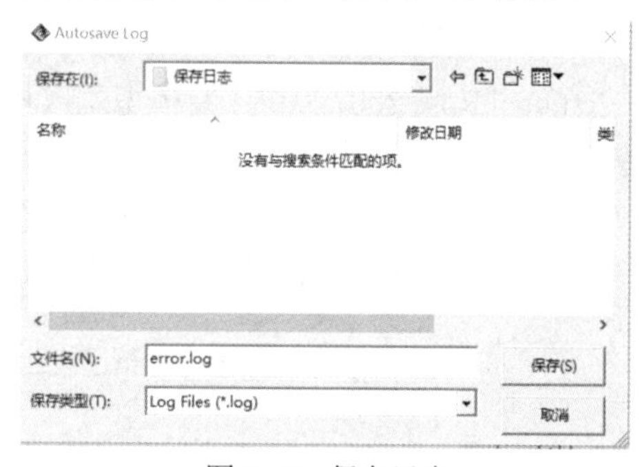

图 3-25　保存日志

3. 导入模型

通过选择 File(文件)菜单下的 Import(导入)可以导入模型、包或类等，可供选择的文件类型包括.mdl、.ptl、.sub 或.cat 等。导入模型后，可以利用现成的建模，例如，导入一个现成的.mdl 文件模型，即可直接进行对象建模，如图 3-26 所示。

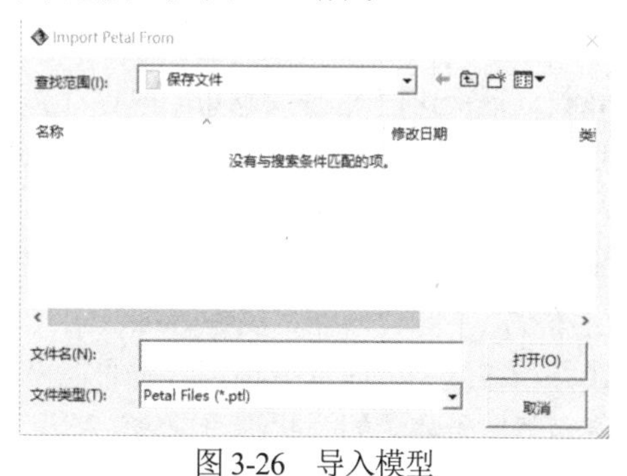

图 3-26　导入模型

4. 导出模型

通过选择 File(文件)菜单下的 Export Model ...(导出模型)可以导出模型，导出文件的后缀名为.ptl，如图 3-27 所示。

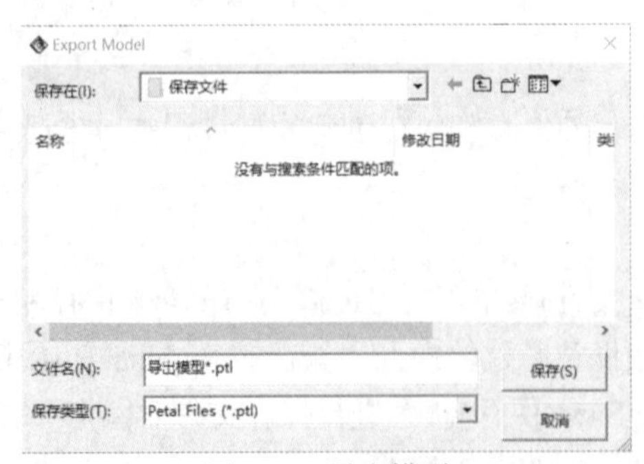

图 3-27　导出模型

当选择一个具体类时，如选择一个名称为 Student 的类，可以通过选择 File(文件)菜单下的 Export Student 导出 Student 类，默认导出的文件后缀名称为.ptl。

5. 发布模型

Rational Rose 2007 提供了将模型生成相关网页，从而在网络上发布的功能，这样，可以方便系统模型的设计人员将系统的模型内容对其他开发人员进行说明。

发布模型的步骤可以通过下列方式进行。

(1) 选择 Tools(工具)菜单下的 Web Publisher 选项，弹出发布模型对话框，如图 3-28 所示。

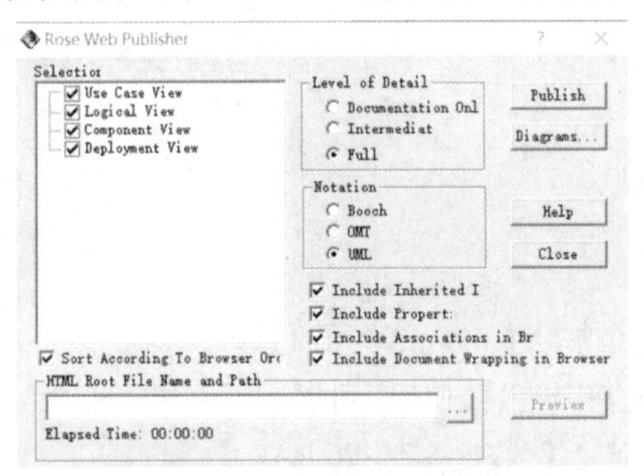

图 3-28　发布模型对话框

在弹出的对话框的 Selection(选择)选项中选择要发布的内容，包括相关模型视图或包。在 Level of Detail(细节级别)单选框中选择要发布的细节级别设置，包括 Documentation Only(仅发布文档)、Intermediat(中间级别)和 Full(全部发布)，含义如下。

- Documentation Only(仅发布文档)是指在发布模型的时候包含了对模型的一些文档说明，如模型元素的注释等，不包含操作、属性等细节信息。
- Intermediat(中间级别)是指在发布的时候允许用户发布在模型元素规范中定义的细节，但是不包括具体的程序语言所表达的一些细节内容。
- Full(全部发布)是指将模型元素的所有有用信息全部发布出去，包括模型元素的细节和程序语言的细节等。

(2) 在 Notation(标记)单选框中选择发布模型的类型，包括 Booch、OMT 和 UML 3 种类型，可以根据实际情况选择合适的标记类型。Include Inherited Items(包含继承的项)、Include Properties(包含属性)、Include Associations in Browser(包含关联链接)和 Include Document Wrapping in Browser(包含文档说明链接)选项中选择在发布时要包含的内容。

(3) 在 HTML Root File Name and Path(HTML 根文件名称)文本框中设置要发布的网页文件的根文件名称。

如果需要设置发布模型生成的图片格式，可以单击Diagrams…按钮，弹出的对话框如图3-29所示。

图 3-29 中，有 4 个选项可供选择，分别是 Don't Publish Diagrams(不要发布图)、Windows Bitmaps(BMP 格式)、Portable Network Graphics(PNG 格式)和 JPEG(JPEG 格式)。其中，Don't Publish Diagrams 是指不发布图像，仅包含文本内容，其余 3 种指的是发布的图形的文件格式。

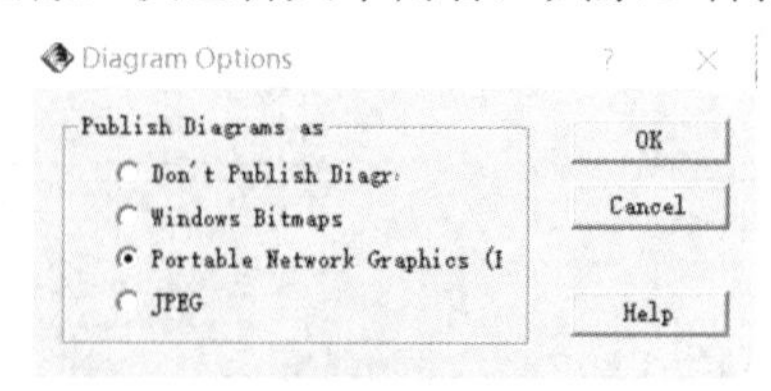

图 3-29　设置模型生成的图片格式

6. 添加或删除注释

对模型元素进行适当的注释可以有效地帮助人们对该模型元素进行理解。注释是在图中添加的文本信息，并且这些文本和相关的图或模型元素相连接，表明对其进行说明。图 3-30 所示是给 User 类添加的一个注释。

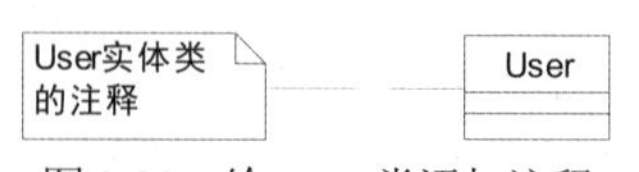

图 3-30　给 User 类添加注释

添加一个注释包含以下步骤。

(1) 打开正在编辑的图，选择图形编辑工具栏中的图标，将其拖入图中需添加注释的模型元素附近。或者选择 Tools(工具)菜单下的 Create(新建)菜单中的 Note 选项，在图中需添加注释的模型元素附近绘制注释即可。

(2) 在图形编辑工具栏中选择图标，或者在 Tools(工具)菜单下的 Create(新建)菜单中选择 Note Anchor 选项，添加注释与模型元素的超链接。

删除注释的方法很简单，选中注释信息或注释超链接，按 Delete 键，或者右击，从弹出的快捷菜单中选择 Edit 下的 Delete 选项即可。

7. 添加和删除图或模型元素

在 Rational Rose 2007 的模型中，在合适的视图或包中可以创建该视图或包所支持的图或模型元素。创建图的方式可以通过以下步骤。

(1) 在视图或包中右击，选择 New 菜单下的图或模型元素，如图 3-31 所示。

(2) 单击 OK 按钮，将弹出对话框，可以对创建的图或模型元素进行命名。

如果要删除模型中的图或模型元素，则需要在浏览器中选中该模型元素或图，右击并选择 Delete 选项，如图 3-32 所示，这样在所有图中存在的该模型元素都会被删除。如果在图中选择该模型元素，则按 Delete 键或右击并选择 Delete 选项就会在该图中删除，而其他图中不会产生影响。

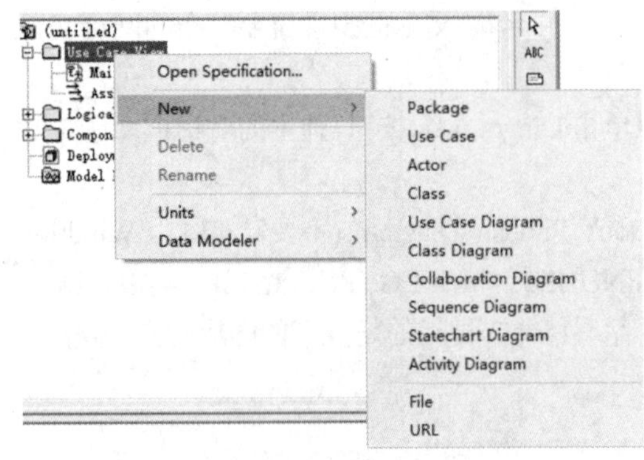

图 3-31　创建各种图

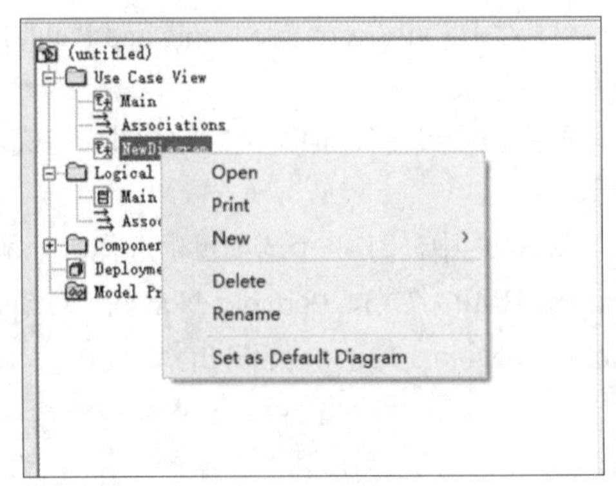

图 3-32　删除图

3.3.4　Rational Rose 的基本设置

通过 Tools(工具)菜单下的 Options 可以对 Rational Rose 2007 的相关信息进行设置。例如，General(全局)选项卡是用来对 Rational Rose 2007 的全局信息进行设置的；Diagram(图)选项卡是用来对 Rational Rose 2007 中有关图的显示等信息进行设置的；Browser(浏览器)是对浏览器的形状进行设置的；Notation(标记)用来设置使用的标记语言及默认的语言信息；Toolbars 用来对工具栏进行设置，这个在前面已经介绍过了。其余的是 Rational Rose 2007 所支持的语言，可以通过对话框设置该语言的相关信息。

接下来，简要地介绍一下如何对系统的字体和颜色信息进行设置。

单击 Tools(工具)菜单下的 Options 选项，弹出 Options 对话框，如图 3-33 所示。

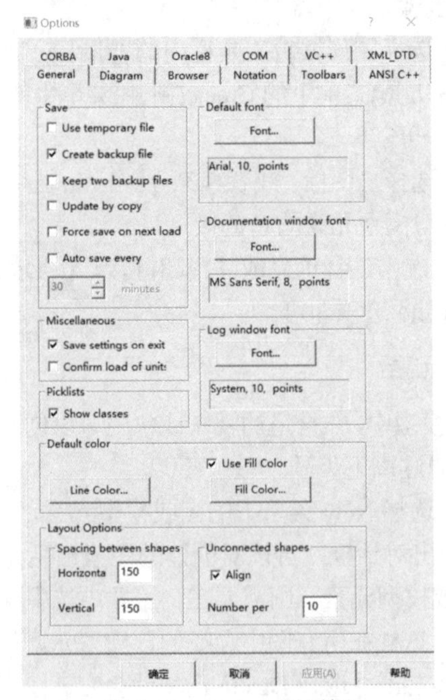

图 3-33　Options 对话框

在图 3-33 的 General(全局设置)选项卡中，可以设置相关选项的字体信息，包括 Default font(默认字体)、Documentation window font(文档窗口字体)和 Log window font(日志窗口字体)。单击任意一个 Font ...(字体)按钮，便会弹出字体设置的对话框，如图 3-34 所示，我们可以根据需要进行相应的设置。

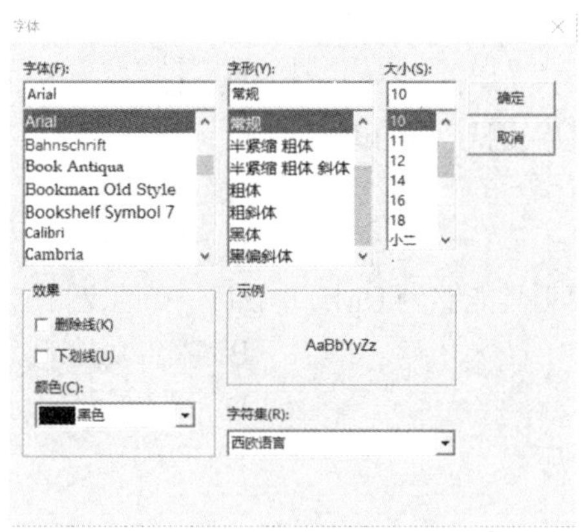

图 3-34　字体设置对话框

【本章小结】

本章详细讲解了 Rational Rose 2007 的安装步骤及在安装过程中需要注意的事项，使读者能够独立地安装 Rational Rose 2007。随后在对 Rational Rose 2007 的基本操作说明中，介绍了 Rational Rose 2007 的界面及其使用方法，包括对模型的创建、导入、导出和删除等操作。

习题 3

1. 填空题

(1) 在新建模型对话框中有______、______和______ 3 种选项。

(2) Rational Rose 2007 主界面的浏览区中，可以创建______视图、______视图、______视图和______视图。

(3) ______位于 Rational Rose 2007 工作区域的右侧，它用于对组件图进行编辑操作。

(4) Rational Rose 模型文件的扩展名为______。

(5) 保存模型包括对______的保存和对在创建模型过程中______的保存，这些都可以通过菜单栏和工具栏来实现。

2. 选择题

(1) Rational Rose 2007 的主界面包括(　　)。

A. 标题栏　　　　B. 状态栏

C. 菜单栏　　　　D. 工具栏

(2) Rational Rose 2007 导入文件的后缀名是(　　)。

A. .mdl　　B. .log
C. .ptl　　D. .cat

(3) Rational Rose 2007 导出文件的后缀名是(　　)。

A. .mdl　　B. .log
C. .ptl　　D. .cat

(4) Rational Rose 中模型库支持(　　)模型元素。

A. 类图　　B. 结构图
C. 部署图　　D. 组件图

(5) Rational Rose 的建模工具能够为 UML 提供(　　)的支持。

A. 审查功能　　B. 报告功能
C. 绘图功能　　D. 日志功能

3. 简答题

(1) 为什么说 Rational Rose 是设计 UML 的极佳工具？

(2) Rational Rose 有哪几种视图？

(3) 如何使用 Rational Rose 模型的导出和导入功能？

(4) Rational Rose 主界面由哪几部分组成？

☙ 第4章 ❧

用 例 图

对于软件系统的设计和分析来讲，首先要正确地把握客户需求中的功能实现，以便确定系统中需要创建何种对象。以前，都是使用自然语言来描述软件功能的需求，这种方法经常造成理解上的错误。随着用例图(use case diagram)的出现，这种使用可视化来描述软件系统功能需求的方法很快成为软件项目开发和规划中的一个基本模型元素。本章将对用例图进行详细的介绍。

4.1 用例图的基本概念

在一个项目开发初期往往要先描述系统的功能需求，从用户的角度，以用户可以理解的方式来描述系统。在UML中，用例(use case)描述系统的功能和需求。用例图是Jacobson在1992年最先提出的，是指通过用例来捕获系统的需求，再结合参与者(actor)进行系统功能需求的分析和设计。

用例图是UML模型，用来说明参与者与用例之间的关系，是用于描述系统功能的动态视图，用例图示例如图4-1所示。用例图为开发人员提供了用户需要的视图，而不需要体现技术或实现细节，是从软件需求分析到最终实现的第一步，它显示了系统的用户和用户希望提供的功能，有利于用户和软件开发人员之间的沟通。

用例图由参与者、用例及它们之间的关系构成，其中参与者和用例之间的对应关系又叫作通信关联(communication association)，它表示参与者使用了系统中的哪些用例，用连接线表示。

用例图是需求分析中的产物，主要作用是描述参与者和用例之间的关系，帮助开发人员可视化地了解系统的功能。用例图可视化地描述了系统外部的使用者(抽象为参与者)和使用者使用系统时，系统为这些使用者提供的一系列服务(抽象为用例)，并清晰地描述了参与者和参与者之间的泛化关系，用例和用例之间的包含关系、泛化关系、扩展关系，以及用例和参与者之间的关联关系。因此，从用例图中，我们可以得到对于被定义系统的一个总体印象。在面向对象的分析设计方法中，用例图可以用于描述系统的功能性需求。另外，用例还定义了系统功能的使用环境和上下文，每个用例都描述了一个完整的系统服务。

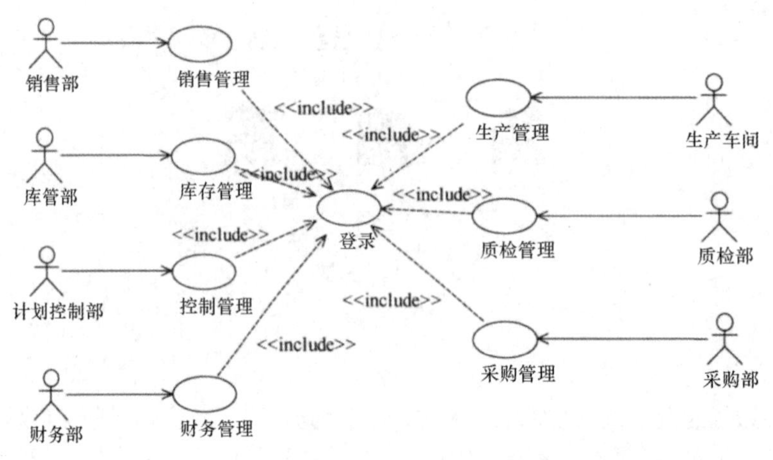

图 4-1　用例图示例

4.2 用例图的构成

用例图的构成元素有参与者、用例和系统边界。

用例图总是描述参与者发出一个事件、该事件触发一个用例、该用例执行由该事件触发的行为 3 件事情。下面我们将详细介绍用例图的构成元素。

4.2.1　参与者

参与者是指存在于系统外部并直接与系统交互的人、系统、子系统或类的外部实体的抽象，在用例图中使用一个人形图标来表示参与者，参与者的名称写在人形图标下面，如图 4-2 所示。例如，顾客、供货人、取款人是饮料销售机的参与者；顾客、仓库和财务部门是零售系统的参与者；客户和证券交易所是股票系统的参与者；客户、银行和管理员是 ATM 系统的参与者。

图 4-2　参与者

每个参与者都以一种具体方式与系统交互，参与者代表的是一个集合，人是其中最常见也是最容易理解的参与者，但参与者还可以代表系统、硬件设备或时间等。例如，人们去餐馆用餐时，若采用刷卡付费的方式就需要餐馆的管理程序和银行的信用卡付费系统建立联系来验证信用卡以便付款，此时银行的信用卡付费系统就是一个参与者，它是一个系统。

参与者还可以划分为主要参与者和次要参与者，分别参与系统主要功能与次要功能。标出主要参与者有利于找出系统的核心功能，往往也是用户最关心的功能。例如在线上航空售票系统中，顾客是主要参与者，而航空公司和系统维护员是次要参与者，但是对于维护系统而言，系统维护员又变成了主要参与者。

如图 4-3 所示，输入设备参与者示例中“监控传感器”(Monitoring Sensor)为“生成警报”(Generate Alarm)用例提供传感器输入为主要参与者，“监控操作员”(Monitoring Operator)在该用例中为次要参与者。

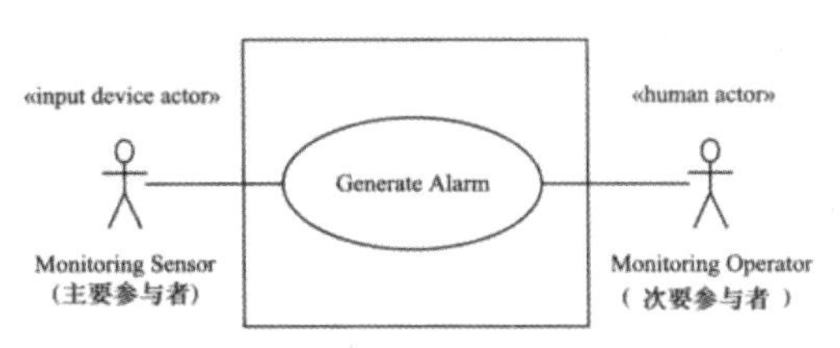

图 4-3　输入设备参与者示例

参与者也可是计时器，周期地向系统发送定时事件。当系统需要定期输入某些信息时，就需要周期性用例。如图 4-4 所示，“报告计时器”(Report Timer)参与者启动“显示每日报告”(Display Weekly Report)用例，该用例周期性地准备一份报告并将其显示给用户。

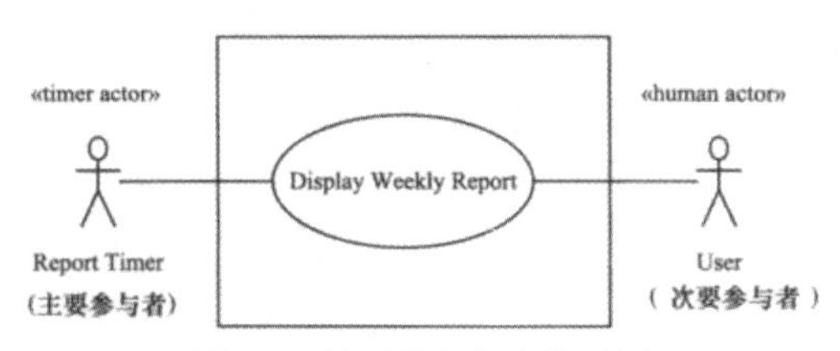

图 4-4　计时器参与者的示例

图 4-4 中的计时器是主要参与者，用户是次要参与者。在计时器是主要参与者的用例中，通常是次要参与者(此例中的用户 User)从用例中获得价值。

需要注意的是，参与者虽然可以代表人或事物，但参与者不是指人或事物本身，而是表示人或事物当时所扮演的角色。例如，学生管理系统的系统管理员有两个人，分别是小王和小张，用例图中的参与者并不是小王和小张这两个具体的人本身，而是指系统管理员这个角色。

参与者可以激活用例的实例。参与者可以参与一个或多个用例，每个用例也可以有一个或多个参与者。例如，参与者可以是一名雇员，也可以是一名顾客，即便该参与者在现实世界是同一个人，但在用例图上要用两个人形符号，因为这个人以不同的角色与系统进行交互。

4.2.2　用例

用例是 UML 建模中最重要的元素，表示系统中的部分功能和行为。一个用例是系统所执行的一组动作的规范，动作的执行将产生一个可观察的结果，该结果对相关的参与者具有特殊用途或价值。从参与者的角度来看，用例应该是一个完整的任务，在一个相对较短的时间段内完成，当用例各部分被分在不同的时间段，尤其是被不同的参与者执行时，最好将各部分作为单独的用例看待。

用例可以描述系统响应其外部参与者引起的事件而采取的动作序列，当系统外部的参与者初始化它的时候就启动，并基于初始输入，在没有其他输入和不再有内部动作执行的时候它就结束。

如图 4-5 所示，用例用椭圆形来表示，在下方标明用例的名称，用例名要尽量使用主动语态动词和可以描述系统执行功能的名词，如创建订单、取款、转账等。

用例建模仅关心“做什么”，而不是“如何做”，在创建用例时不需要说明用例是如何实现的。例如，一台饮料销售机包括供货、购买饮料、取钱等用例；一个零售系统包括提交订单、跟踪订单、装运货物、告知顾客付款等用例；一个在线股票系统包括安全会话、交易债券、交易股票、交易期权等用例；一个 ATM 系统包括存款、取款、转账、查询余额等用例。

图 4-5　用例

4.2.3　系统边界

用例捕获系统内发生的所有事情，参与者捕获外部实体，因而在确定了用例和参与者后，也就定义了系统边界。

在项目开发过程中，边界是一个非常重要的概念。这里说的系统边界是指系统与系统之间的界限。通常所说的系统可以认为是由一系列相互作用的元素形成的具有特定功能的有机整体。系统同时又是相对的，一个系统本身又可以是另一个更大系统的组成部分，因此，系统与系统之间需要使用系统边界进行区分。一般把系统边界以外的同系统相关联的其他部分称为系统环境。

用例图中的系统边界是用来表示正在建模的系统边界。边界内表示系统的组成部分，边界外表示系统外部。虽然有系统边界的存在，但是使用 Rose 画图并不画出系统边界。如果采用 Visio 画图，那么系统边界在用例图中用方框来表示，同时附上系统的名称，参与者画在边界的外面，用例画在边界里面，如图 4-6 所示。

图 4-6　系统边界

系统边界决定了参与者，如果系统边界不一样，那么它的参与者就会发生很大的变化。例如，对于一个股票交易系统来说，它的参与者就是股票投资者，但是如果将系统边界扩大至整个金融系统，那么系统参与者还将包括期货交易者。可见，在系统开发过程中，系统边界占据了举足轻重的地位，只有了解清楚系统边界，才能更好地确定系统的参与者和用例。

4.3　用例图中的关系

4.3.1　参与者之间的关系

由于参与者实质上也是类，所以它拥有与类相同的关系描述，即参与者与参与者之间主要是泛化关系(或称为“继承”关系)。泛化关系是指把某些参与者的共同行为提取出来表示为通用行为，并描述为超类。泛化关系表示的是参与者之间的一般或特殊关系，在 UML 图中，使用带空心三角箭头的实线表示泛化关系，如图 4-7 所示，箭头指向超类参与者。

在需求分析中很容易碰到用户权限问题，例如，在学生管理系统中，学生只能查询自己的信息，而管理员不仅可以查询信息，还可以录入和修改信息。我们把它们的关系抽象泛化出一个用户类作为一个超类，让学生和管理员继承该类，如图 4-8 所示。通过泛化关系，可以有效地减少用例图中通信关联的个数，简化用例模型，便于理解。

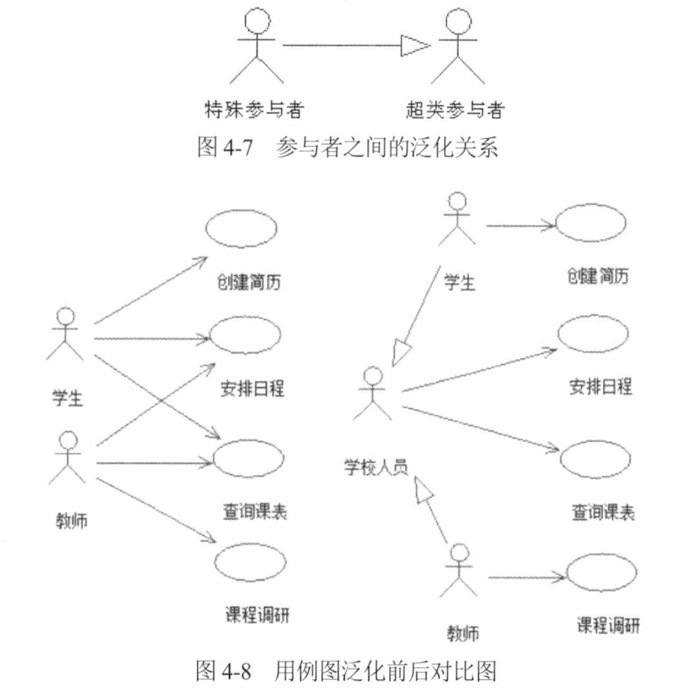

图 4-7 参与者之间的泛化关系

图 4-8 用例图泛化前后对比图

4.3.2 参与者与用例之间的关系

参与者与用例可以彼此交互，这一事实通过两者之间的关联(association)来表述。参与者和用例之间的关联具有多重性：一个参与者实体可以同时与多个用例实体进行交流，一个用例实体也可以同时与多个参与者实体进行交流。参与者与用例之间的关联也有导航性，通常关联在两个方向上都是可导航的，但用例模型中常会省略关联的方向，但若有需要，也可以指出它们，如图 4-9 所示，一位 ATM 客户每次会与取款用例的实体进行交流，而取款用例的每个实体会与一位 ATM 客户和一个银行系统进行交流，一个银行系统可以同时与多个取款用例的实体交流。

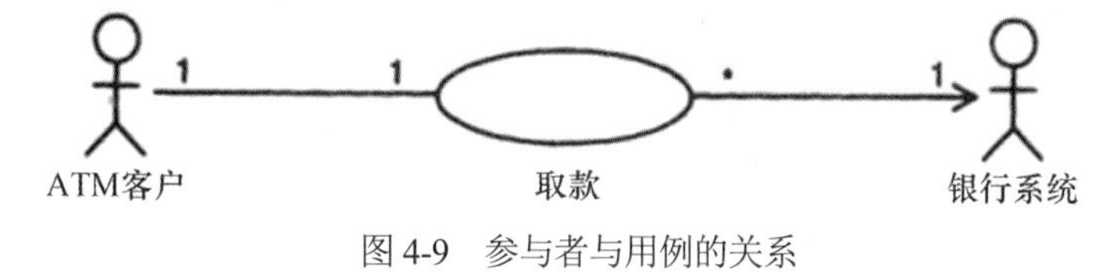

图 4-9 参与者与用例的关系

4.3.3 用例之间的关系

通常可以在用例之间抽象出包含(include)、扩展(extend)和泛化(generalization)3种关系。这3种关系都是从现有的用例中抽取出公共信息，再通过不同的方法来重用这部分公共信息。

1. 包含关系

包含关系也称为使用关系，指用例可以简单地包含其他用例具有的行为，并把它所包含的用例行为作为自身行为的一部分，用一条带箭头的虚线加上<<include>>来表示。基本用例可以控制与包含用例的关系，并可以依赖于执行包含用例所得的结果，但基本用例和包含用例都不能访问对方的属性。例如，去银行办理业务，必须要先验证卡号和密码，可以将核对卡号和密码作为取钱、转账、修改密码等用例的共有行为提取出来，形成一个包含用例，它带有了可复用的意义，如果缺少核对卡号密码用例，则取钱、转账用例是不完整的。

包含用例表示的是“必须”而不是“可选”，即如果没有包含用例，基本用例是不完整的，同时如果没有基本用例，包含用例是不能单独存在的。

需要用到包含关系的情况主要有以下两种。

(1) 若多个用例用到同一段的行为，则可以把这段共同的行为单独抽象为一个用例，然后让其他用例来包含这一用例。

(2) 当某个用例的功能过多、事件流过于复杂时，也可以把某一段事件流抽象为一个被包含的用例，以达到简化描述的目的。

如图4-10所示，登录用例是创建新账户用例、修改账户信息用例和删除账户用例的公共部分，用包含关系来表示，从而避免了登录用例被重复描述3次。

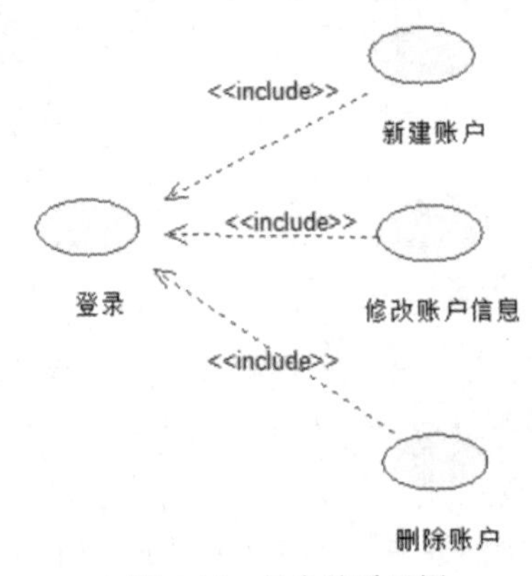

图4-10 包含关系示例

包含关系有两个优点：一是提高了用例模型的可维护性，当需要对公共需求进行修改时，只需要修改一个用例而不必修改所有与其有关的用例；二是可以避免在多个用例中重复地描述同一段行为，以及在多个用例中对同一段行为描述不一致的现象。

2. 扩展关系

当执行项目中的并发迭代或开发系统用例模型的后期版本时，要添加全新的用例到模型中，并且要插入新的动作到现有用例中，即要添加模型之前不存在的附加特征以扩展现有服务。然而，更改整个模型是困难且复杂的，扩展关系便可以解决这个问题。

扩展关系用一条带箭头的虚线加<<extend>>，与包含关系不同，扩展表示的是“可选”，而不是“必须”。扩展用例由特定的扩展点触发而被启动，即使没有扩展用例，基本用例也是完整的；如果没有基本用例，扩展用例是不能单独存在的；如果有多个扩展用例，同一时间基本用例也只会使用其中一个。箭头从扩展用例指向基本用例。

网站登录模块用例图的部分内容如图4-11所示，在本用例中，基础用例是“身份验证”，扩展用例是“修改密码”。在一般情况下，只需要执行“身份验证”用例即可，但是如果登录用户想修改密码，则不能执行用例的常规动作。如果修改“身份验证”用例，则势必增加系统的复杂性，此时可以在基础用例“身份验证”中增加插入点，这样用户想修改密码时，即可执行扩展用例“修改密码”。

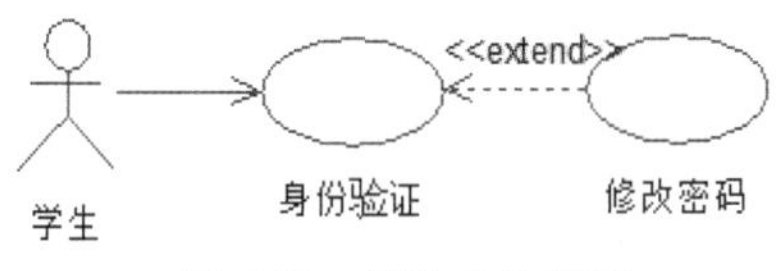

图4-11　学生身份验证

扩展关系往往被用来处理异常或构建灵活的系统框架。使用扩展关系可以降低系统的复杂度，有利于系统的扩展，提高系统的性能。扩展关系还可以用于处理基础用例中不易描述的问题，使系统显得更加清晰且易于理解。

图4-12所示为包含关系和扩展关系的示例，两者的不同点如下。

- 在扩展关系中，基础用例提供了一个或多个插入点，扩展用例为这些插入点提供了需要插入的行为。而在包含关系中，插入点只能有一个。
- 在扩展关系中，基础用例的执行并不一定会涉及扩展用例，扩展用例只有在满足一定条件下才会被执行。而在包含关系中，当基础用例执行完后，被包含用例是一定会被执行的。即使没有扩展用例，扩展关系中的基础用例本身也是完整的。而对于包含关系，基础用例在没有被包含用例的情况下就是不完整的存在。

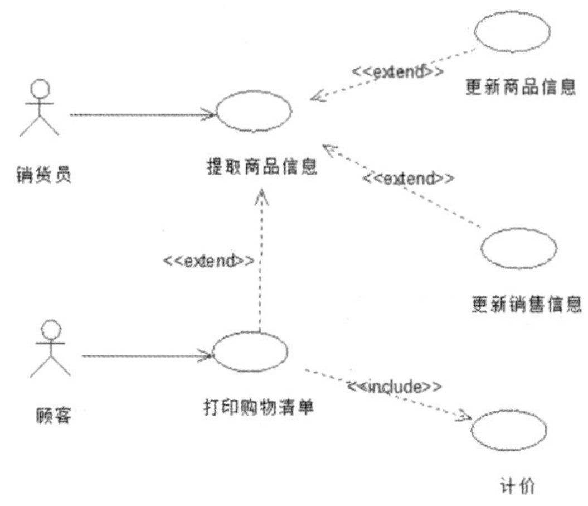

图4-12　包含关系和扩展关系示例

3. 泛化关系

用例的泛化指的是一个父用例可以被特化成多个子用例，而父用例和子用例之间的关系就是泛化关系。在用例的泛化关系中，子用例继承了父用例所有的结构、行为和关系，子用例是父用例的一种特殊形式。此外，子用例还可以添加、覆盖、改变继承的行为。在UML中，用例的泛化关系是通过一个三角箭头从子用例指向父用例来表示的，如图4-13所示。

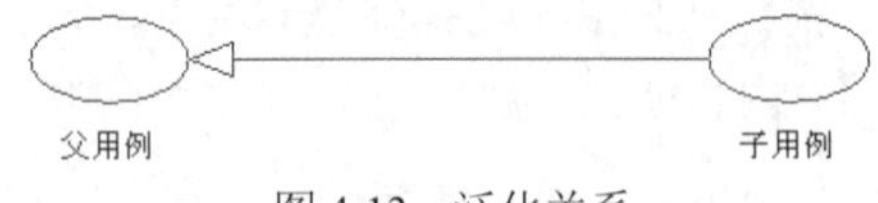

图4-13　泛化关系

当我们发现系统中有两个或多个用例在行为、结构和目的方面存在共性时，就可以使用泛化关系。这时，可以用一个新的(通常也是抽象的)用例来描述这些共有部分，这个新的用例就是父用例。

例如，身份认证有两种方式，一种是密码认证，另一种是密保认证。在这里，密码认证和密保认证都是身份认证的一种特殊方式，因此“身份认证”为父用例，“密码认证”和“密保认证”为子用例，用例图如图4-14所示。

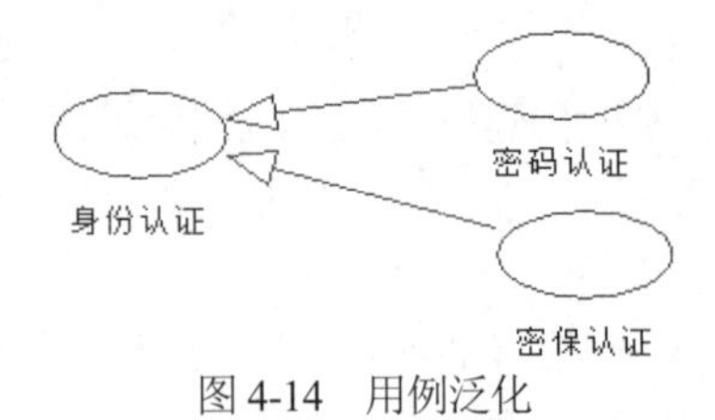

图4-14　用例泛化

虽然用例泛化关系和包含关系都可以用来复用多个用例中的公共行为，但是它们还是有很大区别的，具体如下。

- 在用例的泛化关系中，所有的子用例都有相似的目的和结构，注意，它们是整体上的相似。而用例的包含关系中，基础用例在目的上可以完全不同，但是它们都有一段相似的行为，注意，它们是部分相似而不是整体上的相似。
- 用例的泛化关系类似于面向对象中的继承，它把多个子用例中的共性抽象为一个父用例，子用例在继承父用例的基础上可以进行修改，但是子用例和子用例之间又是相互独立的，任何一个子用例的执行都不受其他子用例的影响。而用例的包含关系是把多个基础用例中的共性抽象为一个被包含用例，可以说被包含用例就是基础用例中的一部分，基础用例的执行必然引起被包含用例的执行。

4.4 使用Rose创建用例图

了解用例图和用例图中的各个要素后，现在就让我们来学习如何使用Rational Rose画用例图。

4.4.1 创建用例图

在创建参与者和用例之前，首先要建立一张新的用例图。打开Rational Rose，展开左边的Use Case View，右击，在弹出的快捷菜单中选择New菜单下的Use Case Diagram选项来建立新的用例图，如图 4-15 所示。

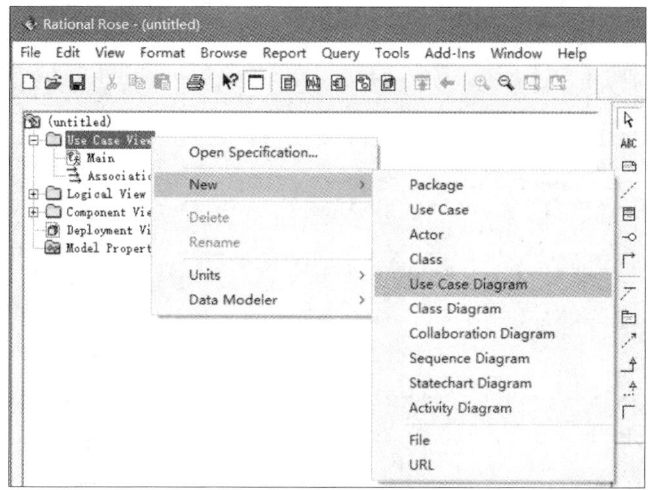

图 4-15 创建新的用例图

New 菜单下的选项不仅能创建新的用例图，还能创建其他 UML 元素，在这里特地说明一下 New 菜单下各选项代表的含义，如表 4-1 所示。

表 4-1 New 菜单下各选项含义说明

菜单项	功能	包含选项
New	新建 UML 元素	Package(新建包)
		Use Case(新建用例)
		Actor(新建参与者)
		Class(新建类)
		Use Case Diagram(新建用例图)
		Class Diagram(新建类图)
		Collaboration Diagram(新建协作图)
		Sequence Diagram(新建顺序图)
		Statechart Diagram(新建状态图)
		Activity Diagram(新建活动图)

创建新的用例图后，在 Use Case View 树形结构下多了一个名为 NewDiagram 的图标，如图 4-16 所示，这个图标就是新建的用例图图标。右击此图标，在弹出的快捷菜单中选择 Rename 为新创建的用例图命名，一般用例图的名字都有一定的含义，例如，对于学生管理系统来说，可以命名为 StudentManager(注意，最好不要使用没有任何意义的名称)。

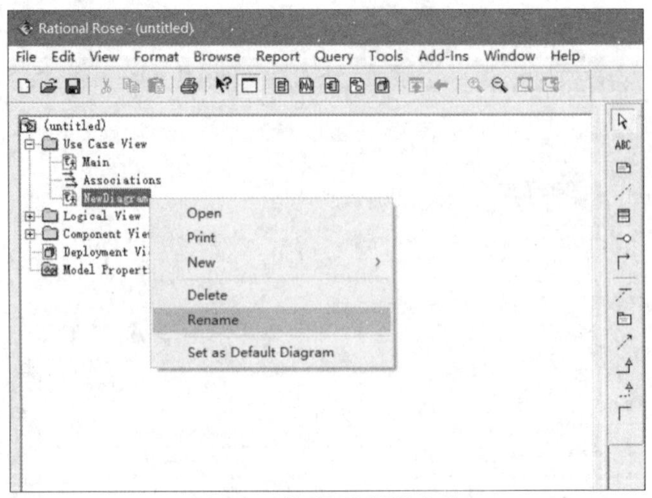

图 4-16　修改用例图的名称

双击用例图图标，会出现用例图的编辑工具栏和编辑区，如图 4-17 所示。

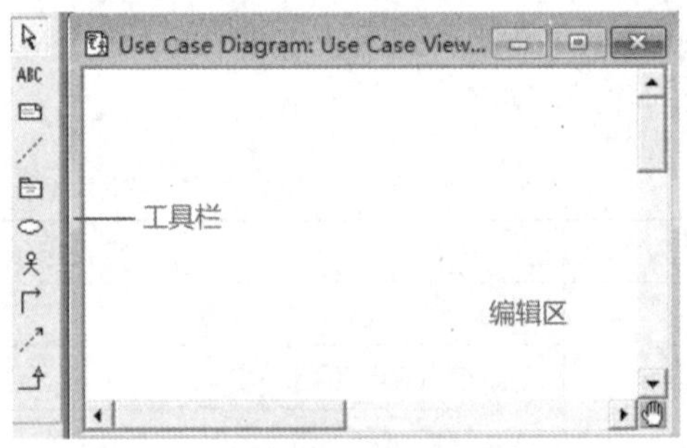

图 4-17　用例图的工具栏和编辑区

为了使读者能够更好地画图，首先介绍用例图工具栏中各个图标的名称和用途，如表 4-2 所示。如果需要创建新的元素，则先单击用例图工具栏中需要创建的元素的图标，然后在用例图编辑区内再单击，即可在单击的位置创建所需要的用例图元素。

表 4-2　用例图工具栏中的工具按钮图标

工具按钮图标	名称	用途
	Selection Tool	选择一个项目
ABC	Text Box	将文本框加进框图
	Note	添加注释
	Anchor Note to Item	将图中的注释与用例或参与者相连
	Package	添加包
	Use Case	添加用例
	Actor	添加新参与者
	Unidirectional Association	关联关系
	Dependency or Instantiates	包含、扩展等关系
	Generalization	泛化关系

4.4.2 创建参与者

参与者是每个用例的发起者，要创建参与者，首先单击用例图工具栏中的 图标，然后在用例图编辑区内要绘制的地方单击，画出参与者，如图 4-18 所示。

图 4-18 创建参与者

接下来，可以对这个参与者命名，注意一般参与者的名称为名词或名词短语，不可以用动词来做参与者的名称。例如，参与者名称可以是网站用户，但不能是“登录”等动词。单击画出的参与者，弹出对话框，我们可以在对话框中设置参与者的名称(Name)和参与者的类型(Stereotype)及文档说明(Documentation)。一般情况下，在参与者属性中只需要修改参与者的名称，如果想对参与者进行详细说明，则可以在 Documentation 选项下的文本域内输入说明信息，如图 4-19 所示。

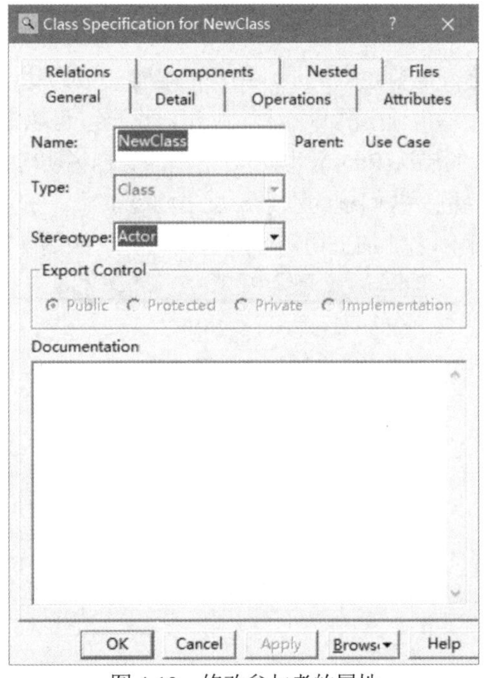

图 4-19 修改参与者的属性

如果觉得画出来的参与者的位置不正确，则可以通过鼠标左键拖曳参与者，使其在用例图编辑区内随意移动。另外，还可以对已画出的参与者的大小进行调整，先单击需要调整大小的参与者，在参与者的四角出现四个黑点后，通过拖曳任意一个黑点就可以调整参与者的大小。

对于一个完整的用例图来说，参与者往往不止一个，这就需要我们创建参与者之间的关系。参与者之间主要是泛化关系，要创建泛化关系，首先单击用例图工具栏中的 图标，然后在需要创建泛化关系的参与者之间拖动鼠标，如图 4-20 所示。

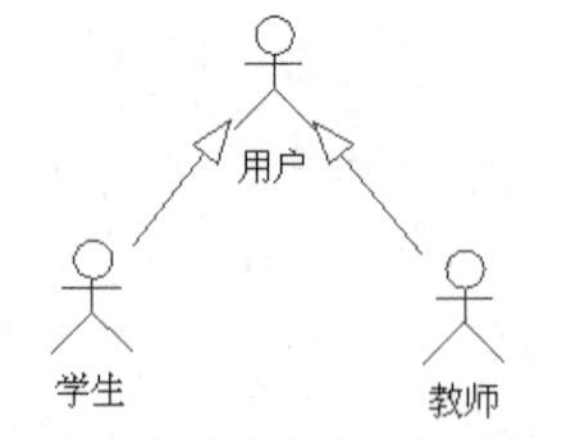

图 4-20　创建参与者之间的关系

4.4.3　创建用例

用例是外部可见的一个系统功能单元，一个用例对于外部用户来说就像是可使用的系统操作。创建用例的方法与创建参与者类似，首先单击用例图工具栏中的 图标，然后在用例图编辑区内要绘制的地方单击，画出用例，如图 4-21 所示。

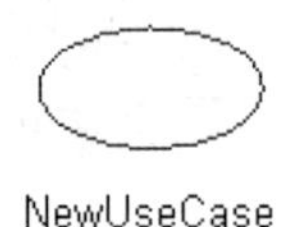

图 4-21　创建用例

下面来修改用例的名称，需要注意的是，用例的名称一般为动词或动词短语，如“修改密码”“添加信息”等。首先单击画出的参与者，弹出对话框，可以设置用例的名称(Name)、用例的类型(Stereotype)、用例的层次(Rank)，以及对用例的文档说明(Documentation)。用例的分层越趋于底层，就越接近计算机解决问题的水平，反之则越抽象。在修改用例名时，还可以给用例加上路径名，也就是在用例名前加上用例所属包的名称，如图 4-22 所示。

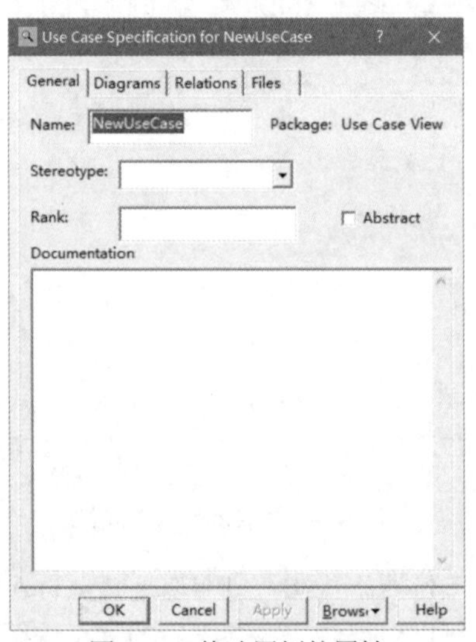

图 4-22　修改用例的属性

对用例来说，一般也只需要修改名称。用例的移动和大小调整类似于参与者，可以仿照参与者进行。不管是用例还是参与者，都要注意命名需简单易懂。另外，不管是参与者名还是用例名，都不可以是具体的某个实例名，例如，参与者名不可以是老李或小王等。

接下来创建用例和参与者之间的关联关系。首先单击用例图工具栏中的 图标，然后将鼠标移动到需要创建关联关系的参与者上，按住鼠标左键并移动到用例上后再松开。注意，线段箭头的方向为松开鼠标时的方向，关联关系的箭头应由参与者指向用例，不可画反，如图 4-23 所示。

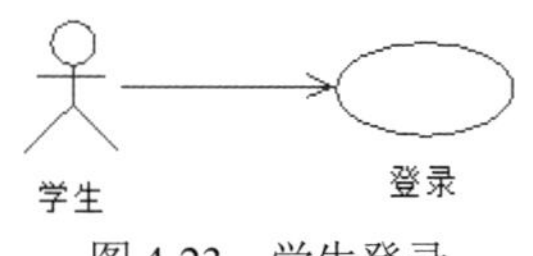

图 4-23　学生登录

另外，还可以修改关联关系的属性，具体方法可以参照参与者和用例属性的设置方法，在此不再详述。

4.4.4　创建用例之间的关联

前面我们已经讲到，用例之间的关系主要是包含关系、扩展关系和泛化关系。我们先来介绍如何创建包含关系，首先单击用例图工具栏中的↗图标，然后在需要创建包含关系的两个用例之间拖动鼠标。注意，鼠标应由基础用例移向被包含用例，这样箭头的方向就会由基础用例指向被包含用例，如图 4-24 所示。

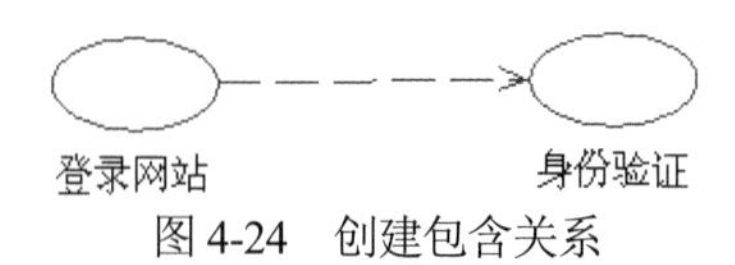

图 4-24　创建包含关系

双击虚线段会弹出对话框，我们可以选择 Stereotype 的值，包含关系选择 include，扩展关系选择 extend，如图 4-25 所示。

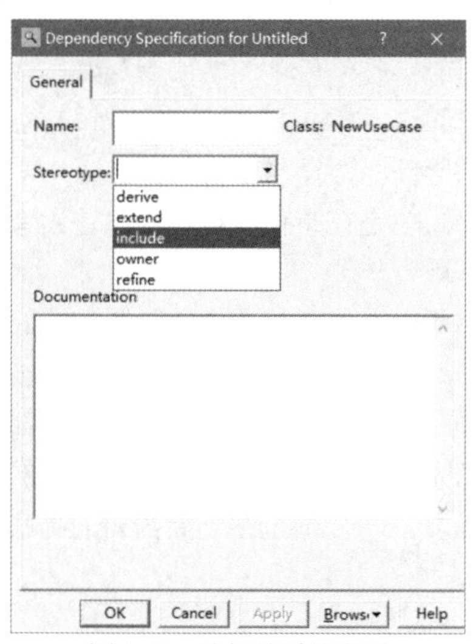

图 4-25　选择关系的类型

这里创建的是包含关系，选择的是 include，最终用例图如图 4-26 所示。

扩展关系的画法与包含关系类似，这里不再详述。需要注意的是，扩展关系的箭头由扩展用例指向基础用例，它的 Stereotype 为 extend。

用例之间泛化关系的画法与参与者之间泛化关系的画法类似，可以参照参与者之间泛化关系的画法。注意，用例泛化关系中，线段的箭头由子用例指向父用例，泛化关系不同于包含关系和扩展关系，线段之上不用文字表示，如图 4-27 所示。

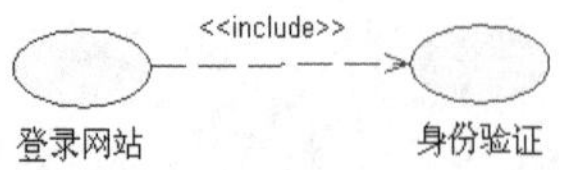

图 4-26　用例之间的包含关系

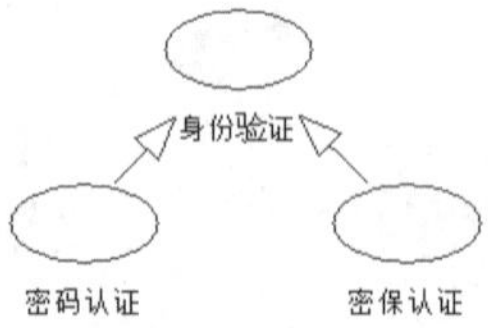

图 4-27　用例之间的泛化关系

4.5 事件流与用例描述

4.5.1 事件流

用例图使我们对系统的功能有了一个整体的认知，我们可以知道有哪些角色会与系统发生交互，每个角色需要系统为它提供什么样的服务。用例中描述了角色与系统之间的对话，但是这个对话的细节并没有在用例图中表述出来。而事件流，就是用来描述每个用例中的角色与系统之间对话的细节内容，即用例完成的工作步骤。

虽然事件流很详细，但其仍然是独立于实现方法的，也就是说，事件流描述的是一个系统做什么，而不是怎么做。我们可以通过一个清晰的、易被用户理解的事件流来说明一个用例的行为，这个事件流包括用例何时开始和结束、用例何时和参与者交互、什么对象被交互及该行为的基本事件流和扩展事件流。

1. 编写事件流的原则

编写事件流的原则如下。

- 使用简单的语法，主语明确，语义易于理解。
- 明确写出谁是控制方，也就是在事件流描述中，让读者直观地了解是参与者在控制还是系统在控制。
- 从俯视的角度来编写，指出参与者的动作，以及系统的响应。
- 显示参与者的意图而非动作。只有动作，让人难以直接从事件流中理解用例。
- 包括合理的活动集，如带数据的请求、系统确认、内部更改、返回结果等。
- 用“确认”而非“检查是否”，如用“系统确认输入的信息没有重复”而不用“系统检查输入的信息是否重复”，否则无法判断需要的到底是重复信息还是不重复信息，容易产生歧义。
- 可有选择地提及时间限制。
- 对于重要的用例花更多的时间及更加细化，其他用例可以先简略地将主要事件流描述清楚，留到以后再进一步处理。

2. 基本事件流与扩展事件流

基本事件流是参与者和系统在正常情况下所经历的主要完整步骤，其前提假设是，参与者不犯任何错误，并且系统也不产生任何错误。用例总是有一个主要事件流。

扩展事件流又称备选事件流，包括与正常行为相关的可选或异常特征的行为，同时也包括正常行为的各种变形。扩展事件流主要分为两种情况：一种情况是，有些扩展事件流将返回到基本事件流，即做法不同但仍能达成用例目标；另一种情况是，有些将结束此用例的执行，即异常情况，无法达成用例目标，是贯穿错误条件用例的步骤或是参与者及系统较少选择的步骤。

基本事件流描述的是该用例最正常的一种情况，在基本事件流中系统执行一系列活动步骤来响应角色提出的服务请求，而扩展事件流负责描述用例执行过程中异常的或偶尔发生的一些情况。

通过基本事件流与扩展事件流的组合，就可以将用例所有可能发生的情况全部描述清楚。我们在描述用例的事件流时，要尽量将所有可能的场景都描述出来，以保证需求的完备性。

4.5.2 用例描述

用例描述是站在外部用户的角度识别系统能完成什么样的工作，不考虑系统内部如何实现用例。用例描述的文字一定要清楚，前后一致，避免使用复杂的引发歧义的语句，方便用户理解和验证用例。用例描述模板主要包括用例名称、简要说明、参与者、前置条件、后置条件、事件流和补充说明。

简要说明是对每个用例的相关说明，用以描述该用例的作用，说明需简明扼要，但应包括执行用例的不同类型用户和通过这个用例要达到的结果。

前置条件是用例之前必须满足的条件，启动用例时，会先行检测前置条件，一旦前置条件成立，才会真正执行该用例，否则不会执行，如某个前置条件是另一个用例已经执行或用户具有运行当前用例的权限。注意，并不是所有用例都有前置条件。

后置条件是执行该用例后必须成立的条件，只有后置条件成立了，才算该用例真正执行完毕，否则这个用例就是执行有误。后置条件还可以增加用例次序方面的信息，如要求一个用例执行完后必须执行另一个用例。注意，并不是每个用例都有后置条件。

事件流是从用户角度描述执行用例的具体步骤，分为基本事件流和扩展事件流，关注系统“做什么”，而不是“怎么做”。

用例描述模板如表 4-3 所示。

表 4-3 用例描述模板

用例编号	……
用例名称	……
简要说明	对用例的简单描述
参与者	发起用例的参与者
前置条件	用例执行前系统必须满足的状态
后置条件	用例执行后系统所处的状态
基本事件流	参与者和系统在正常情况下所经历的主要完整步骤
扩展事件流	与正常行为相关的可选或异常特征的行为
补充说明	特殊要求等

表 4-4 所示的是以 4.6.3 节的图书管理系统为例，对读者“查询图书”用例的用例描述。读者在图书馆开放期间进入图书馆，在系统中打开图书查询页面并输入想要查找的书籍信息，可以是图书名称，也可以是图书的 ISBN 码。如果系统查询到符合条件的图书，就会返回相关的图书信息；如果没有符合查询条件的图书，系统会提示“没有符合查询条件的图书！”，并返回图书查询的页面。

表 4-4　查询图书用例描述

用例编号	0103
用例名称	查询图书
简要说明	读者到图书馆查询图书
参与者	读者
前置条件	图书馆开放
后置条件	系统将查询到的图书信息进行显示
基本事件流	读者选择系统的图书查询页面； 系统显示图书查询页面； 读者输入图书查询条件(书名或 ISBN 码)； 系统返回符合查询条件的图书信息
扩展事件流	3.1 系统未查询到符合条件的图书信息 3.1.1 系统提示“没有符合查询条件的图书！” 3.1.2 系统返回图书查询页面
补充说明	ISBN 码即国际标准书号，是专门为识别图书等文献而设计的国际编号

4.5.3　用例描述的常见误区

用例描述虽然看起来简单，但事实上它是捕获用户需求的关键一步。很多 UML 初学者虽然也能给出用例的描述，但描述中往往存在很多错误或不恰当的地方，在描述用例时易犯的错误有以下几种。

- 只描述系统的行为，没有描述参与者的行为。

例如，在 ATM 的取款用例中，下面的描述是错误的。

基本事件流：

(1) 系统获得银行卡和密码。

(2) 事务类型设置为“取款”。

(3) 系统获取要提取的现金数目。

(4) 验证账户上是否有足够储蓄金额。

(5) 输出现金，退出银行卡。

- 只描述参与者的行为，没有描述系统的行为。

例如，在 ATM 的取款用例中，下面的描述是错误的。

基本事件流：

(1) 储户插入银行卡，并输入密码。

(2) 储户按“取款”键，输入取款数目。

(3) 储户拿走现金、银行卡，并拿走收据。

(4) 储户离开。

- 在用例描述中就设定对用户界面的设计的要求。

例如，在线购物系统的登录用例中，下面的描述是错误的。

基本事件流：

(1) 系统显示用户名和密码输入窗口。

(2) 顾客输入用户名和密码，单击绿色的“登录”按钮。

(3) 系统验证顾客的用户名和密码。如果通过验证，则跳转到展示个人信息、商品收藏、店铺收藏、购物记录4个分区。

- 描述过于冗长。

例如，在线购物系统的提交订单用例中，下面的描述是错误的。

基本事件流：

(1) 顾客选择商品。

(2) 顾客选择商品样式。

(3) 顾客选择商品数量。

(4) 顾客单击“购买”按钮。

(5) 顾客填写收件人姓名。

(6) 顾客填写收件人手机号码。

(7) 顾客填写收件地址。

(8) 顾客选择优惠券。

(9) 顾客选择支付方式。

……

通常可以从以下几方面来考虑如何避免用例描述编写混乱的问题。

(1) 重写用例中参与者和系统之间基本交互的步骤，强调完成用户目标。

(2) 明确在步骤的描述上强调外部交互，而不是具体实现。

(3) 补充说明相关的领域知识，如计算机术语等，使读者容易理解用例。

(4) 执行用例是为了达到参与者的目标，这就需要用例描述的编写者从参与者的角度来编写用例描述；要关注系统需要做什么来满足参与者的目标，而不是系统如何完成工作；要斟酌用例模型中与其他用例关联的用例，而不是直接与参与者关联的用例。

4.6 案例分析

为了加深读者对绘制用例图的理解，我们通过一个实际的系统用例图来讲解用例图的创建过程。这里就通过一个简单的“图书管理系统”示例为大家讲解如何使用 Rational Rose 创建用例图。

4.6.1 需求分析

软件的需求(requirement)是系统必须达到的条件或性能，是用户对目标软件系统在功能、行为、性能、约束等方面的期望。系统分析(analysis)的目的是将系统需求转化为能更好地将需求映射到软件设计师所关心的实现领域的形式，如通过分析将系统转化为一系列的类和子系统。通过对问题域及其环境的理解和分析，将系统的需求翻译成规格说明，为问题涉及的信息、功能及系统行为建立模型，描述如何实现系统。

软件的需求分析连接了系统分析和系统设计。一方面，为了描述系统实现，我们必须理解需求，完成系统的需求分析规格说明，并选择合适的策略将其转化为系统的设计；另一方面，系统的设计可以促进系统的一些需求塑造成形，完善软件的需求分析说明。良好的需求分析活动有助于避免或修正软件的早期错误，提高软件生产率，降低开发成本，改进软件质量。

图书馆管理系统是对书籍的借阅及读者信息进行统一管理的系统，具体包括：读者的借书、还书、书籍预订；图书馆管理员的书籍借出处理、书籍归还处理、预订信息处理；以及系统管理员的系统维护，包括增加书目、删除或更新书目、增加书籍、减少书籍、增加读者账户信息、删除或更新读者账户信息、书籍信息查询、读者信息查询等。

4.6.2 识别参与者

确定系统用例的第一步是确定系统的参与者。本系统的参与者包括以下几种。

(1) 借阅者。要完成登录系统查询所需要的书籍，考虑预定、借书、还书等操作。

(2) 图书管理员。要处理读者发起的借书、还书等操作，还可以负责图书的预定和取消预定操作。

(3) 系统管理员。要完成增加、删除、更新书目和书籍等操作。

4.6.3 构建用例模型

任何用例都必须由某个参与者触发后才能产生活动，所以当确定系统的参与者后，就可以从系统参与者开始来确定系统的用例。因此系统的用例图可以分 3 个部分来绘制。

1. 借阅者用例图

借阅者请求的服务包括登录系统、查询自己的借阅信息、查询书籍信息、预定书籍、借阅书籍和归还书籍，因此我们可以创建如图 4-28 所示的借阅者用例图。其中预约图书和查询记录用例包含了登录系统用例，因为必须要登录才能进行后续操作；归还图书用例中有一个扩展点，是图书逾期归还需要缴纳罚款；借阅者可以泛化成学生和教师。

2. 图书管理员用例图

图书管理员需要处理书籍借阅、处理书籍归还和删除预定信息。通过上述这些活动，我们可以创建图书管理员用例图，如图 4-29 所示。图书归还用例有一个扩展点，如果借阅者逾期归还，需要收取罚款；图书出借用例包含了检查读者账户用例，因为借出书籍之前要检查借阅者是否具备借书条件；图书出借用例还有一个扩展点，如果借阅者是预约借书的，则需要删除预约信息，然后借出图书，同时如果该本图书已经被别人预约且只剩下一本，则无法借出。

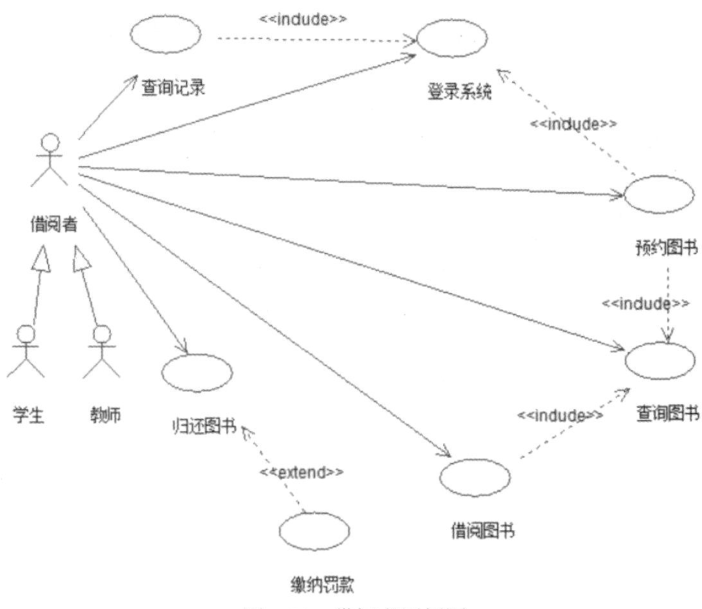

图 4-28 借阅者用例图

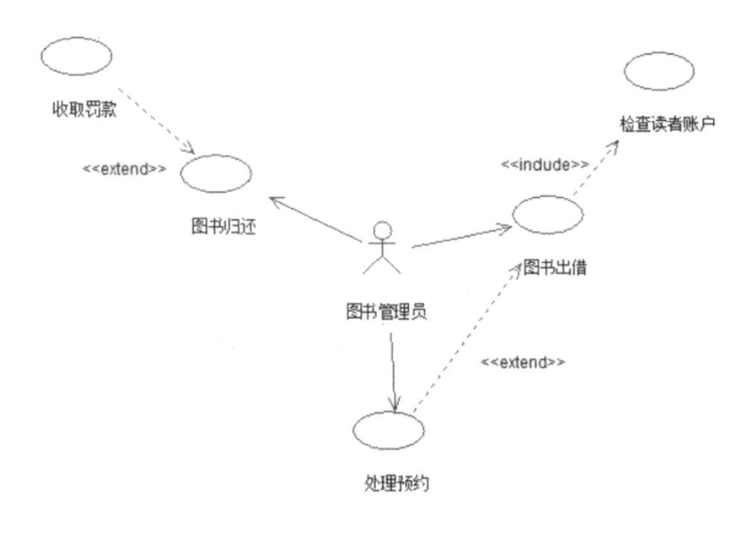

图 4-29 图书管理员用例图

3. 系统管理员用例图

系统管理员能够通过该系统进行查询借阅者信息、查询书籍信息、增加数目、删除或更新书目、增加书籍、删除书籍、添加借阅者账户、删除借阅者账户或更新借阅者账户的管理，使用创建的系统管理员用例图，如图 4-30 所示。与系统管理员直接关联的 3 个用例是系统维护、图书管理和用户管理，图书管理包含添加图书信息、编辑图书信息、查询图书信息和系统登录，用户管理包含查询用户信息、添加用户信息、编辑用户信息和系统登录。

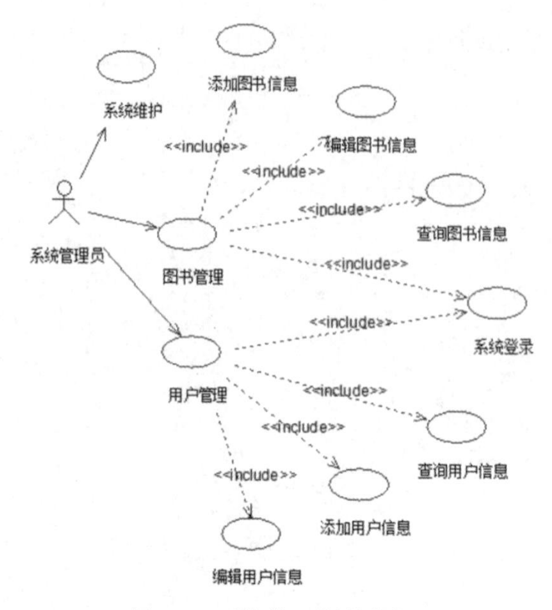

图 4-30　系统管理员用例图

【本章小结】

本章详细地对重要的模型元素，即用例图进行了介绍，从用例图的概念、作用、组成元素和关联关系到如何通过 Rational Rose 创建用例图和用例图的各个元素。另外，通过“图书管理系统”案例具体讲解了如何在实际项目中创建用例图。在实际工作中，判断一个用例图是否正确，主要的衡量标准是看该用例能否清晰、明确、全面地描述软件系统，能否使没有专业知识的客户易于理解，从而便于开发人员和客户的交流。

习题 4

1. 填空题

(1) 在扩展关系中，箭头从______指向______。

(2) 用例图的组成要素是______、______和______。

(3) 用例中的主要关系有______、______和______。

(4) 每个用例都描述了一个完整的________。

(5) 用例图中以实线方框表示系统的范围和边界，在系统边界内描述的是______，在边界外描述的是______。

2. 选择题

(1) 扩展用例的作用是(　　)。

A. 描述与参与者的长交互

B. 描述多个用例共有的功能

C. 描述由其他用例扩展的用例的功能

D. 描述只在某些条件下执行的不同用例的条件部分

(2) 在ATM自动取款机的工作模型中(用户通过输入正确的用户资料，从银行取钱的过程)，下面不是参与者的是(　　)。

A. 用户　　B. ATM 取款机

C. ATM 取款机管理员　　D. 取款

(3) 包含用例的作用是(　　)。

A. 描述全包含在内的用例　　B. 描述与参与者的长交互

C. 描述多个用例共有的功能　　D. 描述包含其他用例的用例

(4) 对于一个电子商务网站而言，(　　)不是合适的用例。

A. 用户登录　　B. 预定商品

C. 邮寄商品　　D. 结账

(5) 下列对系统边界的描述中不正确的是(　　)。

A. 系统边界是指系统与系统之间的界限

B. 用例图中的系统边界是用来表示正在建模的系统的边界

C. 边界内表示系统的组成部分，边界外表示系统外部

D. 我们可以使用 Rose 绘制用例中的系统边界

3. 简答题

(1) 试述识别用例的方法。

(2) 对于一个电子商务网站而言，以下哪些是不合适的用例？请指出并说明理由。

A. 输入支付信息　　B. 将商品放入购物车

C. 结账　　D. 预定商品

E. 用户登录　　F. 邮寄商品

G. 查看商品详情

(3) 请问在设计系统时，绘制的用例图是多一些好还是少一些好？为什么？

(4) 请简述在系统设计时要使用用例图的原因及其对用户的帮助。

(5) 用例命名有哪些要求？

4. 上机题

有一个学生管理系统，其中有参与者 3 人，分别为系统管理员、教师和学生，需求如下，请画出管理员用例图、教师用例图和学生用例图。

(1) 系统管理员登录系统后，通过身份验证，能够对学生的基本信息进行管理，包括录入、修改、查询和删除学生基本信息，并且可以找回自己的密码。

(2) 教师在日常管理中可以登录系统，如果忘记密码可以通过系统找回。教师可以通过系统查询、修改和删除学生的考试成绩。当考试结束后，教师有权将学生成绩录入系统。

(3) 学生登录后可以进入本系统用例图，查询自己的个人基本信息。如果忘记密码可以通过系统找回。

第5章

类图与对象图

类图和对象图能够有效地对业务领域和软件系统建立可视化的对象模型，使用强大的表达能力来表示面向对象模型的主要概念。UML中的类图和对象图显示了系统的静态结构，其中的类、对象和关联是图形元素的基础。

静态视图主要被用于支持系统的功能性需求，也就是系统提供给最终用户的服务，而类图的作用是对系统的静态视图进行建模。当对系统的静态视图进行建模时，类图通常用于为系统的词汇建模、模型化简单的协作和模型化逻辑数据库模式；对象图作为系统在某一时刻的快照，是类图中各个类在某个时间点上的实例及其关系的静态写照，通常用于说明复杂的数据结构和表示快照中的行为。

本章主要介绍UML类图和对象图的基本概念、图形的表示方法及如何使用Rational Rose来创建这两类图形。

5.1 基本概念

在处理复杂问题时，通常使用分类的方法来有效地降低问题的复杂性。在面向对象建模技术中，也可以采用同样的方法将客观世界的实体映射为对象，并归纳成类。其中，类、对象及它们之间的关系是面向对象技术中最基本的元素。对于软件系统，其类模型和对象模型揭示了系统的结构，类模型和对象模型分别用类图和对象图表示。

类图从抽象的角度描述系统的静态结构，特别是模型中存在的类、类的内部结构及它们与其他类之间的相互关系，而对象图是系统静态结构的一个快照，是类的实例化表示。类图显示了系统的静态结构，而系统的静态结构构成了系统的概念基础。系统中的各种概念都是现实应用中有意义的概念，这些概念包括真实世界中的概念、抽象的概念、实现方面的概念和计算机领域的概念。类图就是用于对系统中的各种概念进行建模，并描绘出它们之间关系的图。

一个类图通过系统中的类及各个类之间的关系来描述系统的静态方面。类图与数据模型有许多相似之处，区别就是类不仅描述了系统内部信息的结构，也包含了系统的内部行为，系统通过自身行为与外部事物进行交互。

类图与其他UML中的图类似，也可以创建约束、注释和包等。在类图中包含了类(class)、接口(interface)、依赖(dependency)关系、泛化(generalization)关系、关联(association)关系及实现(realization)关系模型元素。其中，类可以通过相关语言工具转换为某种面向对象的编程语言代码。虽然一个类图仅显示系统中的类，但是存在一个变量确切地显示了各个类对象实例的位置，那就是对象图。对象图描述系统在某个特定时间点上的静态结构，是类图的实例和快照，即类图中的各个类在某个时间点上的实例及其关系的静态写照。

在 UML 中，将类、接口、数据类型和构件统称为类元(classifer)，是对有实例且有属性形式的结构特征和操作形式的行为特征建模元素的统称。

某系统中学校、师生、系部与课程类图如图 5-1 所示。

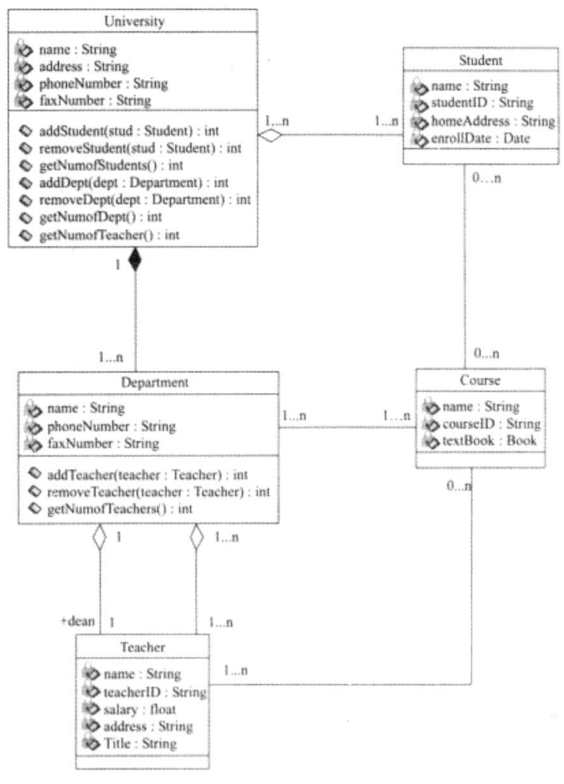

图 5-1　类图示例

对象图中包含对象(object)和链(link)。对象是类的特定实例；链是类之间关系的实例，表示对象之间的特定关系。对象图的表示如图 5-2 所示。

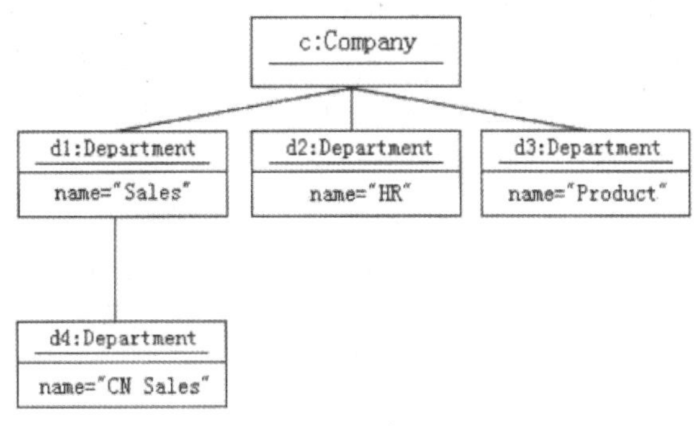

图 5-2　对象图示例

对象图所建立的对象模型描述的是某种特定的情况，而类图所建立的模型描述的是通用的情况。类图和对象图的区别如表 5-1 所示。

表 5-1　类图和对象图的区别

类图	对象图
在类中包含 3 个部分，分别是类名、类的属性和类的操作	对象包含两个部分，即对象的名称和对象的属性
类的名称栏只包含类名	对象的名称栏包含“对象名：类名”
类的属性栏定义了所有属性的特征	对象的属性栏定义了属性的当前值
类中列出了操作	对象图中不包含操作内容，因为对属于同一个类的对象，其操作是相同的
类中使用了关联连接，关联中使用名称、角色及约束等特征定义	对象使用链进行连接，链中包含名称、角色
类是一类对象的抽象，类不存在多重性	对象可以具有多重性

5.2 类图

类图用来为系统的静态设计视图建模，是面向对象建模中最常用的图，描述了类、接口、协作及它们之间的关系。类图是定义其他图的基础，在类图的基础上，状态机图、通信图等进一步描述了系统其他方面的特性。

5.2.1 类

类是对一组具有相同属性、操作、关系和语义的事物的抽象。这些事物包括现实世界中的物理实体、商业事务、逻辑事物、应用事物和行为事物等，甚至包括纯粹的概念性事物。

类不是个体对象，而是描述一组对象的完整集合，这一组对象的共同属性与操作都被附在类中。其中，属性和关联用来描述状态。属性通常使用没有身份的数据值来表示，如数字和字符串。关联则使用有身份的对象之间的关系表示。行为由操作来描述，方法是操作的具体实现。对象的生命周期则由附加给类的状态机来描述。

如图 5-3 所示，在 UML 的图形表示中，类的表示法是一个矩形，由 3 个部分构成，分别是类的名称(name)、类的属性(attribute)和类的操作(operation)。类的名称位于矩形的顶端，类的属性位于矩形的中间部位，而矩形的底部显示类的操作。中间部位不仅可以显示类的属性，还可以显示属性的类型及属性的初始化值等。矩形的底部也可以显示操作的参数表和返回类型等。Rational Rose 2007 中可定制显示的信息，如需要隐藏的属性或操作，以及熟悉或操作的部分信息等。当在一个类图中画一个类元素时，必须要有顶端的区域，中间和底部区域是可选择的，如当使用类图仅显示类元之间关系的高层细节时，中间和底部区域是不必要的，可以隐藏类的属性和操作信息，如图 5-4 所示。

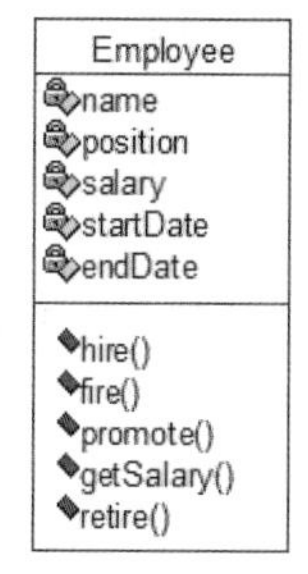

图 5-3　类的示例

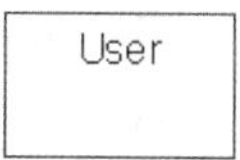

图 5-4　类的简单表示

在类的构成中还可以包含类的职责(responsibility)、类的约束(constraint)和类的注释(note)等信息。类的职责指的是对该类的所有对象所具备的相同的属性和操作共同组成的功能或服务的抽象，是对类的功能和作用的非形似化描述，如图 5-5 所示。类的约束指定了该类所要满足的一个或多个规则。类的注释可以为类添加更多的描述信息，也是为类提供更多描述方式中的一种。

图 5-5　类的职责示例

1. 类的名称

类的名称是每个类的图形中所必须拥有的元素，是类的唯一标识，其是一个名词，并且不应有前缀或后缀。类的名称若为正体字，则说明是可被实例化的；若为斜体字，则说明这是一个抽象类。图 5-6 所示的是一个名称为 User 的抽象类。

类在它的包含者内有唯一的名字，这个包含者通常是一个包，但也可能是另外一个类。包含者对类的名称也有一定的影响。在类中，默认显示包含该类所在的名称，如图 5-7 所示。

图 5-6　抽象类类名示例

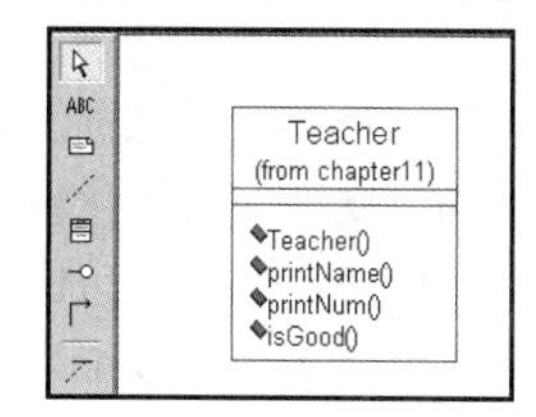

图 5-7　包含位置的类

图 5-7 中表示一个名称为 Teacher 的类位于名称为 chapter11 的包中，也可以表示成 chapter11：：Teacher 的形式，将类的名称分为简单名称和路径名称。单独的名称，即不包含冒

号的字符串叫作简单名(simple name)；用类所在的包的名称作为前缀的类名叫作路径名(path name)。

2. 类的属性

类的属性是指类所包含的对象的共有特性，用于描述类或对象的特点，有时也可以利用属性值的变化来描述对象的状态。一个类可以具有零个或多个属性。

在 UML 中，类的属性的语法表示为([ ]内的内容是可选的)：

```
[可见性] 属性名称 [: 属性类型] [=初始值] [{属性字符串}]
```

类中属性的可见性包含 3 种，分别是公有类型(public)、受保护类型(protected)和私有类型(private)，在 Rational Rose 2007 中，类的属性设置添加了 implementation 选项。表 5-2 所示为类属性的可见性，默认为私有类型。

表 5-2　类属性的可见性

名称	关键字	符号	Rational Rose 中的图标	语义
公有类型	public	+		允许在类的外部使用或查看该属性
受保护类型	protected	#		经常和泛化关系等一起使用，子类允许访问父类中受保护类型的属性
私有类型	private	−		只有类本身才能够访问，外部一概访问不到
	implementation			该属性仅在被定义的包中才能够可见

属性也具有类型，用来指出该属性的数据类型。典型的属性类型包括 boolean、integer、byte、date、string 和 long 等，这些被称为简单类型。这些简单类型在不同的编程语言中会有所不同，但基本上都是支持的。在 UML 中，类的属性可以是任意的类型，包括系统中定义的其他类，都可以被使用。当一个类的属性被完整定义后，它的任何一个对象的状态都由这些属性的特定值决定。

随着分析的设计和深入，将找出越来越多类的属性，然而我们无法完全列举所有属性，因此只需要把类的重要属性或需要说明的属性在图形中表示出来即可，如学生类中可以只选择“姓名”和“成绩”这两个与某个系统设计相关的重要属性。

3. 类的操作

类的操作指的是类所能执行的动态行为，如修改、检索等。属性是描述类的对象特性的值，而操作是通过操纵属性的值改变或执行其他动作的。操作有时被称为函数或方法，在类的图形表示中位于类的底部。一个类可以有零个或多个操作，并且每个操作只能应用于该类的对象。

操作由一个返回类型、一个名称及参数表来描述。其中，返回类型、名称和参数表一起被称为操作签名(signature of the operation)。操作签名描述了使用该操作所必需的所有信息。在 UML 中，类操作的语法表示为([ ]内的内容是可选的)：

[可见性] 操作名称 [(参数表)]　[: 返回类型] [{属性字符串}]

类中操作的可见性包含 3 种，分别是公有类型(public)、受保护类型(protected)和私有类型(private)，在 Rational Rose 2007 中，类的操作设置添加了 implementation 选项。表 5-3 所示为类操作的可见性，默认情况下为公有类型。

表 5-3　类操作的可见性

名称	关键字	符号	Rational Rose 中的图标	语义
公有类型	public	+		允许在类的外部使用或查看该操作
受保护类型	protected	#		经常和泛化关系等一起使用，子类允许访问父类中受保护类型的操作
私有类型	private	-		只有类本身才能够访问，外部一概访问不到
	implementation			该操作仅在被定义的包中才能够可见

参数表就是由类型、标识符对组成的序列，实际上是操作或方法被调用时接收传递过来的参数值的变量。参数采用“名称：类型”的定义方式，如果存在多个参数，则将各个参数用逗号隔开。如果方法没有参数，则参数表就是空的。参数可以具有默认值，也就是说，如果操作的调用者没有提供某个具有默认值的参数的值，那么该参数将使用指定的默认值。

返回类型指定了由操作返回的数据类型，它可以是任意有效的数据类型，包括我们所创建的类的类型。绝大部分编程语言只支持一个返回值，即返回类型至多一个。如果操作没有返回值，则在具体的编程语言中一般要加一个关键字 void 来表示，也就是其返回类型必须是 void。

属性字符串是用来附加一些关于操作的除预定义元素的信息，方便对操作的一些内容进行说明。

5.2.2　类之间的关系

类与类之间的关系最常用的有 4 种，分别是关联关系、依赖关系、泛化关系和实现关系，如表 5-4 所示。

表 5-4　类与类之间的关系种类

关系	功能	表示图形
关联关系	类实例之间连接的描述	——————>
依赖关系	两个模型元素之间的依赖关系	- - - - - - - - ->
泛化关系	更概括和更具体地描述种类之间的关系，适用于继承	——————▷
实现关系	说明和实现之间的关系	- - - - - - - - -▷

1. 关联关系

关联是两个事物结构上的关系，描述了一组链。链表示对象与对象之间的联系。如果系统元素之间的关系不能明显地由其他三类关系来表示，则都可以被抽象成为关联关系。在图形上把关联画成一条直线，可以有方向，也可以有标记，还可以含有角色名、多重性等修饰，如图 5-8 所示，连线上有相互关联的角色名，而多重性则加在各个端点上。如果一个关联既是类又是关联，那么它是一个关联类，如图 5-9 所示，course 便是一个关联类。

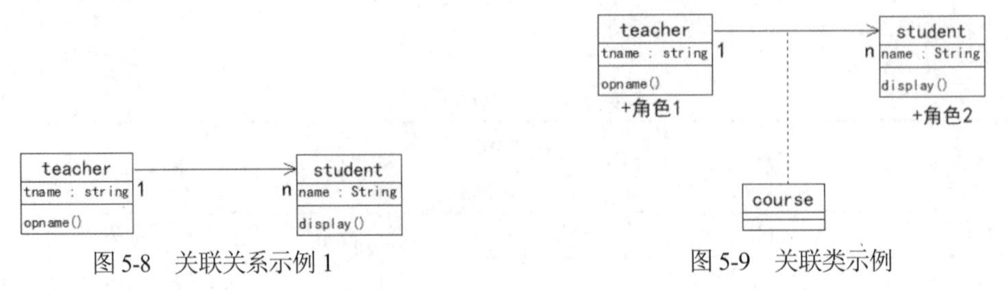

图 5-8　关联关系示例 1　　图 5-9　关联类示例

关联按有无方向可以分为单项关联和双向关联，单向关联关系用一条带箭头的直线表示，如图 5-10 左图所示，表示 Person 类到 Phone 类的单项关联；双向关联用一条直线表示，如图 5-10 右图所示，表示 Customer 类和 Product 类之间的双向关联。

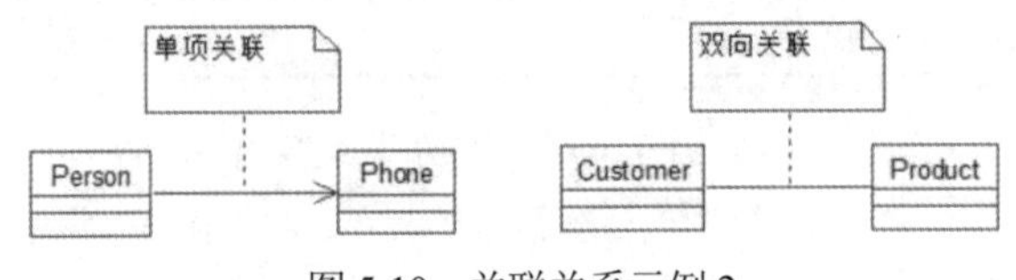

图 5-10　关联关系示例 2

关联按照所连接的类的数量，可以分为自返关联(见图 5-11 左图)、二元关联和多元关联(见图 5-11 右图)。自返关联是一个类与自身的关联，即同一个类的两个对象间的关系。自返关联虽然只有一个被关联的类，但有两个关联端，每个关联端的角色不同。

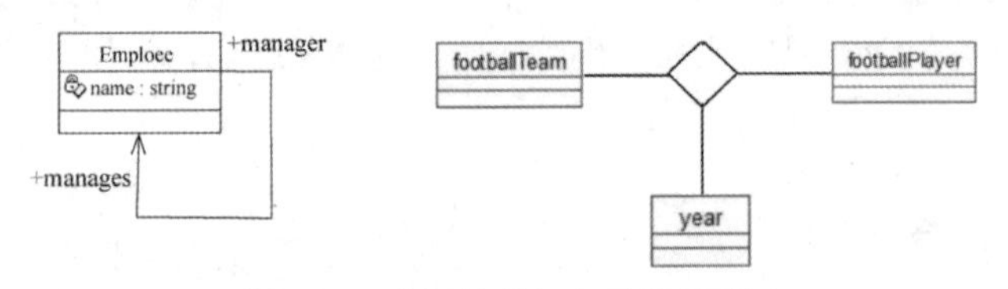

图 5-11　自返关联与多元关联示例

聚合(aggregation)关系是一种特殊类型的关联，它描述了整体和部分之间的结构关系，即整体在物理上由部分构成，在表示关联关系的直线末端加一个空心菱形，紧靠具有整体性质的类。聚合表示整体在概念上处于比局部更高的一个级别，而关联表示两个对象在概念上位于相同的级别。如图 5-12 所示，主板(Mainboard)、CPU 和内存(Memory)等都是计算机(computer)的组成部分，因此可以用聚合关系表示。代表部分事物的对象可以属于多个聚集对象，可以为多个聚集对象所共享，而且可以随时改变它所从属的聚集对象。如果删除聚集对象，不一定随即删除代表部分事物的对象。

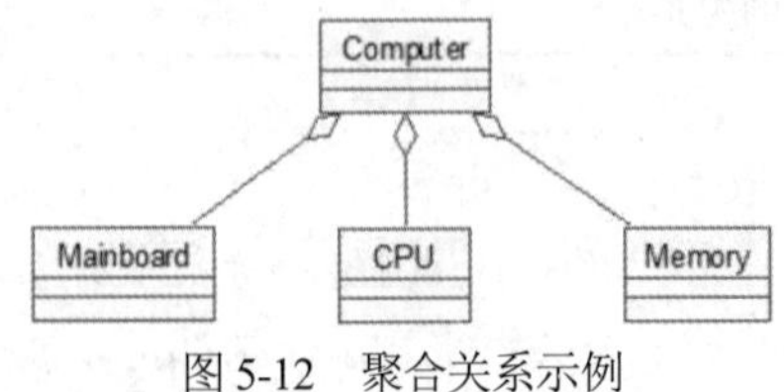

图 5-12　聚合关系示例

组成(composition)关系是聚合关系的一种特殊形式，也表示类之间的整体与部分的关系，但组成关系中的整体与部分具有同样的生存期，即每个部分由一个对象所拥有并且每个部分都没有独立于其拥有者的生命期，例如，“人”是整体，“心脏”是“人”的局部事务，不能脱离“人”而独立存在。

如图5-13所示，组成关系在表示关联关系的直线末端加一个实心菱形，紧靠具有整体性质的类。在组成关系中，代表局部事务的对象一次只能是一个组成的一部分，也就是说只能属于一个组成对象。如果删除组成对象，也就随即删除了相应代表部分事物的对象。

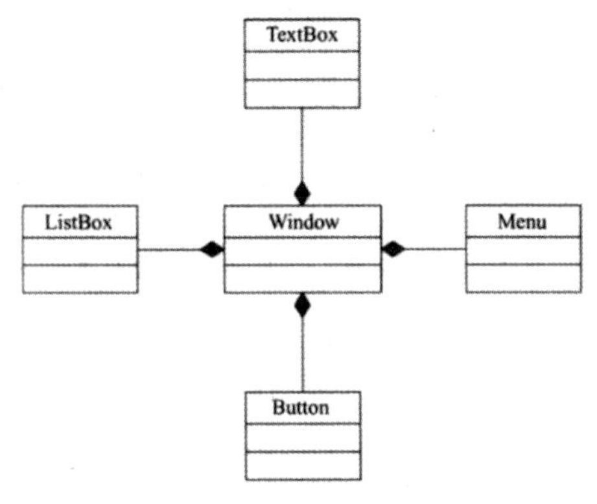

图5-13　组成关系示例

多重性是指在关联关系中，一个类的多个实例与另外一个类的一个实例相关。关联端可以包含名字、角色名和可见性等特性，但是最重要的特性是多重性。多重性对于二元关联很重要，因为定义*n*元关联很复杂。多重性可以用一个取值范围、特定值、无限定的范围或一组离散值来表达。

在UML中，多重性是使用一个以“..”分开的两个数值区间来表示的，其格式为minimum..maximum，其中minimum和maximum都是整数。当一个端点给出多个赋值时，就表示该端点可以有多个对象与另一个端点的一个对象进行关联。表5-5所示为一些多重值及解释它们含义的例子。

表5-5　关联的多重性示例

修饰符	语义
0	仅为0个
0..1	0个或1个
0..*n*	0个到无穷多个
1	恰为1个
1..*n*	1个到无穷多个
n	无穷多个
3	3个
0..5	0个到5个
5..15	5个到15个

2. 依赖关系

依赖关系是两个事物语义上的关系，是一种单向使用的关系，说明被依赖的事物发生变化会影响另一个事物。依赖关系使用一条带箭头的虚线，指向被依赖的元素，如图5-14所示，日程安排(schedule)类依赖于course(课程)类，schedule的方法add()含有course类属性，如果课程发生变化，会影响日程安排，但反之未必。关联和泛化也同样都是依赖关系，但是它们有更特别的语义，故它们有自己的名字和详细的语义。我们通常用依赖这个词来指其他的关系。

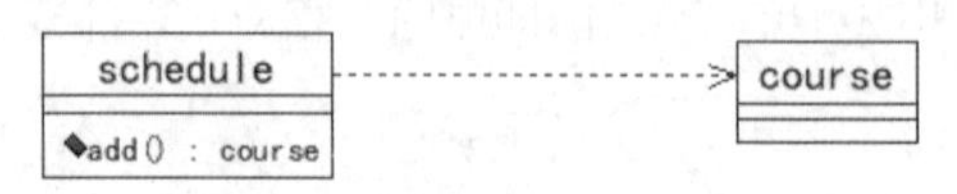

图5-14　依赖关系示例

依赖关系还经常被用来表示具体实现间的关系，如代码层的实现关系。在概括模型的组织单元如包时，依赖关系是很有用的，它在其上显示了系统的构架。例如，编译方面的约束也可通过依赖关系来表示。

其实依赖关系也有单向依赖和双向依赖之分，但依赖关系却不像关联关系那样有带箭头和不带箭头的区分，全部都是带箭头的。这是因为在面向对象中，双向依赖是一种非常不好的结构，我们应当总是保持单向依赖，杜绝双向依赖关系的产生。

3. 泛化关系

泛化关系用来描述类的一般和具体之间的关系，子元素具有父元素的全部结构和行为，并允许在此基础上再拥有自身特定的结构和行为。

在泛化关系中，一般描述的类被称作父类，具体描述的类被称作子类。例如，交通工具可以被抽象成是父类，而地铁、巴士则通常被抽象成子类。泛化关系还可以在类元(类、接口、数据类型、用例、参与者、信号等)、包、状态机和其他元素中使用。在类中，术语超类和子类分别代表父类和子类。

泛化关系描述的是is a kind of(是……的一种)的关系，它使父类能够与更加具体的子类连接在一起，有利于对类的简化描述，可以不用添加多余的属性和操作信息，通过相关继承的机制方便地从其父类继承相关的属性和操作。继承机制利用泛化关系的附加描述构造了完整的类描述。泛化和继承允许不同的类分享属性、操作和它们共有的关系，而不用重复说明。

泛化关系是使用从子类指向父类的一个带有实线的箭头来表示的，指向父类的箭头是一个空三角形，如图5-15所示，反映了交通工具和汽车之间的泛化关系。

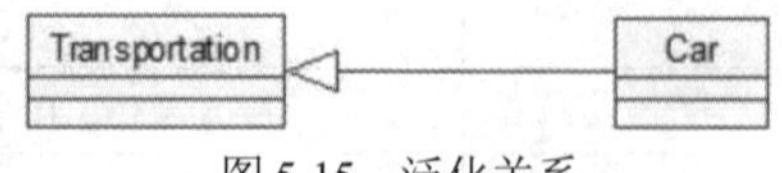

图5-15　泛化关系

泛化关系的第一个用途是定义可替代性原则，即当一个变量(如参数或过程变量)被声明承载某个给定类的值时，可使用类(或其他元素)的实例作为值，这被称作可替代性原则(由Barbara Liskov提出)。该原则表明无论何时祖先被声明，后代的任何一个实例都可以被使用。例如，如果交通工具这个类被声明，那么地铁和巴士的对象就是一个合法的值了。

泛化使得多态操作成为可能，即操作的实现是由它们所使用的对象的类，而不是由调用者确定的。这是因为一个父类可以有许多子类，每个子类都可实现定义在类整体集中的同一操作的不同变体。

泛化的另一个用途是在共享祖先所定义的成分的前提下允许它自身定义其他的成分，这被称作继承。继承是一种机制，通过该机制可以将对类的对象的描述从类及其祖先的声明部分聚集起来。继承允许描述的共享部分只被声明一次但可以被许多类共享，而不是在每个类中重复声明并使用它，这种共享机制缩小了模型的规模。更重要的是，它减少了为了模型的更新而必须做的改变和意外的前后定义不一致。对于其他成分，如状态、信号和用例，继承通过相似的方法起作用。

4. 实现关系

接口(interface)是在没有给出对象实现和状态的情况下对对象行为的描述。通常，在接口中包含一系列操作但是不包含属性，并且它没有外界可见的关联。我们可以通过一个或多个类或构件来实现一个接口，并且在每个类中都可以实现接口中的操作。

实现关系是描述类和类所支持的接口之间的关系，类实现了接口意味着这个类声明了或从其他类继承了该接口中定义的所有操作，如图 5-16 所示，表明 CatalogueEntry 类实现了 Priceable 接口。实现关系的表示方法有两种：第一种是用小圆圈表示接口，下方标注接口名，用直线连接实现接口的类；第二种是用带空心箭头的虚线指向实线的接口。

虽然实现关系意味着要有像接口这样的说明元素，但它也可以用一个具体的实现元素来暗示它的说明(而不是它的实现)必须被支持，如可以用来表示类的一个优化形式和一个简单形式之间的关系，如图 5-17 所示，表示 man 类和 woman 类实现 human 接口。

图 5-16　实现关系示例 1　　　　图 5-17　实现关系示例 2

泛化和实现关系都可以将一般描述与具体描述联系起来。泛化将在同一语义层上的元素连接起来(如在同一抽象层)，并且通常在同一模型内。实现关系将在不同语义层内的元素连接起来(如一个分析类和一个设计类或一个接口与一个类)，并且通常建立在不同的模型内。在不同发展阶段可能有两个或更多的类等级，这些类等级的元素通过实现关系联系起来。两个等级无须具有相同的形式，因为实现的类可能具有实现依赖关系，而这种依赖关系与具体类是不相关的。

5.3 使用 Rose 创建类图

在了解类图中的各种概念后，让我们来学习如何使用 Rational Rose 2007 创建类图及类图中的各种模型元素。

5.3.1 创建类

在类图的工具栏中，可以使用的工具按钮如表 5-6 所示，该表中包含了所有 Rational Rose 2007 默认显示的 UML 模型元素。我们可以根据这些默认显示的按钮创建相关的模型。

表 5-6 类图工具栏中的工具按钮图标

工具按钮图标	名称	用途
	Selection Tool	光标返回箭头，选择工具
ABC	Text Box	创建文本框
	Note	创建注释
	Anchor Note to Item	将注释连接到类图中的相关模型元素
	Class	创建类
	Interface	创建接口
	Unidirectional Association	创建单向关联关系
	Association Class	创建关联类并与关联关系连接
	Package	创建包
	Dependency or Instantiates	创建依赖或实例关系
	Generalization	创建泛型关系
	Realize	创建实现关系

1. 创建类图

创建类图的操作步骤如下。

(1) 右击浏览器中的 Use Case View(用例视图)、Logical View(逻辑视图)或位于这两种视图下的包。

(2) 在弹出的快捷菜单中，选中 New(新建)菜单下的 Class Diagram(类图)选项。

(3) 输入新的类图名称。

(4) 双击打开浏览器中的类图。

2. 删除类图

删除类图的操作步骤如下。

(1) 选中需要删除的类图，右击。

(2) 在弹出的快捷菜单中选择 Delete 选项即可删除。

注意，当删除一个类图时，通常需要确认是否是Logical View(逻辑视图)下的默认视图，如果是，将不允许删除。

3. 添加类

添加类的操作步骤如下。

(1) 在图形编辑工具栏中，选择 图标，此时光标变为“+”号。

(2) 在类图中单击，任意选择一个位置，系统在该位置创建一个新类。系统产生的默认名称为 NewClass。

(3) 在类的名称栏中，显示了当前所有类的名称，我们可以选择清单中的现有类，这样便把在模型中存在的该类添加到类图中了。如果创建新类，则将NewClass 重新命名为新的名称即可。创建的新类会自动添加到浏览器的视图中，如图 5-18 所示。

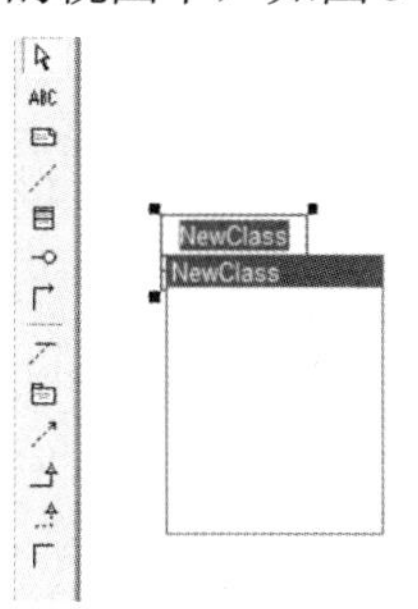

图 5-18 创建类示例

4. 删除类

删除类有以下两种方式。

方式一：

将类从类图中移除，该类还存在模型中，如果再用，只需要将该类拖动到类图中即可。删除的方式只需要选中该类的同时按住 Delete 键即可。

方式二：

将类永久地从模型中移除，其他类图中存在的该类也会一起被删除。可以通过以下方式进行删除操作。

(1) 选中需要删除的类，右击。

(2) 在弹出的快捷菜单中选择 Delete 选项。

5.3.2 创建类与类之间的关系

我们在前面已经介绍过类与类之间的关系，接下来介绍如何创建这些关系。

1. 创建依赖关系

创建依赖关系的操作步骤如下。

(1) 选择类图工具栏中的 ↗ 图标，或者选择菜单栏中的 Tools(工具) | Create(新建) | Dependency or Instantiates 选项，此时的光标变为“↑”符号。

(2) 单击依赖者的类。

(3) 将依赖关系线拖动到另一个类中。

(4) 双击依赖关系线，弹出设置依赖关系规范的对话框。

(5) 在弹出的对话框中，可以设置依赖关系的名称、构造型、可访问性、多重性及文档等。

2. 删除依赖关系

删除依赖关系的操作步骤如下。

(1) 选中需要删除的依赖关系。

(2) 按 Delete 键，或者右击并选择快捷菜单中 Edit(编辑)下的 Delete 选项。

从类图中删除依赖关系并不代表从模型中删除该关系，依赖关系在依赖关系连接的类之间仍然存在。如果需要从模型中删除依赖关系，则可以通过以下步骤进行。

(1) 选中需要删除的依赖关系。

(2) 同时按 Ctrl 和 Delete 键，或者右击并选择快捷菜单中 Edit(编辑)下的 Delete from Model 选项。

3. 创建泛化关系

创建泛化关系的操作步骤如下。

(1) 选择类图工具栏中的图标，或者选择菜单栏中的 Tools(工具) | Create(新建) | Generalization 选项，此时的光标变为“↑”符号。

(2) 单击子类。

(3) 将泛化关系线拖动到父类中。

(4) 双击泛化关系线，弹出设置泛化关系规范的对话框。

(5) 在弹出的对话框中，可以设置泛化关系的名称、构造型、可访问性和文档等。

4. 删除泛化关系

删除泛化关系的具体步骤请参照删除依赖关系的方法。

5. 创建关联关系

创建关联关系的操作步骤如下。

(1) 选择类图工具栏中的图标，或者选择菜单栏中的 Tools(工具) | Create(新建) | Unidirectional Association 选项，此时的光标变为“↑”符号。

(2) 单击要关联的类。

(3) 将关联关系线拖动到要与之关联的类中。

(4) 双击关联关系线，弹出设置关联关系规范的对话框。

(5) 在弹出的对话框中，可以设置关联关系的名称、构造型、角色、可访问性、多重性、导航性和文档等。

聚集关系和组成关系也是关联关系的一种，我们可以通过扩展类图的图形编辑工具栏，并使用聚集关系图标来创建聚集关系，也可以根据普通类的规范窗口将其设置为聚集关系和组成关系，具体的操作步骤如下。

(1) 在关联关系的规范对话框中，选择 Role A Detail 或 Role B Detail 选项卡。

(2) 选中 Aggregate 选项，如果设置组成关系，则需要选中 By Value 选项。

(3) 单击 OK 按钮。

6. 删除关联关系

删除关联关系的具体步骤请参照删除依赖关系的方法。

7. 创建和删除实现关系

创建和删除实现关系与创建和删除依赖关系等类似，实现关系的图标是，使用该图标将实现关系的两端连接起来，双击实现关系的线段设置实现关系的规范，在对话框中，可以设置实现关系的名称、构造型文档等。

5.4 对象图

前面对对象图(object diagram)的概念做了一些基本的介绍，下面将介绍对象图的基本组成元素及如何创建对象图。

5.4.1　对象图的组成

在 UML 中，类图描述的是系统的静态结构和关系，而交互图描述的是系统的动态特性。在跟踪系统的交互过程时，往往会涉及系统交互过程的某一瞬间交互对象的状态，但系统类图和交互图都没有对此进行描述。于是，在 UML 中就用对象图来描述参与一个交互的各对象在交互过程中某一时刻的状态。

在一个复杂的系统中，出错时所涉及的对象可能会处于一个具有众多类的关系网中。分析这样的情况可能会很复杂，因此系统测试员需要为出错时刻系统各对象的状态建立对象图，这将大大地方便分析错误，解决问题。对象图是由对象和链组成的。对象图的目的在于描述系统中参与交互的各个对象在某一时刻是如何运行的。

1. 对象

对象是具有明确定义的边界和唯一标识的一个实体，是状态和行为的一个封装体，是类的一个实例。首先，识别一个对象必须要能区别其他对象，主要是区别一个对象的边界和标识。例如，一座城市作为一个对象，通常有自己的特定名称，这个标识能够明确区别于其他城市，同样每一座城市相对于其他城市，具有明确的地理边界，而不至于混淆；计算机软件在运行时刻，每个对象都有自己的标识，称为 OID(object identifier，对象标识符)，是对象式语言系统赋予的内部标识。其次，一个对象包含了属于自己的一些特定状态描述。对象的状态可用性质(property)来表示，一个性质是一个“名=值”的对偶。习惯上，我们将对象内的性质称为属性。

对象的行为用于管理维护对象的状态，可能是改变状态，也可能是读取状态。一种行为可用一个操作来表示，定义一个操作需要一个名字加上一组可能的形式参量。

对象在某一时刻的属性都是有相关赋值的，在对象的完整描述中，每个属性都有一个属性槽，即每个属性在它的直属类和每个祖先类中都进行了声明。当对象的实例化和初始化完成后，每个槽中都有了一个值，它是所声明的属性类型的一个实例。在系统运行中，槽中的值可以根据对象所需要满足的各种限制进行改变。如果对象是多个类的直接实例，则在对象的直属类中和对象的任何祖先中声明的每个属性在对象中都有一个属性槽。相同属性不可以多次出现，但如果两个直属类是同一祖先的子孙，则无论通过何种路径到达该属性，该祖先的每个属性只有一个备份被继承。

由于对象是类的实例，所以对象的表示符号是与类用相同的几何符号作为描述符的，但对象使用带有下画线的实例名将它作为个体区分开来。对象的顶部显示对象名和类名，并以下画线标识，使用语法是“对象名：类名”，底部包含属性名和值的列表。在 Rational Rose 2007 中，不显示属性名和值的列表，但可以只显示对象名称，也不显示类名，并且对象的符号图形与类图中的符号图形类似，如图 5-19 所示。

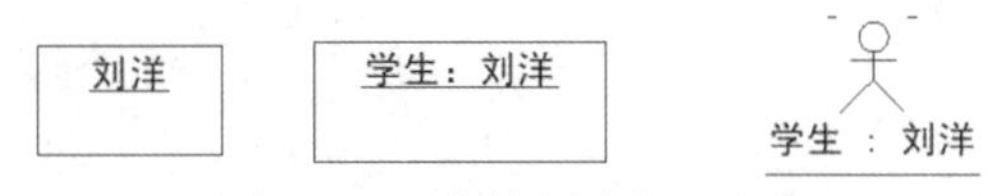

图 5-19　对象的各种表示形式

一个对象的性质和操作统称为该对象的特征(feature)。

面向对象主要体现为人们观察分析世界的一种思维方式，而不局限于软件设计和编程。面向对象意味着“除了对象，别无他物”，将客观世界中的各个事物都看作是对象，承认客观对象具有自己的规律，首先，识别对象的标识和边界，以区分各个对象；其次，识别对象的各种状态和行为，用性质来描述状态，用操作来描述行为；最后，为对象确定它所属的类。

2. 链

链是两个或多个对象之间的独立连接，它是对象的引用元组(有序表)，也是关联的实例。对象必须是关联中相应位置处类的直接或间接实例。一个关联不能有来自同一关联的迭代连接，即两个相同的对象引用元组。

链可以用于导航，连接一端的对象可以得到另一端的对象，也就可以发送消息(称通过联系发送消息)。如果连接对目标方向有导航性，那么这一过程就是有效的；如果连接是不可导航的，则访问可能有效或无效，但消息发送通常是无效的，相反方向的导航另外定义。

在UML中，链的表示形式为一个或多个相连的线或弧。在自身相关联的类中，链是两端指向同一对象的回路。图 5-20 所示是链的普通和自身关联的表示形式。

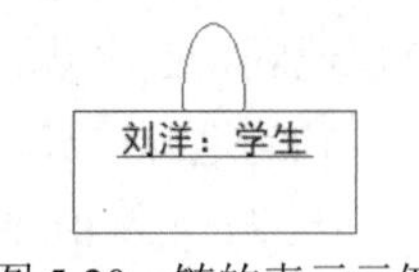

图 5-20　链的表示示例

5.5 使用 Rose 创建对象图

对象图无须提供单独的形式，类图中就包含了对象，所以只有对象而无类的类图就是一个“对象图”，其在刻画各方面特定使用时非常有用。对象图显示了对象的集合及其联系，代表了系统某时刻的状态，它是带有值的对象，而非描述符，当然，在许多情况下对象可以是原型的。用协作图可显示一个可多次实例化的对象及其联系的总体模型，协作图含对象和链的描述符。如果协作图实例化，则产生了对象图。

在 Rational Rose 2007 中不直接支持对象图的创建，但是可以利用协作图来创建。

5.5.1　在协作图中添加对象

在协作图中添加对象的操作步骤如下。

(1) 在协作图的图形编辑工具栏中，选择▣图标，此时光标变为“＋”号。

(2) 在类图中单击，任意选择一个位置，系统便在该位置创建一个新的对象。

(3) 双击该对象的图标，弹出对象的规范设置对话框。

(4) 在对象的规范设置对话框中，可以设置对象的名称、类的名称、持久性和是否多对象等。

(5) 单击 OK 按钮。

5.5.2　在协作图中添加对象与对象之间的链

在协作图中添加对象与对象之间的链的操作步骤如下。

(1) 选择协作图的图形编辑工具栏中的⟋图标，或者选择菜单中的 Tools(工具) | Create(新建) | Object Link 选项，此时的光标变为“↑”符号。

(2) 单击需要链接的对象。

(3) 将链的线段拖动到要与之链接的对象中。

(4) 双击链的线段，弹出设置链规范的对话框。

(5) 在弹出的对话框的 General 选项卡中设置链的名称、关联、角色及可见性等。

(6) 如果需要在对象的两端添加消息，可以在 Messages 选项卡中进行设置，如图 5-21 所示。

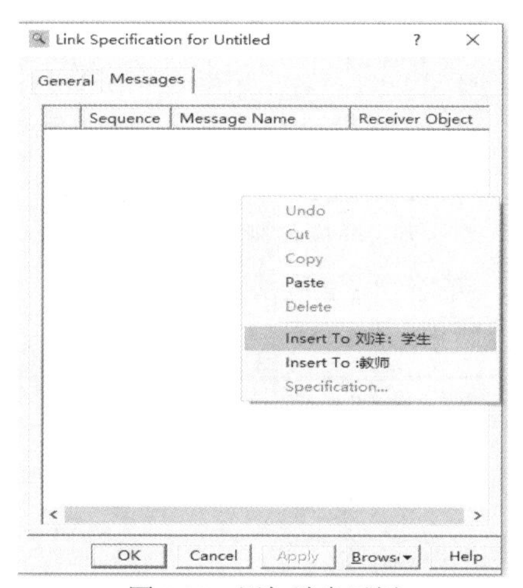

图 5-21　添加消息示例

在框中可以根据链两端对象的名称插入消息，对象的消息指的是该对象所执行的操作，并设置相应的编号和接收者。

下面是一个带有“授课”消息的对象图，如图 5-22 所示。

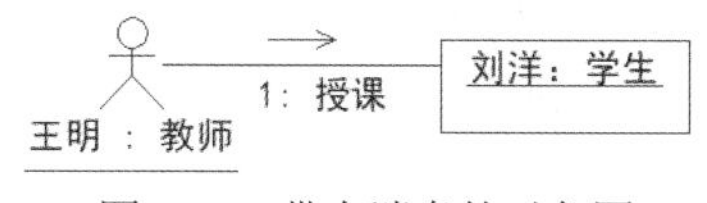

图 5-22　带有消息的对象图

5.6　案例分析

使用 UML 进行静态建模所要达到的目标是根据相关的用例或场景抽象出合适的类，同时，分析这些类之间的关系。类的识别贯穿于整个建模过程，例如，分析阶段主要是识别问题域的相关类，在设计阶段需要加入一些反映设计思想、方法的类及实现问题域所需要的类，在编码实现阶段，因为语言的特点，可能需要加入一些其他的类。

我们使用下列步骤创建类图。

(1) 根据问题领域确定系统需求，以及类和关联。

(2) 明确类的含义和职责，并确定属性和操作。

这个步骤只是创建类图的一个常用步骤，可以根据使用识别类的方法不同而有所不同。例如，确定类的关联过程中，确定类即是确定关联，只是表达的是一个整体的关联，在确定属性和操作后也要重新确定关联，这个时候确定关联便比较细化了。在进行迭代开发中，确定类和关联都需要一个逐步的迭代过程。

5.6.1 确定类和关联

决定需要哪些类来构建系统是进行系统建模的一个很重要的挑战。

我们可以通过名词识别法确定类。名词识别法是通过识别系统问题域中的实体来识别对象和类的。对系统进行描述，应使用问题域中的概念和命名，从系统描述中标识名词及名词短语，其中的名词往往可以标识为对象，复数名词往往可以标识为类。

我们还可以根据用例描述确定类。针对各个用例，通常可以根据以下问题辅助识别类："用例描述中出现了哪些实体？""用例的执行过程中会产生并存储哪些信息？""用例的完成需要哪些实体合作？""用例要求与之关联的每个角色的输入是什么？""用例反馈与之关联的每个角色的输出是什么？"及"用例需要操作哪些硬设备？"。

下面将以一个汽车租赁系统的客户及公司员工为例，介绍如何创建系统的类图，应先确定我们需要的实体类，如图 5-23 所示。

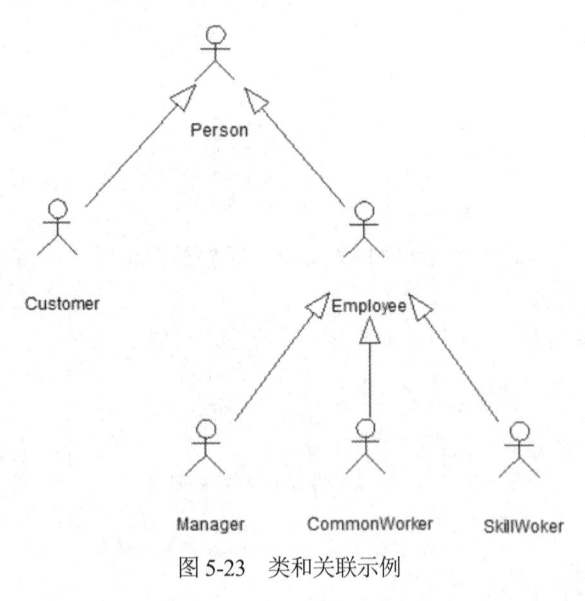

图 5-23　类和关联示例

5.6.2　确定属性和操作

现在已经创建好了相关的类和初步的关联，然后就可以开始添加属性和操作以便提供数据存储和需要的功能。这个时候，类的属性和操作的添加依赖于前期制定的数据字典，例如，我们会在 Person 父类中定义 Customer 客户和 Employee 员工都有的属性，如姓名、ID、地址、电话号码等，其他子类只要继承了 Person 类也就获得了这些属性，而且每个类的操作都有所不同。对于我们确定的一些类的属性和操作，为方便表示，这里使用英文标识，具体类图如图 5-24 所示。

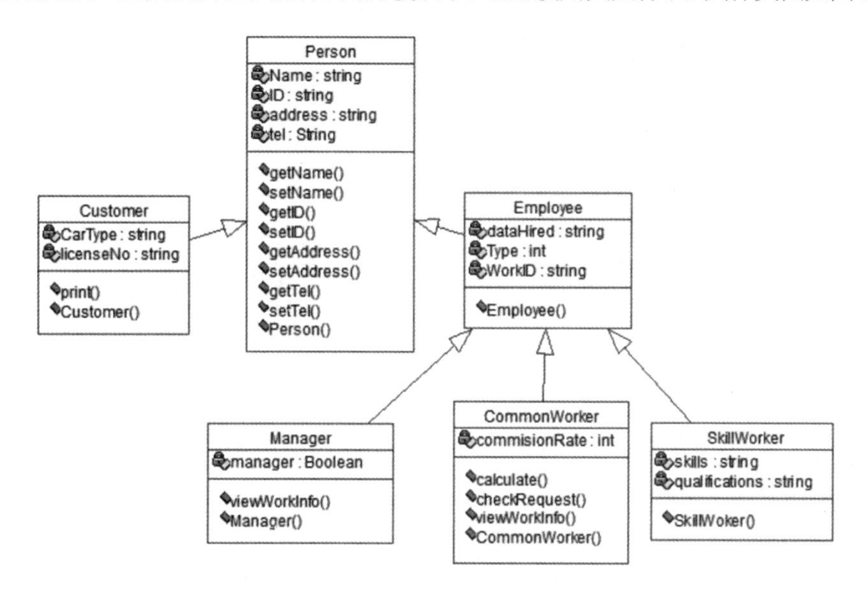

图 5-24　基本类图示例

Person 类是所有类的父类，包含姓名(name)、身份证号(id)、地址(address)和电话号码(tel) 4 个属性，它包含的方法都是用来设置和获取这些属性值的。Customer 类是包含客户信息的类，除了继承父类的属性和方法，它还包括车辆类型(cartype)和驾驶证号(licenseNo)等属性。Employee 类是包含员工信息的类，其中包含了员工的聘用日期等信息，同时，它还是 Manager、CommonWorker、SkillWorker 3 个类的父类。Manager 类是管理人员的类，管理人员可以查看工作人员的工作记录。CommonWorker 类是普通工作人员的类，commisionRate 属性是该员工任务完成率；方法 calculate()用来计算该工作人员完成的任务率；方法 checkRequest()用来查询是否有没处理的申请单。SkillWorker 类是技术人员的类，skills 属性代表该员工的技术特长，而 qualifications 属性则表示该员工的技术职称。

同时，可以将上面的类图转换成我们需要的对象图，如图 5-25 所示。

为软件系统开发合适的抽象模型，可能是软件工程中最困难的工作，主要体现在两个方面：一是由于观察者视角的不同，几乎总是会造出彼此不同的模型；二是对于将来的复杂情况，永远不存在“最好”或“正确”的模型，只存在“较好”或“较差”的模型。同一种情况可以有多种功效相同的建模方式，创建一个合适的抽象模型往往依赖系统设计者的经验。

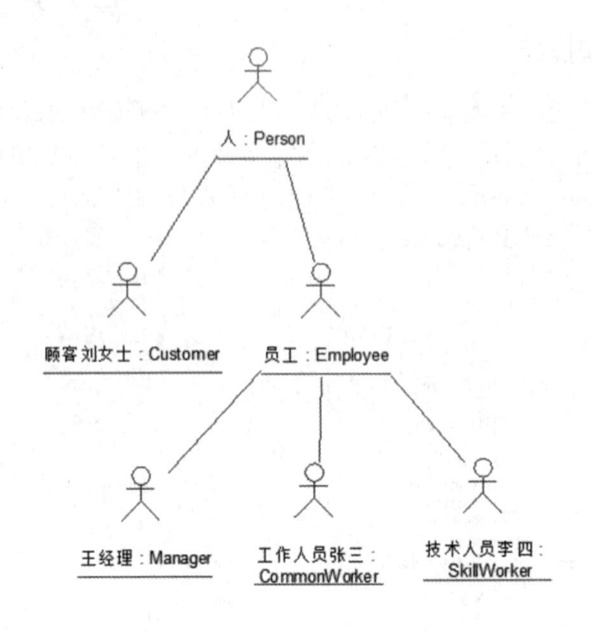

图 5-25　对象图

【本章小结】

UML 中的类图和对象图是面向对象设计建模的基础，只有把握了类和对象清晰而明确的描述，才能成功地建立后续的动态结构模型。因此，本章详细地介绍了类图和对象图的基本概念及它们的作用，同时还讲解了类图的组成元素和如何创建这些模型元素，包括类、接口及它们之间的 4 种关系。在此基础上，根据用例图使用 Rational Rose 建模工具创建完整的类图和对象图。

习题 5

1. 填空题

(1) 类主要包含______、______和______3 个部分。

(2) 类之间的关系包括______关系、______关系、______关系和______关系。

(3) ______、______、______和______统称为类元。

(4) 对象图中的______是类的特定实例，______是类之间关系的实例，表示对象之间的特定关系。

(5) ______关系用来描述类的一般和具体之间的关系，子元素具有父元素的全部结构和行为，并允许在此基础上再拥有自身特定的结构和行为。

2. 选择题

(1) 通常对象有很多属性，但对于外部对象来说某些属性应该不能被直接访问，下面不是UML 中的类成员访问限定性的是(　　)。

A. 公有的(public)　　B. 受保护的(protected)

C. 友好的(friendly)　　D. 私有的(private)

(2) 在 UML 中，(　　)图显示了一组类、接口、协作及它们之间的关系。

A. 状态图　　B. 类图

C. 用例图　　D. 部署图

(3) 对象特性的要素是(　　)。

A. 状态　　B. 行为

C. 标识　　D. 属性

(4) 下列关于接口的关系说法中，不正确的是(　　)。

A. 接口是一种特殊的类

B. 所有接口都是有构造型<<interface>>的类

C. 一个类可以通过实现接口支持接口所指定的行为

D. 在程序运行时，其他对象不仅需要依赖于此接口，还需要知道该类关于接口实现的其他信息

(5) 一个对象和另一个对象之间，通过消息来进行通信。消息通信在面向对象的语言中即(　　)。

A. 方法实现　　B. 方法嵌套

C. 方法调用　　D. 方法定义

3. 简答题

(1) 类的属性与操作各有什么意义？

(2) 类中操作的可见性有几种？它们的语义是什么？

(3) 简述使用类图和对象图的原因。

(4) 请简要说明类图和对象图的关系和异同。

4. 上机题

在“图书管理系统”中，系统的参与者为借阅者、图书管理员和系统管理员。借阅者包含编号、姓名、地址、最多可借书本数、可借阅天数等属性。图书管理员包含自己的登录名称、登录密码等属性。系统管理员包含系统管理员用户名、系统管理员密码等属性。根据这些信息，创建系统的类图。

ꕥ 第6章 ꕥ

包 图

UML 中对模型元素进行组织管理是通过包来实现的，它把概念上相似的、有关联的、会一起产生变化的模型元素组织在同一个包中，方便开发者对复杂系统的理解，控制系统结构各部分之间的连接。而包图是由包和包之间的联系构成的，它是维护和控制系统总体结构的重要工具。

6.1 概述

在 UML 中，包就是用于把建模元素组织成组的通用机制。所有复杂的系统都必须被分成几个小的单元，以便人们可以一次只处理有限的信息，并且互不干扰。包可以把所建立的各种模型(包括静态模型和动态模型)组织起来，形成各种功能或用途的模块，并可以控制包中元素的可见性，以及描述包之间的依赖关系。

6.1.1 模型的组织结构

模型需要有自己的内部组织结构，一方面能够对一个大系统进行分解，降低系统的复杂度；另一方面允许多个项目开发小组同时使用某个模型而不发生过多的相互牵涉。我们对系统模型的内部组织结构通常采用先分层再细分成包的方式。对于系统的分层，我们认为这种对模型的分解与一个被分解成为意义前后连贯的多个包的模型相比，一个大的单块结构的模型所表达的信息可能也会同样精确，因为组织单元的边界确定会使准确定义语义的工作复杂化，所以这种单块模型表达的信息可能比包结构的模型表达得更精确。但其实要想有效地工作于一个大的单块模型，且其上的多个工作组彼此不相互妨碍是不可能的。另外，单块模型没有适用于其他情况的可重用的单元，并且对大模型的某些修改往往会引起意想不到的结果。如果模型被适当分解成具有良好接口的小的子系统，那么对其中一个小的独立单元进行修改所造成的后果可以跟踪确定。

系统分层常用的方式是将系统分为 3 层结构，也就是用户界面层、业务逻辑层和数据访问层，如图 6-1 所示。

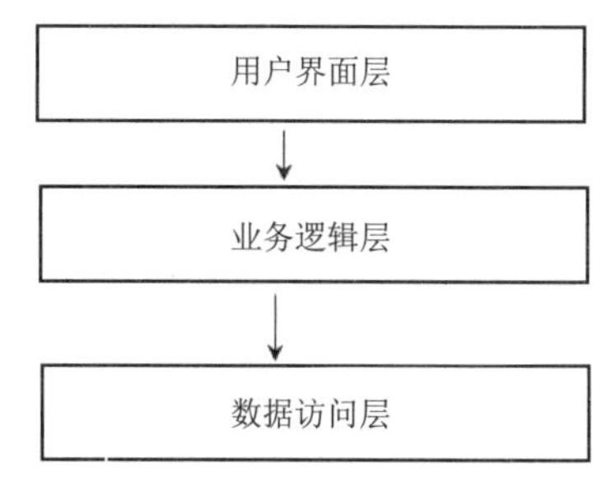

图 6-1 系统分层

- 用户界面层代表与用户进行交互的界面，既可以是 Form 窗口，也可以是 Web 的界面形式。随着系统模型应用的复杂性和规模性的增加，界面的处理也变得具有挑战性。一个应用可能有很多不同的界面表示形式，可通过对界面中数据的采集、处理和响应用户的请求与业务逻辑层进行交换。
- 业务逻辑层用来处理系统的业务流程，它接受用户界面请求的数据，并根据系统的业务规则返回最终的处理结果。业务逻辑层将系统的业务规则抽象出来，按照一定的规则形成在一个应用层上。对开发者来说，这样可以专注于业务模型的设计。把系统业务模型按一定的规则抽取出来，抽取的层次很重要，因为这是判断开发人员是否优秀的依据。
- 数据访问层是程序中和数据库进行交互的层。手写数据访问层的代码是非常枯燥无味的，浪费时间地重复活动，还有可能在编译程序时出现很多漏洞。通常我们可以利用一些工具创建数据访问层，减少数据访问层代码的编写。

在构建一个系统时，系统信息应包括环境所有方面的信息，并且系统信息的一部分应被保存在模型中，如项目管理注释、代码生成提示、模型的打包、编辑工具默认命令的设置等。其他方面的信息应分别保存，如程序源代码和操作系统配置命令等。即使是模型中的信息，对这些信息的解释也可以位于多个不同的地方，包括建模语言、建模工具、代码生成器、编译器或命令语言等。模型内的各个组成部分也通过各种关系相互连接，表现为层与层之间的关系、包之间的关系及类与类之间的关系等。

如果包的规划比较合理，则能够反映系统的高层架构，有关系统由子系统和它们之间的依赖关系组合而成。包之间的依赖关系概述了包的内容之间的依赖关系。

6.2 包的基本概念

6.2.1 包的定义

包图(package diagram)是用来描述模型中的包和所包含元素的组织方式的图，是维护和控制系统总体结构的重要内容。包图通过对图中的各个包元素及包之间的关系的描述，展示出系统模块及模块之间的依赖关系，图 6-2 所示是一个简单的包图模型。包图能够组织许多 UML 中的元素，不过其最常用的用途是组织用例图和类图。

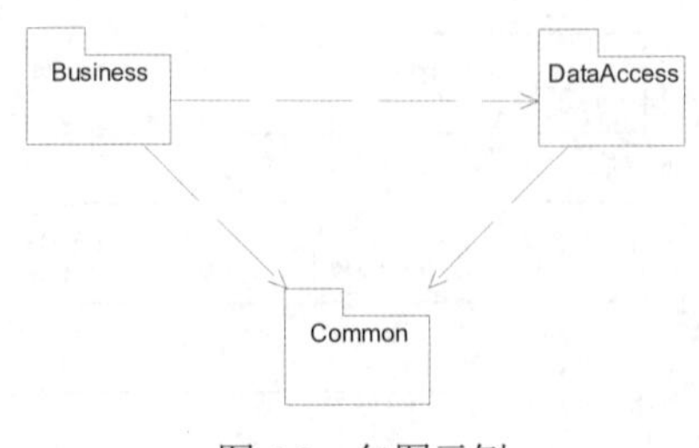

图 6-2　包图示例

6.2.2　包的名称

在 UML 中，包图是使用一个小矩形(标签)和一个大矩形进行表示的，小矩形紧连接在大矩形的左上角，包的名称位于大矩形的中间，如图 6-3 所示。

同其他模型元素的名称一样，每个包都必须有一个与其他包相区别的名称。包的名称是一个字符串，有简单名(simple name)和路径名(path name)两种形式。其中，简单名仅包含一个名称字符串，而路径名是以包处于的外围包的名字作为前缀并加上名称字符串。但是在 Rational Rose 2007 中，包的命名是使用简单名称后加上“(from 外围包)”的形式，如图 6-4 所示，其中 Package naming 包拥有 SubPackage 包。

图 6-3　包的图形表示形式　　　　图 6-4　包的命名示例

6.2.3　包的可见性

包对自身所包含的内部元素的可见性也有定义，使用关键字 private、protected 或 public 来表示。

- private 定义的私有元素对包外部元素完全不可见。
- protected 定义的被保护的元素只对与包含这些元素的包有泛化关系的包可见。
- public 定义的公共元素对所有引入的包及它们的后代都可见。

在这里涉及一个概念：一个包对另一个包具有访问与引入的依赖关系。这 3 个关键字在 Rational Rose 2007 中的表示如图 6-5 所示。

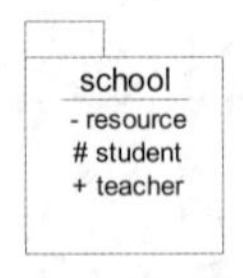

图 6-5　包中元素的可见性示例

图 6-5 的包中包含了 resource、student、teacher 3 个类，分别是用 private、protected 和 public 关键字修饰的。

通常，一个包不能访问另一个包的内容，因为包是不透明的，除非它们被访问或引入依赖关系才能打开。访问依赖关系直接应用到包和其他包容器中。在包层，访问依赖关系表示提供者包的内容可被客户包中的元素或嵌入客户包中的子包引用。提供者包中的元素在它的包中要有足够的可见性，使客户可以看到它，所以，如果一个包中的元素要看到不相关的另一个包的元素，则第一个包必须访问或引入第二个包，且目标元素在第二个包中必须有公共可见性。

6.2.4 包的构造型

包也有不同的构造型，表现为不同的特殊类型的包，如模型、子系统和系统等。在 Rational Rose 2007 中创建包时不仅可以使用软件内部支持的一些构造型，也可以自己创建一些构造型，用户自定义的构造型也标记为关键字，但是不能与 UML 预定义的关键字相冲突。

模型是从某个视角观察到的对系统完全描述的包，它从一个视点提供一个系统的封闭的描述，对其他包没有很强的依赖关系，如实现依赖或继承依赖。跟踪关系表示某些连接的存在，是不同模型的元素之间的一种较弱形式的依赖关系，它不用特殊的语义说明。另外，在 Rational Rose 2007 中，还支持如下 7 种包的构造型。

- 业务分析模型(businessanalysis model)包，如图 6-6 所示。
- 业务系统(business system)包，如图 6-7 所示。

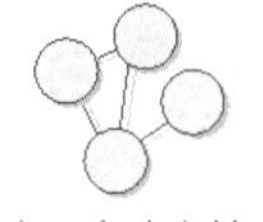

图 6-6 业务分析模型包

图 6-7 业务系统包

- 业务用例模型(businessusecase model)包，如图 6-8 所示。
- CORBA 本身不提供包构造型，但可以使用相关的编程语言和开发工具来组织和管理 CORBA 对象和接口定义，这通常包括将它们放入模块或命名空间中以提高代码的组织性和可维护性。不同的工具和语言可能会提供不同的方式来实现这一目标。CORBA 模块包，如图 6-9 所示。

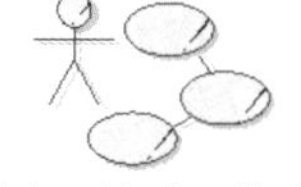

图 6-8 业务用例模型包

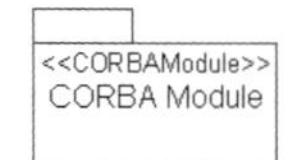

图 6-9 CORBA 模块包

- 在某些 UML 工具和建模方法中，领域包(domain package)可以被视为一种包的构造型，用于组织和描述特定领域或领域模型的相关元素。这些包通常用于建模特定领域的概念、实体、关系和规则。虽然 UML 规范本身没有明确定义领域包，但它可以根据建模需求在 UML 工具中自定义和使用。领域包，如图 6-10 所示。

层(layer)包构造型通常是一种自定义包构造型，它根据特定项目的软件架构和设计需求来创建。在 UML 工具中，我们可以根据需要自定义这种包来构建和描述不同层次的结构，这使得软件架构师能够更好地组织和描述系统的层次结构。层包，如图 6-11 所示。

图 6-10 领域包

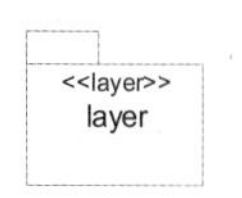

图 6-11 层包

- 子系统(subsystem)包，如图 6-12 所示。

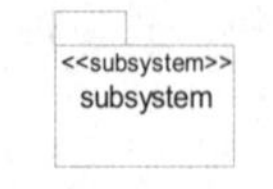

图 6-12　子系统包

6.2.5　子系统

子系统是有单独的说明和实现部分的包，它表示具有对系统其他部分存在接口的模型单元。子系统使用具有构造型关键字子系统(subsystem)的包表示，在 Rational Rose 2007 中，子系统的表示形式如图 6-12 所示。

6.2.6　包的嵌套

包可以拥有其他包作为包内的元素，而子包又可以拥有自己的子包，这样可以构成一个系统的嵌套结构，以表达系统模型元素的静态结构关系。

包的嵌套可以清晰地表现系统模型元素之间的关系，但是在建立模型时包的嵌套不宜过深，包嵌套的层数一般以两三层为宜。如图 6-13 所示是一个包的嵌套示例。

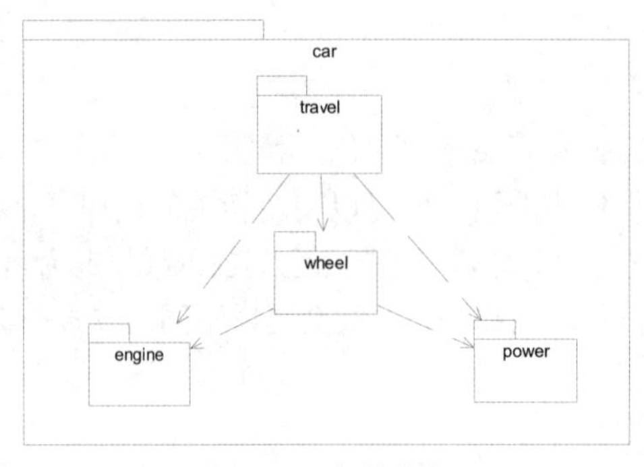

图 6-13　包的嵌套

图 6-13 表示一个汽车的组织结构，在 car 包中嵌套了 travel 包、wheel 包、engine 包和 Power 包，这些子包之间存在依赖关系。在建立模型时，为了简化也可以只绘出子包，不绘出子包间的结构关系。

6.2.7　包的关系

总的来说，包之间的关系可以概括为以下两种。

- 引入和访问依赖，用于在一个包中引入另一个包输出的元素。
- 泛化关系，用于说明包的家族。

两个包之间存在依赖关系通常是指这两个包所包含的模型元素之间存在一个或多个依赖。对于由对象类组成的包，如果两个包的任何对象类之间存在一种依赖，则这两个包之间就存在依赖。包的依赖关系同样是使用一根虚箭线表示的，虚箭线从依赖源指向独立目的包，如图 6-14 所示。

图 6-14 包的依赖关系示例

图 6-14 中，student 包和 stationery 包之间存在依赖，学生学习需要文具，因此学生依赖于文具，这是非常明显的道理。

依赖关系在独立元素之间出现，但是在任何规模的系统中，应从更高的层次观察它们。包之间的依赖关系概述了包中元素的依赖关系，即包之间的依赖关系可从独立元素间的依赖关系导出。包之间的依赖关系可以分为多种，如实现依赖、继承依赖、访问和引入依赖等，其中实现依赖被称为细化关系，继承依赖被称为泛化关系。

包之间依赖关系的存在表示存在一个自底向上的方法(一个存在声明)，或者存在一个自顶向下的方法(限制其他任何关系的约束)，对应的包中至少有一个给定种类的依赖关系的关系元素。“存在声明”并不意味着包中的所有元素都有依赖关系，这对建模者来说是表明存在更进一步的信息的标志，但是包层依赖关系本身并不包含任何更深的信息，它仅是一个概要。

自底向上方法可以从独立元素自动生成，自顶向下方法反映了系统的整个结构。这两种方法在建模中有它们自己的地位，即使是在单个的系统中也是这样的。

独立元素之间属于同一类别的多个依赖关系被聚集到包之间的一个独立的包层依赖关系中，并且独立元素也包含在这些包中。如果独立元素之间的依赖关系包含构造型，那么为了产生单一的高层依赖关系，包层依赖关系中的构造型可能被忽略。

包的依赖性可以加上许多构造型来规定它的语义，其中最常见的是引入依赖。引入依赖(import dependency)是包与包之间的一种存取(access)依赖关系。引入是指允许一个包中的元素存取另一个包中的元素。引入依赖是单向的，其表示方法是在虚箭线上标明构造型“《import》”，箭头从引入方的包指向输出方的包。引入依赖没有传递性，一个包的输出不能通过中间的包被其他的包引入。如图 6-15 所示就是包的引入依赖示例。

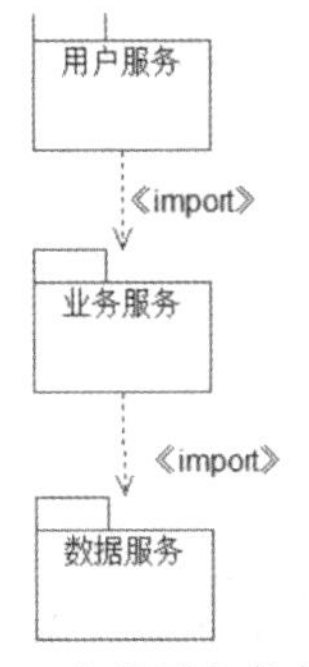

图 6-15 包的引入依赖示例

包之间的泛化关系与对象类之间的泛化关系类似，因此对象类之间泛化的概念和表示在此大都可以使用。泛化关系表达事物的一般和特殊关系，如果两个包之间存在泛化关系，就是指其中的特殊性包必须遵循一般性包的接口。

严格意义上讲，包图并非正式的UML图，我们创建一个包图是为了以下几点。

- 描述需求的高阶概况。在前面我们介绍过有关包的两种特殊形式，分别是业务分析模型和业务用例模型，通过包可以描述系统的业务需求，但是业务需求的描述不如用例等细化，只能是高级概况。

- 描述设计的高级概况。设计可以通过业务设计包来组织业务设计模型，描述设计的高级概况。
- 在逻辑上把一个复杂的系统模块化。包图的基本功能就是通过合理规划自身功能，反映系统的高层架构，在逻辑上对系统进行模块化分解。
- 组织源代码。从实际应用来讲，包最终还是组织源代码的方式而已。

6.3 使用 Rose 创建包图

前面对包和包图有了基本认识之后，再来学习如何使用 Rational Rose 2007 绘制包图，就会感到简单多了。

6.3.1 创建包图

如果要创建一个新的包，则可以通过工具栏、菜单栏和浏览器 3 种方式进行添加。

通过工具栏或菜单栏添加包的步骤如下。

(1) 在类图的图形编辑工具栏中，选择用于创建包的图标，或者在菜单栏中选择 Tools(工具) | Create(创建) | Package 选项，此时的光标变为"＋"符号。

(2) 单击类图中任意一个空白处，系统会在该位置创建一个包图，如图 6-16 所示，系统产生的默认名称为 NewPackage。

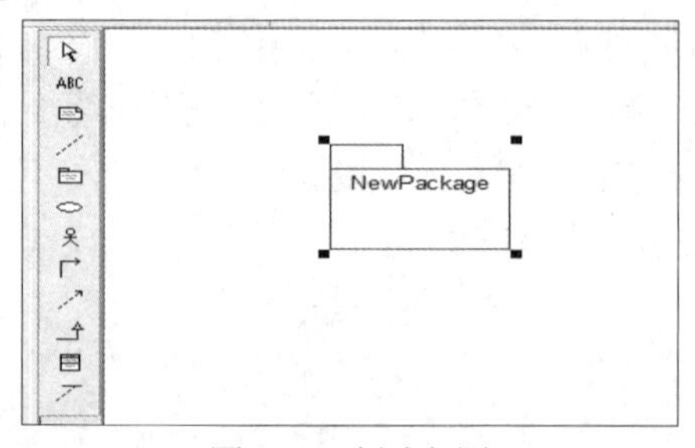

图 6-16　创建包图

(3) 将 NewPackage 命名为新的名称即可。

通过浏览器添加包的步骤如下。

(1) 在浏览器中选择需要将包添加的目录，右击。

(2) 在弹出的快捷菜单中选择 New(新建) | Package 选项。

(3) 输入包的名称。如果需要将包添加进类图中，则将该包拖入类图即可。

6.3.2 删除包图

如果需要对包设置不同的构造型，则可以选中已经创建好的包，右击并选择 Open specification ...选项，在弹出的 Package Specification for Package 对话框中，选择 General 选项卡，在 Stereotype 下拉列表框中，输入或选择一个构造型，在 Detail 选项卡中，可以设置包中包含元素的内容，如图 6-17 所示。

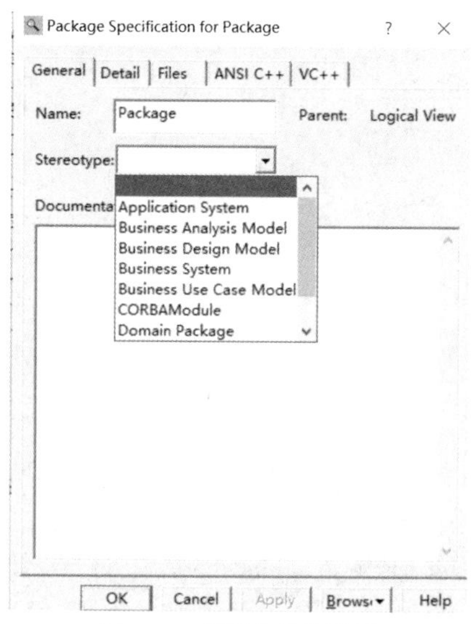

图 6-17 设置包的构造型

如果需要在模型中删除一个包，则可以通过以下方式进行。

(1) 在浏览器中选择需要删除的包，右击。

(2) 在弹出的快捷菜单中选择 Delete 选项。

这种方式是将包从模型中永久删除，包及其包中内容都将被删除。如果需要将包仅从类图中移除，则只需要选择类图中的包，按 Delete 键，此时包仅从该类图中移除，在浏览器和其他类图中仍然可以存在。

6.3.3 添加包中的信息

在包图中，可以增加包所在目录下的类。例如，在 PackageA 包所在的目录下创建了两个类，分别是 ClassA 和 ClassB。如果需要将这两个类添加到包中，需要通过以下步骤进行。

(1) 选中 PackageA 包的图标，右击，弹出如图 6-18 所示的菜单选项。

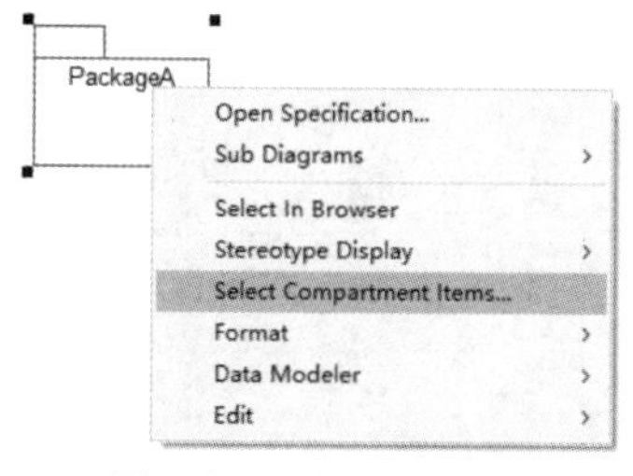

图 6-18 添加类到包中

(2) 在菜单选项中选择 Select Compartment Items ...选项，弹出如图 6-19 所示的对话框。

(3) 在弹出的对话框的左侧，显示了在该包目录下的所有类，选中类，通过对话框中间的按钮将 student 和 teacher 添加到右侧的框中。

(4) 添加完毕后，单击 OK 按钮即可，生成的包的图形表示形式如图 6-20 所示。

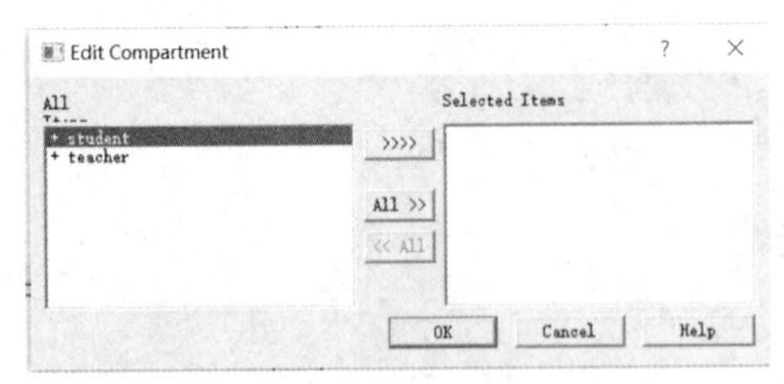

图 6-19　添加类

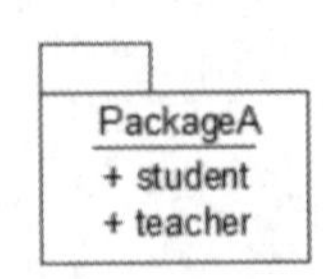

图 6-20　添加类后包的图形表示形式

6.3.4　创建包的依赖关系

包和包之间与类和类之间一样，也可以有依赖关系，并且包的依赖关系也与类的依赖关系的表示形式一样，使用依赖关系的图标进行表示。如图 6-21 所示，表示从 fish 包到 water 包的依赖关系，此种依赖关系是一种单向依赖，即 PackageA 中的类需要知道 PackageB 中的某些类。

图 6-21　包的依赖关系示例

在创建包的依赖关系时，尽量避免循环依赖，循环依赖关系如图 6-22 所示。

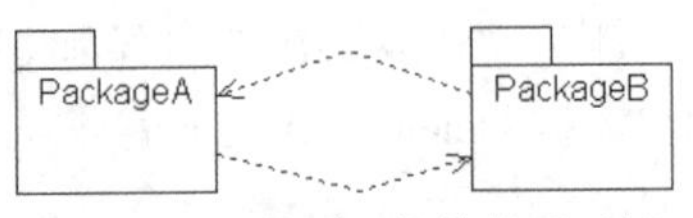

图 6-22　包的循环依赖关系示例

通常为解决循环依赖关系，需要将 PackageA 包或 PackageB 包中的内容进行分解，将依赖于另一个包中的内容转移到另外一个包中，如图 6-23 所示，代表将 PackageA 中依赖 PackageB 的类转移到 PackageC 包中。

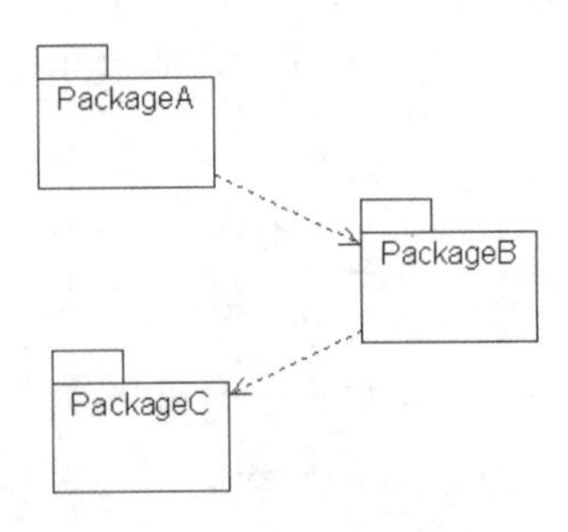

图 6-23　循环依赖分解示例

6.4　在项目中使用包图

使用包的目的是把模型元素组织成组，并为它命名，以便作为整体处理。如果开发的是一个小型系统，涉及的模型元素不是太多，则可以把所有的模型元素组成一个包。使用包和不使用包的区别不大，但是，对于一个大型的复杂系统，通常需要把系统设计模型中大量的模型元素组织成包，给出它们的联系，以便处理和理解整个系统。下面就以远程系统为例，进行包图的绘制。

6.4.1 确定包的分类

包是维护和描述系统结构模型的一种重要建模方式。我们可以根据系统的相关分类准则，如功能、类型等，将系统的各种构成文件放置在不同的包中，并通过对各个包之间关系的描述，展现出系统模块与模块之间的依赖关系。一般情况下，系统中包的划分往往有很多准则，这些准则通常应满足系统架构设计的需要。

我们使用下列步骤创建系统的包图。

(1) 根据系统的架构需求，确定包的分类准则。

(2) 在系统中创建相关包，在包中添加各种文件，确定包之间的依赖关系。

6.4.2 创建包和关系

在分析远程系统时，我们采用 MVC 架构进行包的划分，可以在逻辑视图下确定 3 个包，分别为 Business 包、DataAccess 包和 Common 包。其中，Business 包可以修改 Common 包的状态，并且可以选择 DataAccess 包的对象；DataAccess 包可以使用 Common 包中的类进行状态查询。根据这些内容，我们创建的包图如图 6-24 所示。

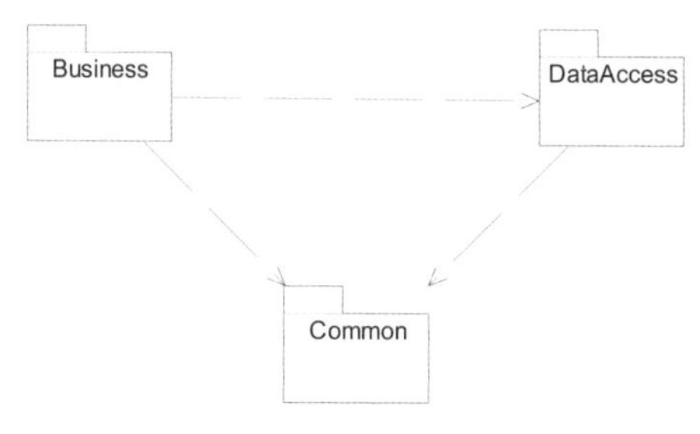

图 6-24 完整的包图

【本章小结】

包是一种概念性的管理模型的图形工具，只在软件开发的过程中存在。包可以用于组织一个系统模型，一个系统的框架、模型和子系统等也可以看作是特殊的包。通过对包的合理规划，系统模型的实现者能够在高层(按照模块的方式)把握系统的结构，反映出系统的高层次架构。

习题 6

1. 填空题

(1) 包是构成______、_______和______的基础。

(2) 使用包的目的是把________组织成组，并为它命名，以便作为整体处理。

(3) 一个类的后代可以看到它的祖先中具有________、_______可见性的成员。

(4) 若要引用包中的内容，可使用 PackageName：：PackageElement 的形式，这种形式叫作_________。

(5) 包之间的关系总的来讲可以概括为_______和________。

2. 选择题

(1) (　　)是一组用于描述类或组件的一个服务的操作。

A. 包　　B. 节点　　C. 接口　　D. 组件

(2) 建立模型时包的嵌套不宜过深，一般以(　　)为宜。

A. 两三层　　B. 三四层　　C. 一两层　　D. 三到五层

(3) 下列选项中，不能直接放在包中的元素是(　　)。

A. 类　　B. 操作　　C. 包　　D. 对象图

(4) 包内的元素只能被属于同一个模型包的内含元素访问是指包的(　　)。

A. 公有访问　　B. 保护访问　　C. 私有访问　　D. 通用访问

(5) 下列选项中，可以应用于包元素的 UML 预定义的构造型是(　　)。

A. <<subsystem>>　　B. <<control>>　　C. <<actor>>　　D. <<interface>>

3. 简答题

(1) 简述包图的概念和作用。

(2) 包内元素的可见性有几种？分别是什么？

(3) 简述包的嵌套。

(4) 请概述分包原则。

4. 上机题

在学生管理系统中，系统的结构设计为 3 层架构，其中用户服务包中的类为获取数据、显示信息提供了可视化接口。数据服务包中的类负责数据的存取、更新和维护等。业务服务包是用户服务包和数据服务包的“桥梁”，业务服务包中的类负责处理用户的请求，执行业务任务。用户服务包和业务服务包之间、业务服务包和数据服务包之间存在引入依赖关系，用构造型“《import》”标识。根据以上要求，请画出系统的包图。

第7章

顺序图与协作图

交互是指在具体语境中由为实现某个目标的一组对象之间进行交互的一组消息所构成的行为。一个结构良好的交互过程应当具备简单、易于理解和修改的特点。UML提供的交互机制通常被用来对两种情况进行建模，分别是为系统的动态行为方面进行建模和为系统的控制过程进行建模。面向动态行为方面进行建模时，该机制通过描述一组相关联、彼此相互作用的对象之间的动作序列和配合关系，以及这些对象之间传递、接收的消息来描述系统为实现自身的某个功能而展开的一组动态行为。面向控制过程进行建模时，可以针对一个用例、一个业务操作过程或系统操作过程，也可以针对整个系统。描述这类控制问题的着眼点是消息在系统内如何按照时间顺序被发送、接收和处理。

在实际系统中，对象都不是孤立存在的，一组对象之间通过传递消息进行交互。交互是一种行为，在特定语境中，一组对象或角色为了共同完成特定任务，相互交换消息，就构成了交互。系统动态模型的其中一种就是交互视图，它描述了执行系统功能的各个角色之间相互传递消息的顺序关系。交互可用顺序图、通信图表示，每一种图的作用有所不同，以适应特定需求的建模。本章将要介绍的顺序图与协作图就是动态结构模型中很重要的模型元素。顺序图和协作图以不同的方式表达了类似的信息，顺序图描述了消息的时间顺序，适合描述实时系统和复杂的脚本；通信图描述了对象间的关系，强调发送和接收消息的对象的组织结构，两者在语义上是相当的，可以彼此转换而不丢失信息。

7.1 顺序图

7.1.1 顺序图的基本概念

顺序图(sequence diagram)是对象之间基于时间顺序的动态交互，它显示出了随着时间的变化对象之间是如何进行通信的。顺序图的主要用途之一是从一定程度上更加详细地描述用例表达的需求，并将其转化为进一步的更加正式层次的精细表达。

顺序图和协作图都是交互图，并彼此等价。顺序图用于表现一个交互，该交互是一个协作中各种类元角色间的一组消息交换，侧重于强调时间顺序。

在UML的表示中，顺序图将交互关系表示为一个二维图。其中，纵向是时间轴，时间沿竖线向下延伸；横向代表了在协作中各独立对象的角色。角色使用生命线表示，当对象存在时，生命线用一条虚线表示，此时对象不处于激活状态；当对象的过程处于激活状态时，生命线是一个双道线。顺序图中的消息使用从一个对象的生命线到另一个对象生命线的箭头表示，箭头以时间顺序在图中从上到下排列，如图 7-1 所示。

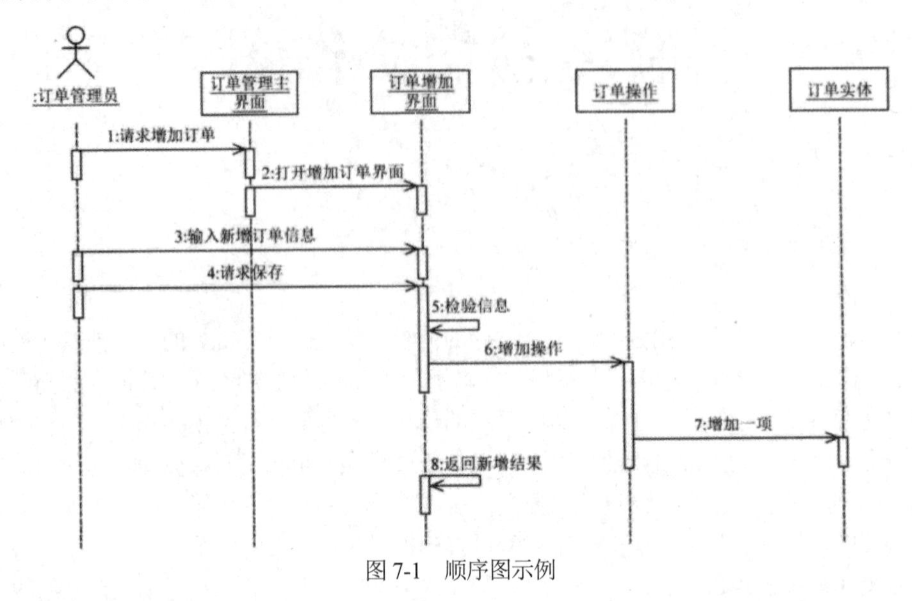

图 7-1　顺序图示例

图 7-1 是在线购物系统增加订单的简化顺序图，首先，参与者订单管理员请求增加订单后，进入订单管理主界面，请求并打开增加订单界面；其次，订单管理员在订单增加界面输入新增订单信息并请求保存；再次，新增订单信息通过校验后，订单增加界面会将增加操作发送给订单操作类，订单操作类增加一项订单实体；最后，由订单增加界面向订单管理员返回新增结果信息。

顺序图作为一种描述在给定语境中消息是如何在对象间传递的图形化方式，在使用其进行建模时，可以确认和丰富使用语境的逻辑表达及细化用例的表达，有效地描述如何分配各个类的职责及各类具有相应职责的原因。

一般认为，顺序图只对开发者有意义，然而，一个组织的业务人员也会发现，顺序图显示不同的业务对象的交互方式，对于交流当前业务的进行很有用。除了记录组织的当前事件，一个业务级的顺序图能被当作一个需求文件使用，为实现一个未来系统传递需求。在项目的需求阶段，分析师能通过提供一个更加正式层次的表达，把用例带入下一层次，此时，用例常被细化为一个或多个顺序图。组织的技术人员也能通过顺序图记录一个未来系统的行为表现。在设计阶段，架构师和开发者能使用该图挖掘出系统对象间的交互，这样可充实整个系统设计。

7.1.2　顺序图的组成

若要掌握好顺序图，应先了解顺序图是由哪些对象构成的，以及这些对象的具体作用。顺序图是由对象、生命线(lifeline)、激活(activation)和消息等构成的。

1. 对象

对象表示参与交互的对象。每个对象都带有一条生命线，对象被激活(创建或引用)时，生命线上会出现一个长条(会话)，表示对象的存在。顺序图中对象的符号和对象图中对象所用的符号一样，都是使用矩形将对象名称包含起来，并且对象名称下有下画线。将对象置于顺序图的顶部意味着在交互开始时对象就已经存在了，如果对象的位置不在顶部，那么表示对象是在交互的过程中被创建的，如图 7-2 所示。

图 7-2　对象示例

我们通常将一个交互的发起对象称为主角，对于大多数业务应用软件来讲，主角通常是一个人或一个组织。主角实例通常由顺序图中的第一条(最左侧)生命线来表示，也就是把它们放在模型“可看见的开始之处”。如果在同一顺序图中有多个主角实例，则应尽量使它们位于最左侧或最右侧。同样，那些与主角相交互的角色被称为反应系统角色，通常放在图的右边。在许多的业务应用软件中，这些角色经常被称为后台实体(backend entities)，也就是系统通过存取技术交互的系统，如消息队列、Web Service 等。

2. 生命线

生命线表示对象的存在，当对象被激活(创建或引用)时，生命周期线上出现会话，表示对象参与了这个会话。生命线是一条垂直的虚线，用来表示顺序图中的对象在一段时间内的存在。每个对象底部中心的位置都带有生命线。生命线是一个时间线，从顺序图的顶部一直延伸到底部，所用时间取决于交互持续的时间，也就是说生命线表现了对象存在的时段。

对象与生命线结合在一起称为对象的生命线。对象存在的时段包括对象在拥有控制线程时或被动对象在控制线程通过时存在。当对象拥有控制线程时，对象被激活并作为线程的根。被动对象在控制线程通过时，也就是被动对象被外部调用时，通常称为活动，它的存在时间包括过程调用下层过程的时间。

一个交互中说明的形参和返回值也可能需要表示为生命线，这是因为它们在交互过程中可能接收消息或发送消息。一部分形参，如 inout 和 out 形参，要在交互中接收消息，所以往往需要表示为生命线。返回值作为一条生命线，其名字应与交互同名，其类型应是返回值的类型。

在一个交互中，有些生命线是在交互发生之前就存在的，可直接接收或发送消息，也有些生命线是在交互内部创建出来的，需要明确一个创建消息，创建之后才能接收或发送消息。

结束一个交互时，有些生命线仍然延续，但在交互帧中不能超越边界，有些生命线将被终止，即实例被撤销，需要明确撤销消息。其中，一些生命线是被另一些生命线用消息撤销的，也有一些是自行撤销的，如形参和返回值及局部变量。

3. 激活

顺序图可以描述对象的激活，激活是对象操作的执行，它表示一个对象直接或通过从属操作完成操作的过程。激活对执行的持续时间和执行与其调用者之间的控制关系进行建模。在传统的计算机和语言上，激活对应栈帧的值。激活是执行某个操作的实例，它包括这个操作调用其他从属操作的过程。

在顺序图中，激活使用一个细长的矩形框表示，它的顶端与激活时间对齐，而底端与完成时间对齐。被执行的操作根据不同风格表示为一个附在激活符号旁或在左边空白处的文字标号。进入消息的符号也可表示操作，在这种情况下，激活上的标号可以被忽略。如果控制流是过程性的，那么激活符号的顶部位于用来激发活动的进入消息箭头的头部，而符号的底部位于返回消息箭头的尾部。如图 7-3 所示，图中包含一个递归调用和其他两个操作。

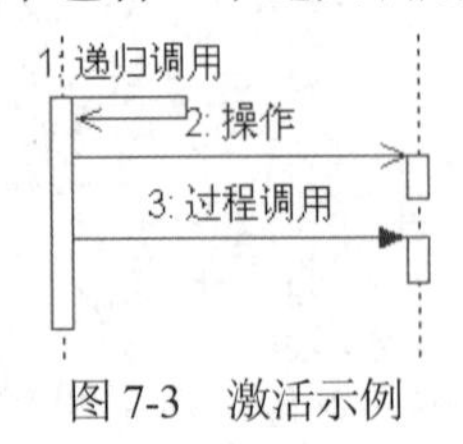

图 7-3　激活示例

4. 消息

消息由一个对象的生命周期线指向另一个对象的生命周期线。如果消息指到空白的生命周期线，将创建一个新的会话；如果消息指到已有的会话，表示该对象延续已有会话。

消息由三部分组成，分别是发送者、接收者和活动。发送者是发出消息的类元角色。接收者是接收到消息的类元角色，接收消息的一方也被认为是事件的实例。接收者有两种不同的调用处理方式可以选用，通常由接收者的模型决定：一种方式是操作作为方法实现，当信号到来时它将被激活，过程执行完后，调用者收回控制权，并可以收回返回值；另一种方式是主动对象，操作调用可能导致调用事件，它触发一个状态机转换。活动为调用、信号、发送者的局部操作或原始活动，如创建或销毁等。

在顺序图中，消息的表示形式为从一个对象(发送者)的生命线指向另一个对象(目标)的生命线的箭头。在 Rational Rose 2007 顺序图的图形编辑工具栏中，消息符号的表示如表 7-1 所示。

表 7-1　顺序图中消息符号的表示

符号	名称	含义
→	Object Message	两个对象之间的普通消息，消息在单个控制线程中运行
⮐	Message to Self	对象的自身消息
⇢	Return Message	返回消息
➞	Procedure Call	两个对象之间的过程调用
⇀	Asynchronous Message	两个对象之间的异步消息，也就是说客户发出消息后不管消息是否被接收，都继续别的事务

如图 7-4 所示，在顺序图中显示了表 7-1 中 5 种消息的图形表示形式。

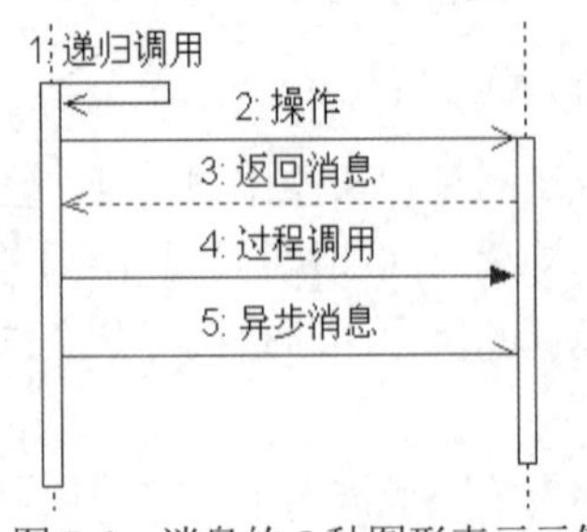

图 7-4　消息的 5 种图形表示示例

除此之外，我们还可以利用消息的规范设置消息的其他类型，如同步(synchronous)消息、阻止(balking)消息和超时(timeout)消息等。同步消息表示发送者发出消息后等待接收者响应这个消息。阻止消息表示发送者发出消息给接收者，如果接收者无法立即接收消息，则发送者放弃这个消息。超时消息表示发送者发出消息给接收者，如果接收者超过一定时间未响应，则发送者放弃这个消息。

在 Rational Rose 2007 中，可以设置消息的频率，让消息按规定时间间隔发送，如每 10 秒发送一次消息。消息的频率主要包括两种设置：①定期(periodic)消息，即按照固定的时间间隔发送；②不定期(aperiodic)消息，只发送一次或在不规则时间发送。

消息按时间顺序从顶到底垂直排列，如果多条消息并行，则它们之间的顺序不重要。消息可以有序号，但因为顺序是用相对关系表示的，所以通常也可以省略序号。在 Rational Rose 2007 中，设置是否显示序号的步骤如下。

(1) 在菜单栏中选择 Tools(工具)下的 Options(选项)选项。

(2) 在弹出的对话框中选择 Diagram(图)选项卡，选择或取消选择 Sequence numbering 选项，如图 7-5 所示。

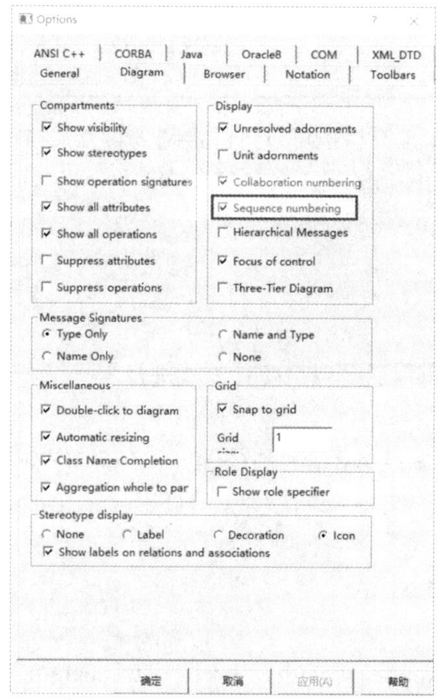

图 7-5　设置是否显示消息序号

7.2 使用 Rose 创建顺序图

前面学习了关于顺序图的各种概念，下面介绍如何通过 Rational Rose 2007 创建顺序图及顺序图中的各种模型元素，包括创建对象、生命线及消息。

7.2.1 创建对象

在顺序图的工具栏中，我们可以使用的工具按钮如表 7-2 所示，该表包含了所有 Rational Rose 2007 默认显示的 UML 模型元素。

表 7-2 顺序图的图形编辑工具栏按钮

图标	名称	用途
	Selection Tool	选择工具
ABC	Text Box	创建文本框
	Note	创建注释
	Anchor Note to Item	将注释连接到顺序图中的相关模型元素
	Object	顺序图中的对象
→	Object Message	两个对象之间的普通消息，消息在单个控制线程中运行
	Message to Self	对象的自身消息
--→	Return Message	返回消息
✕	Destruction Marker	销毁对象标记

同样，顺序图的图形编辑工具栏也可以进行定制，其方式与在类图中定制类图的图形编辑工具栏的方式一样。顺序图的图形编辑工具栏完全添加后，将增加过程调用(procedure call)和异步消息(asynchronous message)的图标。

1. 创建和删除顺序图

1) 创建顺序图

创建一个新的顺序图，可以通过以下两种方式进行。

方式一：

(1) 右击浏览器中的Use Case View(用例视图)、Logical View(逻辑视图)或位于这两种视图下的包。

(2) 在弹出的快捷菜单中，选中 New(新建)下的 Sequence Diagram(顺序图)选项。

(3) 输入新的序列名称。

(4) 双击打开浏览器中的顺序图。

方式二：

(1) 在菜单栏中，选择 Browse(浏览)下的 Interaction Diagram...(交互图)选项，或者在标准工具栏中选择图标，弹出如图 7-6 所示的对话框。

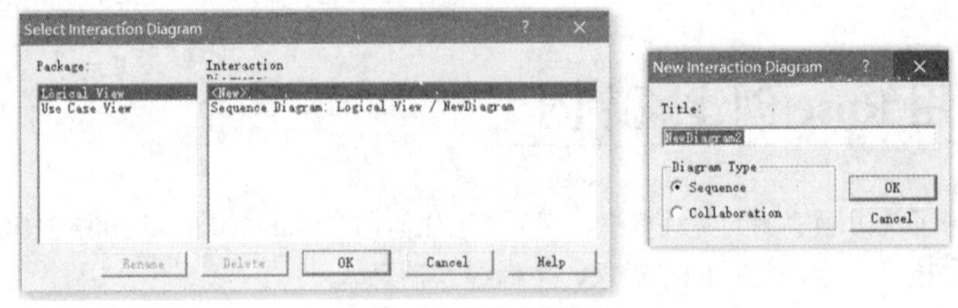

图 7-6 添加顺序图

(2) 在左侧的关于包的列表框中，选择要创建的顺序图的包的位置。

(3) 在右侧的 Interaction Diagram(交互图)列表框中，选择<New>(新建)选项。

(4) 单击OK 按钮，在弹出的对话框中输入新的交互图的名称，并选择 Diagram Type(图的类型)为 Sequence(顺序图)。

2) 删除顺序图

如果需要在模型中删除一个顺序图，则可以通过以下方式进行。

(1) 在浏览器中选中需要删除的顺序图，右击。

(2) 在弹出的快捷菜单中选择 Delete 选项。

2. 创建和删除顺序图中的对象

1) 通过工具栏添加对象

如果需要在类图中增加一个标准类，则可以通过工具栏、菜单栏或浏览器 3 种方式添加。

通过图形编辑工具栏添加对象的步骤如下。

(1) 在图形编辑工具栏中，选择图标，此时光标变为“＋”号。

(2) 在顺序图中单击，任意选择一个位置，系统在该位置创建一个新的对象，如图 7-7 所示。

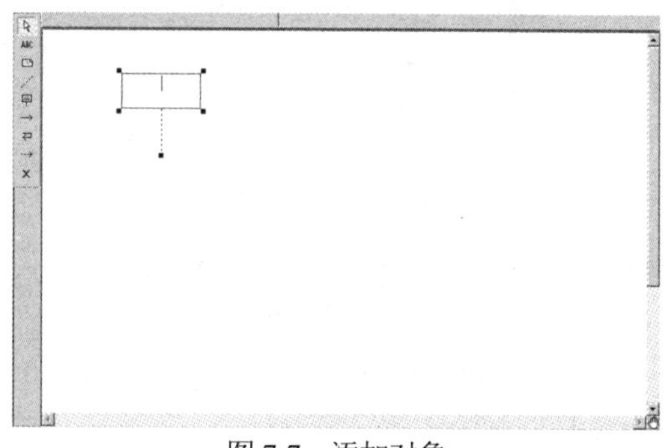

图 7-7　添加对象

(3) 在对象的名称栏中输入名称后，对象的名称会在对象上端的栏中显示。

2) 使用菜单栏添加对象

使用菜单栏添加对象的步骤如下。

(1) 在菜单栏中选择 Tools(浏览)下的 Create(创建)选项，在 Create(创建)选项中选择 Object(对象)，此时光标变为“＋”号。

(2) 其余步骤与使用工具栏添加对象的步骤类似，按照使用工具栏添加对象的步骤添加即可。

3) 使用浏览器添加对象

如果使用浏览器，则只需选择要添加对象的类，并将其拖动到编辑框中即可。

4) 删除顺序图中的对象

删除一个对象可以通过以下方式进行。

(1) 选中需要删除的对象，右击。

(2) 在弹出的快捷菜单中选择 Edit 选项下的 Delete from Model，或者按 Ctrl+Delete 快捷键。

3. 顺序图中对象规范的设置

对于顺序图中的对象，可以通过设置对象名、对象的类、对象的持续性及对象是否有多个实例等增加对象的细节。

打开对象规范窗口的步骤如下。

(1) 选中需要打开的对象，右击。

(2) 在弹出的快捷菜单中选择 Open Specification...(打开规范)选项，弹出如图 7-8 所示的对话框。

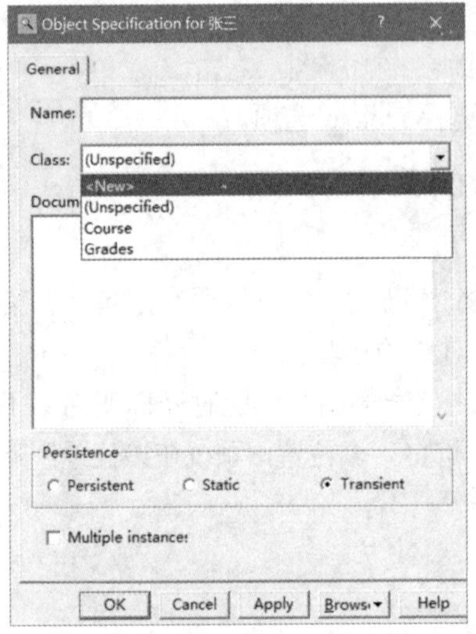

图 7-8　顺序图中对象的设置

在对象规范窗口的 Name(名称)文本框中，可以设置对象的名称，规则与创建对象图的规则相同，在整个图中，对象具有唯一的名称。在 Class(类)下拉列表中，可以选择新建一个类或选择一个现有的类。新建一个类与在类图中创建一个类相似。选择完一个类后，对象便与类进行映射，也就是说，此时的对象是该类的实例。

在 Persistence(持续性)选项组中可以设置对象的持续型，有 Persistent(持续)、Static(静态)和 Transient(临时)3 种选项。Persistent 表示对象能够保存到数据库或其他的持续存储器中，如硬盘、光盘或软盘中。Static 表示对象是静态的，保存在内存中，直到程序终止才会销毁，不会保存在外部持续存储器中。Transient 表示对象是临时的，只是短时间内保存在内存中。默认选项为 Transient。

如果对象实例是多对象实例，也可以通过选择 Multiple instances(多个实例)来设置。多对象实例在顺序图中没有明显的表示，但是将顺序图与协作图进行转换时，在协作图中会明显地表现出来。

7.2.2　创建生命线

在顺序图中，生命线是一条位于对象下端的垂直虚线，表示对象在一段时间内存在。创建对象后，生命线便存在。激活对象后，生命线的一部分虚线变成细长的矩形框。在 Rational Rose 2007 中，是否将虚线变成矩形框是可选的，我们可以通过菜单栏设置是否显示对象生命线被激活时的矩形框，步骤如下。

(1) 在菜单栏中选择 Tools(工具)下的 Options(选项)选项。

(2) 在弹出的对话框中选择 Diagram(图)选项卡，选择或取消选择 Focus of control 选项，如图 7-9 所示。

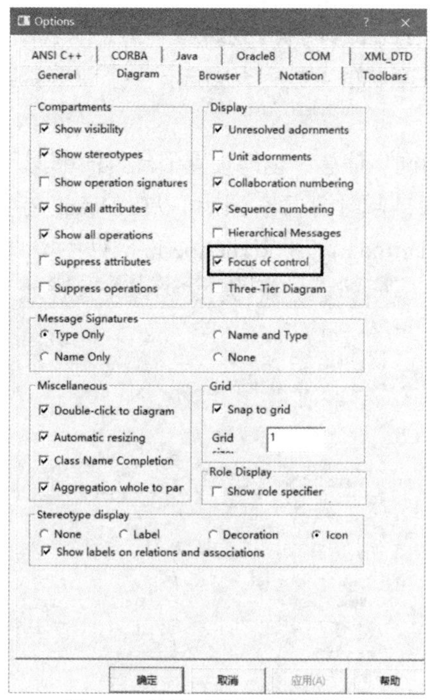

图 7-9　显示对象生命线的设置

7.2.3　创建消息

1) 添加消息

在顺序图中添加对象与对象之间的简单消息的步骤如下。

(1) 选择顺序图图形编辑工具栏中的→图标，或者选择菜单栏中的 Tools(工具) | Create (新建) | Object Message 选项，此时的光标变为“↑”符号。

(2) 单击需要发送消息的对象。

(3) 将消息的线段拖到接收消息的对象中，如图 7-10 所示。

(4) 在线段中输入消息的文本内容。

(5) 双击消息的线段，弹出设置消息规范的对话框，如图 7-11 所示。

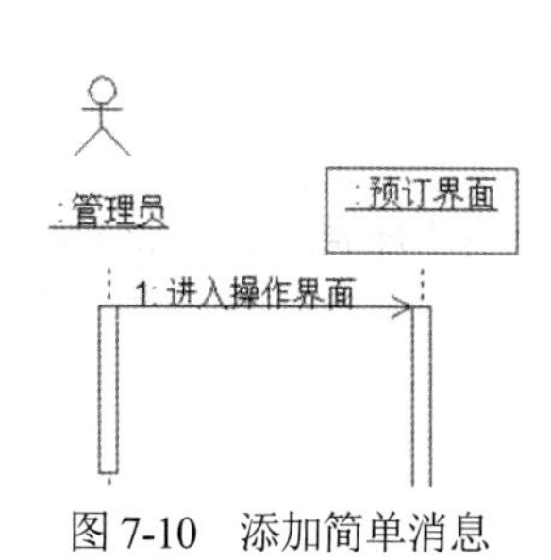

图 7-10　添加简单消息

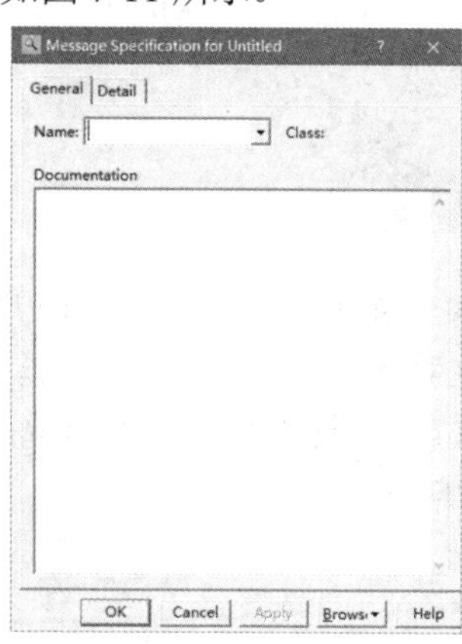

图 7-11　消息的常规设置

(6) 在弹出的对话框的General选项卡中可以设置消息的名称等。消息的名称也可以是消息接收对象的一个执行操作，在名称的下拉列表中选择一个或重新创建一个即可，我们称为消息的绑定操作。

(7) 如果需要设置消息的同步信息，也即设置消息为简单消息、同步消息、异步消息、返回消息、过程调用、阻止消息或超时消息等，则可以在Detail选项卡中进行设置；还可以设置消息的频率，主要包括定期(Periodic)和不定期(Aperiodic)两种，如图7-12所示。

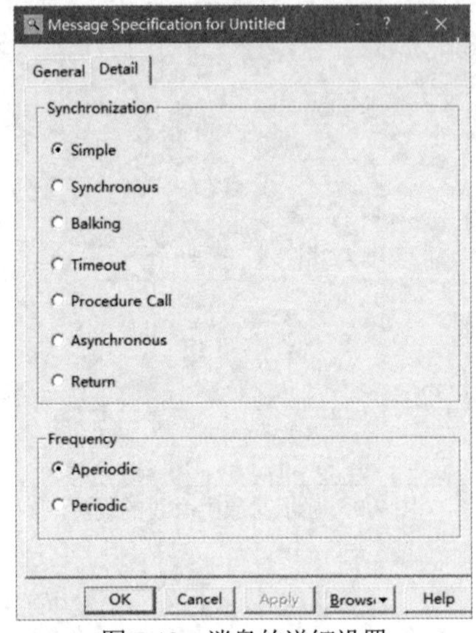

图7-12 消息的详细设置

2) 设置消息的显示

消息的显示有时是具有层次结构的，例如，在创建一个自身的消息时，通常都会有层次结构。在Rational Rose 2007中，我们可以设置是否在顺序图中显示消息的层次结构，如图7-13所示。

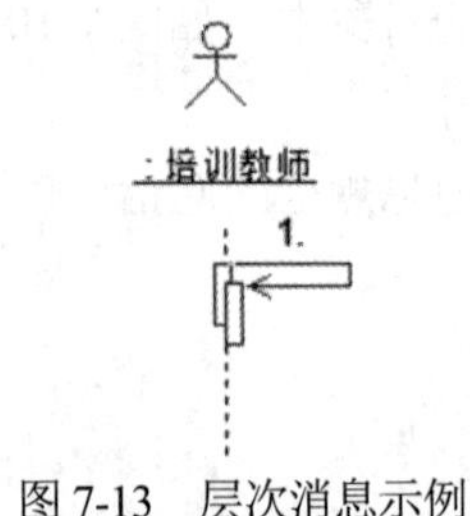

图7-13 层次消息示例

设置是否显示消息的层次结构的步骤如下。

(1) 在菜单栏中选择Tools(工具)下的Options(选项)选项。

(2) 在弹出的对话框中选择Diagram(图)选项卡，选择或取消选择Hierarchical Messages选项，如图7-14所示。

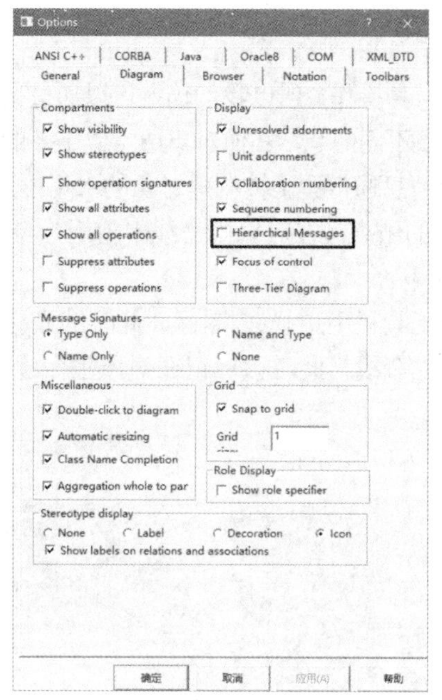

图 7-14　消息层次结构的设置

3) 添加脚本

在顺序图中，为了增强消息的表达内容，还可以增加一些脚本在消息中，例如，对消息“用户验证”，可以在脚本中添加消息以解释其含义：验证数据库中存在的且正确的用户编号和密码。添加完脚本后，如果移动消息的位置，则脚本会随消息一同移动，如图 7-15 所示。

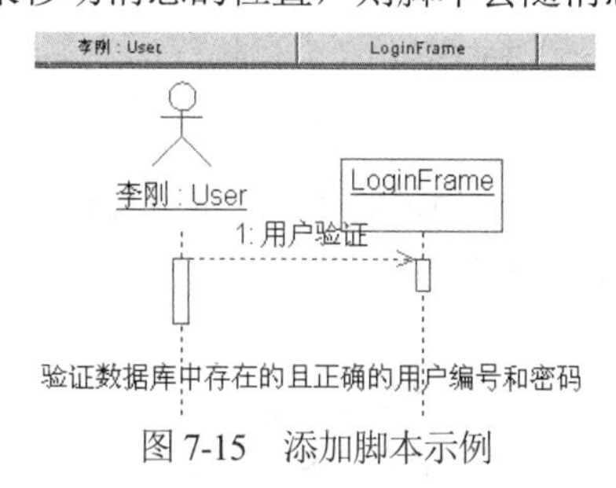

图 7-15　添加脚本示例

- 添加脚本到顺序图

添加脚本到顺序图的步骤如下。

(1) 选择顺序图图形编辑工具栏中的ABC图标，此时的光标变为“↑”符号。

(2) 在图形编辑区中，单击需要放置脚本的位置。

(3) 在文本框中输入脚本的内容。

(4) 选中文本框，按住 Shift 键后选择消息。

(5) 在菜单栏中选择 Edit(编辑)下的 Attach Script(绑定脚本)选项。

- 删除消息中的脚本

如果要将脚本从消息中删除，则可以通过以下步骤操作。

(1) 选中消息时，默认选中消息绑定的脚本。

(2) 在菜单栏中选择 Edit(编辑)下的 Detach Script(分离脚本)选项即可。

7.2.4 创建对象与销毁对象

由于创建对象也是消息的一种操作，所以我们仍然可以通过发送消息的方式创建对象。在顺序图的图形表示中，与其他对象不同的是，其他对象通常位于图的顶部，而被创建的对象通常位于图的中间部位。创建对象的消息通常位于被创建对象的水平位置，如图 7-16 所示。

销毁对象表示对象生命线的结束，在对象生命线中使用一个“×”来进行标识。给对象生命线中添加销毁标记的步骤如下。

(1) 在顺序图的图形编辑工具栏中选择 × 图标，此时的光标变为“＋”符号。

(2) 单击要销毁的对象的生命线，此时该标记在对象生命线中标识。该对象生命线自销毁标记以下的部分消失。

销毁一个对象的图示如图 7-17 所示，在该图中销毁了“对象 B”。

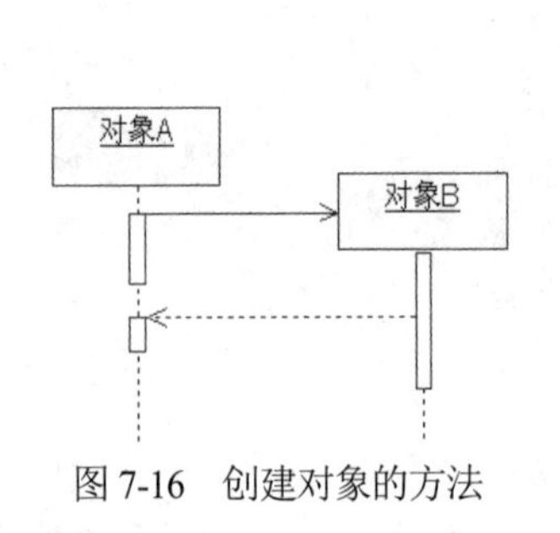

图 7-16 创建对象的方法

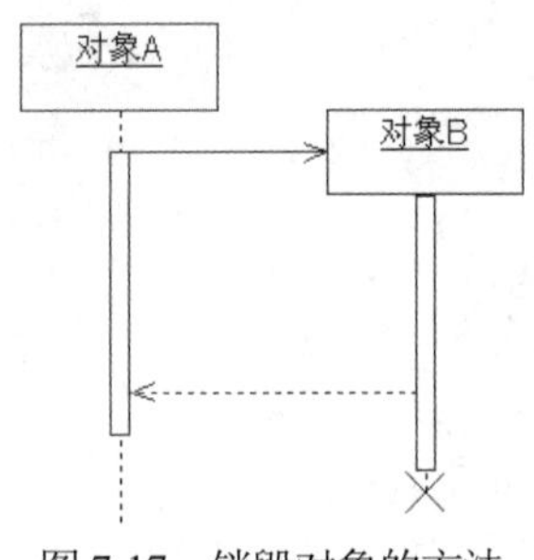

图 7-17 销毁对象的方法

7.3 协作图

UML 中的交互图有两种类型，一种是前面介绍的顺序图，另一种是现在要学习的协作图(collaboration diagram)，它们都是用来对系统的行为进行建模，但是协作图着重于对系统成分如何协同工作进行描述。这两种交互图从不同的角度表达系统中的各种交互情况和系统行为，可以相互转化。下面将对协作图的基本概念及其使用方法进行详细介绍。

协作图作为一种在给定语境中描述协作中各个对象之间组织交互关系的空间组织结构的图形化方式，在使用其建模时，可以通过描绘对象间消息的传递情况来反映具体的使用语境的逻辑表达，也可以显示对象及其交互关系的空间组织结构，还可以表现一个类操作的实现。

协作图和顺序图虽然都表示出了对象间的交互作用，但是它们的侧重点不同。顺序图注重表达交互作用中的时间顺序，但没有明确表示对象间的关系。而协作图却不同，它注重表示对象间的关系，时间顺序可以从对象流经的顺序编号中获得。顺序图常被用于表示方案，而协作图则被用于过程的详细设计。

7.3.1 协作图的基本概念

协作图包含一组对象和以消息交互为联系的关联，用于描述系统的行为是如何由系统的成分合作实现的。在协作图中，类元角色描述了一个对象，关联角色描述了协作关系中的链，并通过几何排列表现交互作用中的各个角色。

若要理解协作图，首先要了解什么是协作。协作，是指在一定语境中一组对象及用以实现某些行为的这些对象间的相互作用，它描述了一组对象为实现某种目的而组成相互合作的“对象社会”。在协作中同时包含了运行时的类元角色(classifier roles)和关联角色(association roles)。类元角色表示参与协作执行的对象的描述，系统中的对象可以参与一个或多个协作；关联角色表示参与协作执行的关联的描述。

协作图就是表现对象协作关系的图，它表示了协作中作为各种类元角色的对象所处的位置，在图中主要显示了类元角色和关联角色。类元角色和关联角色描述了对象的配置和当一个协作的实例执行时可能出现的连接。当协作被实例化时，对象受限于类元角色，连接受限于关联角色。

现在从结构和行为两个方面分析协作图。从结构方面来讲，协作图与对象图一样，包含了一个角色集合和它们之间定义行为方面内容的关系，从该角度来说，协作图也是类图的一种，但是协作图与类图这种静态视图不同的是，类图描述了类固有的内在属性，而协作图则描述了类实例的特性，因为只有对象的实例才能在协作中扮演自己的角色，它在协作中起特殊的作用。从行为方面来讲，协作图与顺序图一样，包含了一系列的消息集合，这些消息在具有某一角色的各对象间进行传递交换，完成协作中的对象则为达到的目标。可以说在协作图的一个协作中描述了该协作所有对象组成的网络结构及相互发送消息的整体行为，表示潜藏于计算过程中数据结构、控制流和数据流 3 个主要结构的统一。

在一张协作图中，只有涉及协作的对象才会被表示出来，即协作图只对相互间具有交互作用的对象和对象间的关联建模，而忽略了其他对象和关联。根据这些，可以将协作图中的对象标识成存在于整个交互作用中的对象、在交互作用中创建的对象、在交互作用中销毁的对象、在交互作用中创建并销毁的对象 4 个组。在设计时若要区别这些对象，首先要表示操作开始时可得到的对象和连接，然后决定如何控制流程图中正确的对象以实现操作。

在 UML 的表示中，协作图将类元角色表示为类的符号(矩形)，将关联角色表示为实线的关联路径，关联路径上带有消息符号。通常，不带有消息的协作图标明了交互作用发生的上下文，而不表示交互，它可以用来表示单一操作的上下文，甚至可以表示一个或一组类中所有操作的上下文。如果关联线上标有消息，则图形就可以表示一个交互。典型地，一个交互用来代表一个操作或用例的实现。

如图 7-18 所示，显示的是统计分析员查看药品信息报表的协作图。在该图中，涉及 3 个对象之间的交互，分别是统计分析员、查询药品信息界面和药品，消息的编号显示了对象交互的步骤。

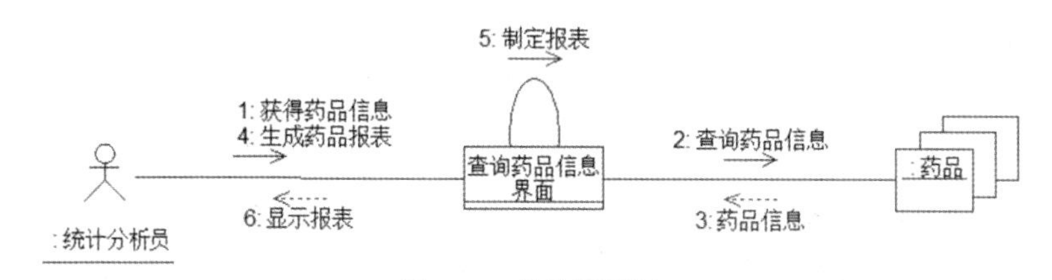

图 7-18 协作图示例

7.3.2 协作图的组成

协作图由对象、消息和链 3个元素构成，其通过各个对象之间的组织交互关系及对象彼此之间的连接来表达对象之间的交互。

1. 对象

协作图中的对象和顺序图中的对象的概念相同，同样都是类的实例。我们在前面已经介绍过，一个协作代表为了完成某个目标而共同工作的一组对象。对象的角色表示一个或一组对象在完成目标过程中所起的作用。对象是角色所属类的直接或间接实例。在协作图中，不需要关于某个类的所有对象都出现，同一个类的对象在一个协作图中也可能要充当多个角色。

协作图中对象的表示方式与顺序图中对象的表示方式一样，使用包围名称的矩形框来标记，所显示的对象及其类的名称带有下画线，两者用冒号隔开，使用“对象名:类名”的形式，与顺序图不同的是，对象的下部没有一条被称为“生命线”的垂直虚线，并且对象存在多对象的形式，如图 7-19 所示。

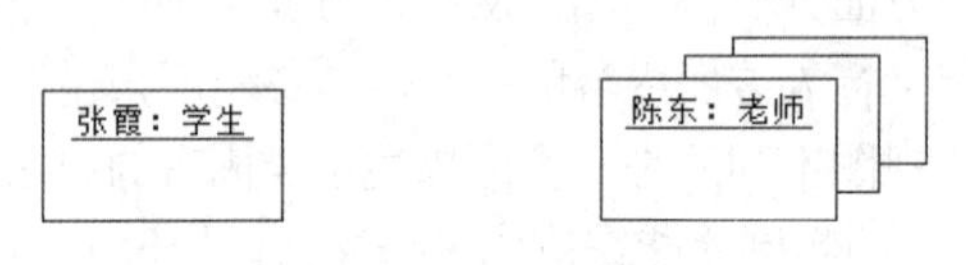

图 7-19　协作图对象示例

2. 消息

在协作图中，可以通过一系列的消息来描述系统的动态行为。与顺序图中的消息概念相同，都是从一个对象(发送者)向另一个或几个其他对象(接收者)发送信号，或者由一个对象(发送者或调用者)调用另一个对象(接收者)的操作，并且都由发送者、接收者和活动三部分组成。

与顺序图中的消息不同的是，在协作图中消息的表示方式使用带有标签的箭头表示，它附在连接发送者和接收者的链上，箭头指向接收者。消息也可以通过发送给对象本身的方式，依附在连接自身的链上。在一个连接上可以有多个消息，它们沿相同或不同的路径传递。每个消息包括一个顺序号及消息的名称。消息标签中的顺序号标识了消息的相关顺序，同一个线程内的所有消息按照顺序排列，除非有一个明显的顺序依赖关系，否则不同线程内的消息是并行的。消息的名称可以是一个方法，包含一个名字、参数表和可选的返回值表。消息的各种实现的细节也可以被加入，如同步与异步等。

协作图中的消息如图 7-20 所示，显示了“培训学员”和“下载页”之间的消息通信。

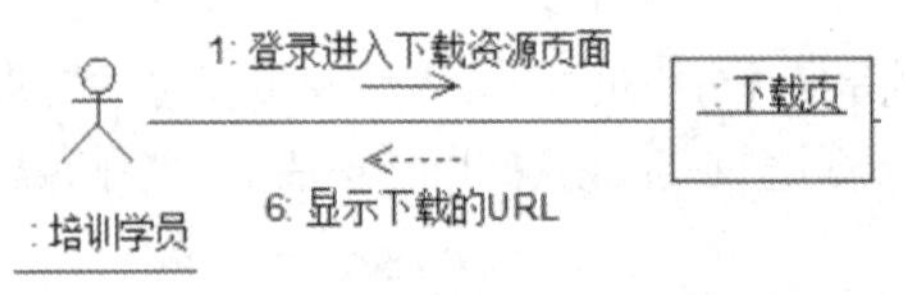

图 7-20　协作图中的消息示例

3. 链

协作图中的链与对象图中的链的概念和表示形式都相同，都是两个或多个对象之间的独立连接，是对象引用的元组(有序表)，也是关联的实例。在协作图中，关联角色是与具体语境有关的暂时的类元之间的关系，关联角色的实例也是链，其寿命受限于协作的长短，就如同顺序图中对象的生命线一样。

在协作图中，链的表示形式为一个或多个相连的线或弧。在自身相关联的类中，链是两端指向同一对象的回路，是一条弧。为了说明对象是如何与另外一个对象进行连接的，我们还可以在链的两端添加上提供者和客户端的可见性修饰。图 7-21 所示是链的普通和自身关联的表示形式。

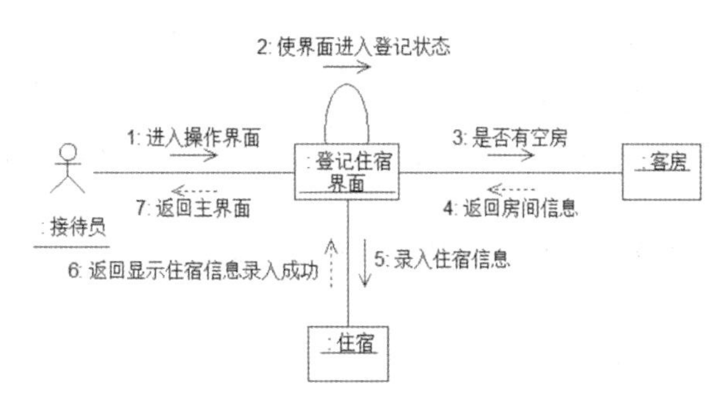

图 7-21　协作图中链的示例

7.4 使用 Rose 创建协作图

了解了协作图中的各种基本概念后，就可以开始学习如何使用 Rational Rose 2007 创建协作图及协作图中的各种模型元素。

7.4.1　创建对象

在协作图的图形编辑工具栏中，我们可以使用的工具按钮图标如表 7-3 所示，在该表中包含了所有 Rational Rose 2007 默认显示的 UML 模型元素。

表 7-3　协作图图形编辑工具栏中的工具按钮图标

工具按钮图标	名称	用途
	Selection Tool	选择工具
ABC	Text Box	创建文本框
	Note	创建注释
	Anchor Note to Item	将注释连接到协作图中的相关模型元素
	Object	协作图中的对象
	Class Instance	类的实例
	Object Link	对象之间的连接
	Link to Self	对象自身连接
	Link Message	连接消息
	Reverse Link Message	相反方向的连接消息
	Data Token	数据流
	Reverse Data Token	相反方向的数据流

1. 创建和删除协作图

1) 创建协助图

创建协作图，可以通过以下两种方式进行。

方式一：

(1) 右击浏览器中的Use Case View(用例视图)、Logical View(逻辑视图)或位于这两种视图下的包。

(2) 在弹出的快捷菜单中，选中New(新建)下的Collaboration Diagram(协作图)选项。

(3) 输入协作图的名称。

(4) 双击打开浏览器中的协作图。

方式二：

(1) 在菜单栏中，选择Browse(浏览)下的Interaction Diagram...(交互图)选项，或者在标准工具栏中选择图标，弹出如图7-22所示的对话框。

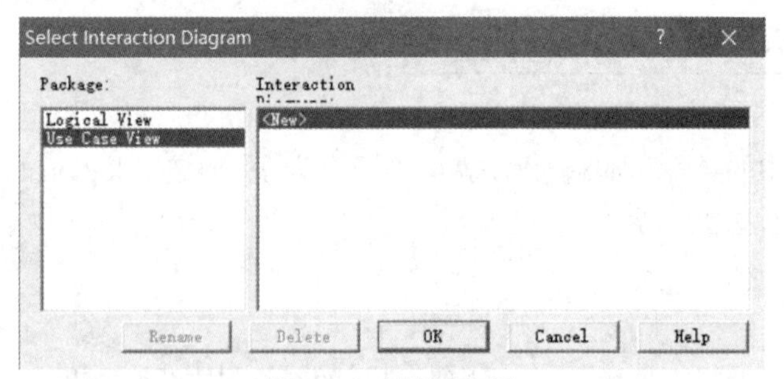

图7-22　创建协作图

(2) 在左侧的关于包的列表框中，选择要创建的协作图的包的位置。

(3) 在右侧的Interaction Diagram(交互图)列表框中，选择<New>(新建)选项。

(4) 单击OK按钮，在弹出的对话框中输入新的交互图的名称，并选择Diagram Type(图的类型)为协作图。

2) 删除协作图

如果需要在模型中删除一个协作图，则可以通过以下两种方式完成。

方式一：

(1) 在浏览器中选中需要删除的协作图，右击。

(2) 在弹出的快捷菜单中选择Delete选项。

方式二：

(1) 在菜单栏中，选择Browse(浏览)下的Interaction Diagram...(交互图)选项，或者在标准工具栏中选择图标，弹出如图7-22所示的对话框。

(2) 在左侧的关于包的列表框中，选择要删除的协作图的包的位置。

(3) 在右侧的Interaction Diagram(交互图)列表框中，选中该协作图。

(4) 单击Delete按钮，在弹出的对话框中确认。

2. 创建和删除协作图中的对象

如果需要在协作图中增加一个对象，则可以通过工具栏、浏览器和菜单栏3种方式进行添加。

1) 通过工具栏添加对象

通过图形编辑工具栏添加对象的步骤如下。

(1) 在图形编辑工具栏中，选择▣图标，此时光标变为“+”号。

(2) 在协作图中单击，任意选择一个位置，系统便在该位置创建一个新的对象，如图 7-23 所示。

(3) 在对象的名称栏中输入对象的名称后，对象的名称会在对象上端的栏中显示。

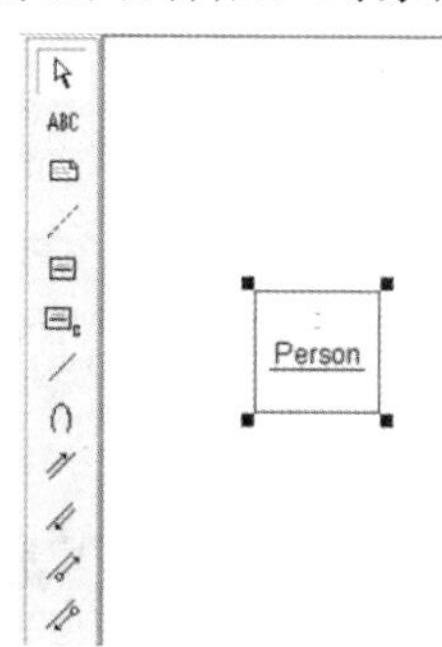

图 7-23　在协作图中添加对象

2) 使用菜单栏添加对象

使用菜单栏添加对象的步骤如下。

(1) 在菜单栏中，选择 Tools(浏览)下的 Create(创建)选项，在 Create(创建)选项中选择 Object(对象)，此时光标变为“+”号。

(2) 其余的步骤与使用工具栏添加对象的步骤类似，按照使用工具栏添加对象的步骤添加即可。

3) 设置显示对象全部或部分属性信息

在 Rational Rose 2007 的协作图中，还可以通过设置显示对象全部或部分属性信息，步骤如下。

(1) 选中需要显示其属性的对象。

(2) 右击该对象，在弹出的快捷菜单中选择 Edit Compartment 选项，弹出如图 7-24 所示的对话框。

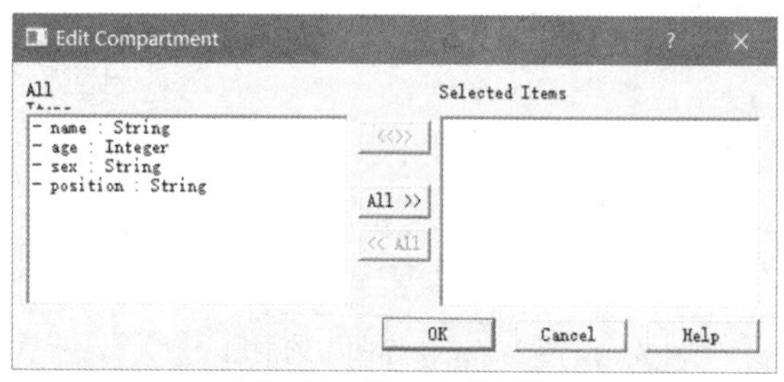

图 7-24　添加对象属性

(3) 在对话框的左侧选择需要显示的属性并添加到右边的栏中。

(4) 单击 OK 按钮，显示了一个带有自身属性的对象，如图 7-25 所示。

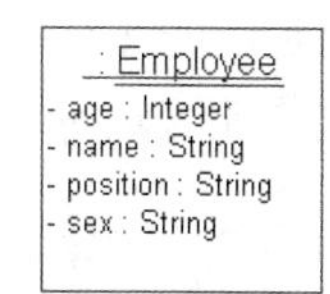

图 7-25　显示属性的对象

3. 对象图和协作图之间的切换

在 Rational Rose 2007 中，我们可以很轻松地从顺序图中创建协作图或从协作图中创建顺序图。一旦拥有顺序图或协作图，就很容易在两种图之间进行切换。

1) 从顺序图中创建协作图

从顺序图中创建协作图的步骤如下。

(1) 在浏览器中选中该顺序图，双击打开。

(2) 选择菜单栏中 Browse(浏览)下的 Create Collaboration Diagram(创建协作图)选项，或者按 F5 键。

(3) 在浏览器中创建一个与顺序图同名的协作图，双击打开即可。

2) 从协作图中创建顺序图

从协作图中创建顺序图的步骤如下。

(1) 在浏览器中选中该协作图，双击打开。

(2) 选择菜单栏中 Browse(浏览)下的 Create Sequence Diagram(创建顺序图)选项，或者按 F5 键。

(3) 在浏览器中创建一个与协作图同名的顺序图，双击打开即可。

如果需要在创建好的协作图和顺序图之间进行切换，则可以选择菜单栏中 Browse(浏览)下的 Go to Sequence Diagram(转向顺序图)或 Go to Collaboration Diagram(转向协作图)选项进行切换，也可以按 F5 键进行切换。

7.4.2 创建消息

在协作图中添加对象与对象之间简单消息的步骤如下。

(1) 选择协作图图形编辑工具栏中的图标，或者选择菜单栏中 Tools(工具) | Create(新建) | Message 选项，此时的光标变为“＋”符号。

(2) 单击连接对象之间的链。

(3) 此时在链上出现一个从发送者到接收者的带箭头线段。

(4) 在消息线段上输入消息的文本内容，如图 7-26 所示。

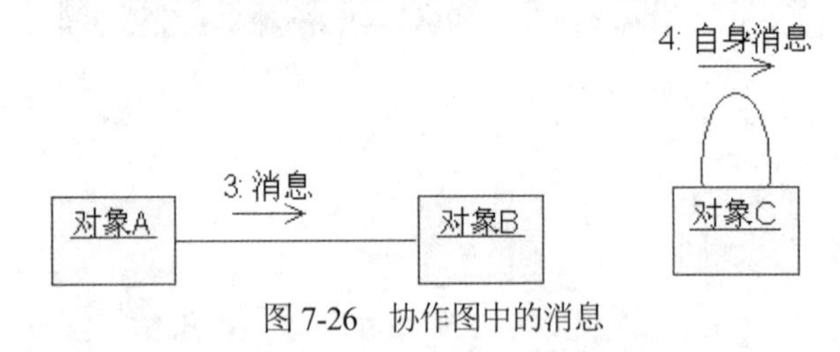

图 7-26 协作图中的消息

7.4.3 创建链

在协作图中创建链的操作与在对象图中创建链的操作相同，可以按照在对象图中创建链的方式进行创建，同样也可以在链的设置对话框的 General 选项卡中设置链的名称、关联、角色及可见性等。链的可见性是指一个对象是否能够对另一个对象可见的机制。链的可见性类型及用途如表 7-4 所示。

表 7-4　链的可见性类型及用途

可见性类型	用途
Unspecified	默认设置，对象的可见性没有被设置
Field	提供者是客户的一部分
Parameter	提供者是客户一个或一些操作的参数
Local	提供者对客户来讲是一个本地声明对象
Global	提供者对客户来讲是一个全局对象

对于使用自身链连接的对象，则没有提供者和客户，因为它本身既是提供者又是客户，我们只需要选择一种可见性即可，如图 7-27 所示。

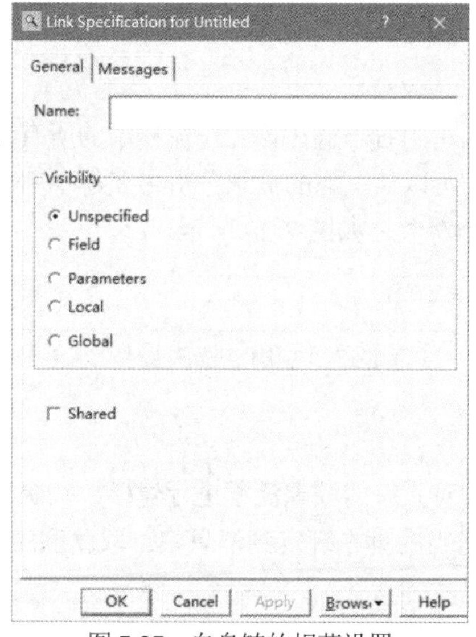

图 7-27　自身链的规范设置

7.5 案例分析

下面将以 ATM 系统的一个用例“取款”为例，介绍如何创建系统的顺序图与协作图。

7.5.1 需求分析

ATM 系统“取款”需求分析如下。

(1) “ATM 客户端”向“取款交易管理器”(其中包含了确定是否允许取款的业务逻辑)发送“取款请求”。传入的取款交易包括“交易号”“交易类型”“卡号”“PIN 码”“账户号”及取款“金额”。

(2) “取款交易管理器”向“借记卡”发送一个“检查每日取款上限”消息(包含“卡号”和取款“金额”信息)。“借记卡”检查该卡号是否已经达到每日取款上限。“借记卡”允许取款的条件为：当日已取款总额＋本次取款金额≤每日取款上限。

(3) “借记卡”向“取款交易管理器”响应一个表示接受或拒绝的“每日上限响应”。

(4) 如果接受了请求，“取款交易管理器”向“账户对象”发送一条消息，该消息可以在客户账户余额足够的情况下取出相应的金额。“账户”对象允许取款的条件为：账户余额-请求取款金额≥0。如果金额足够，“账户”对象就从“余额”中减去“请求取款金额”。

(5) “账户”对象向“取款交易管理器”返回“允许取款”消息(包括取款“金额”和“余额”信息)或“拒绝取款”消息。

(6) 如果从账户中成功取款，“取款交易管理器”则向“借记卡”发送一个“更新每日取款总额”的消息(包含“卡号”和“金额”信息)，由此可把请求的取款金额加入当日取款总额。

(7) “取款交易管理器”将“交易日志”记入本次交易信息。

(8) “取款交易管理器”向“ATM 客户端”返回“允许取款”消息(包括取款“金额”和“余额”信息)或“拒绝取款”消息。

7.5.2 确定顺序图对象

建模顺序图的下一步是从左到右布置在该工作流程中的所有参与者和对象，同时也包含要添加消息的对象生命线。我们可以从上面的需求分析中获得 ATM 客户端、取款交易管理器、借记卡、账户、交易日志 5 个对象，如图 7-28 所示。

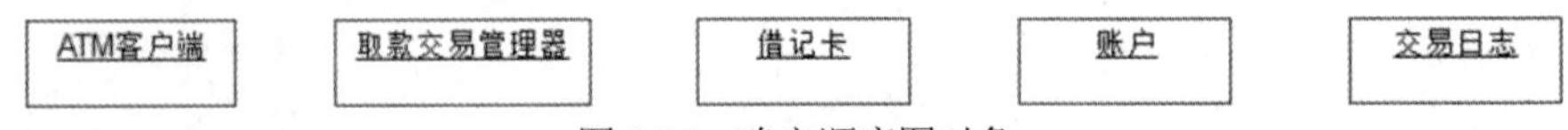

图 7-28　确定顺序图对象

7.5.3 创建顺序图

确定顺序图对象后，我们对系统的取款流程进行建模，按照消息的过程，一步一步地将消息绘制在顺序图中，并添加适当的脚本绑定到消息中。取款顺序图如图 7-29 所示。

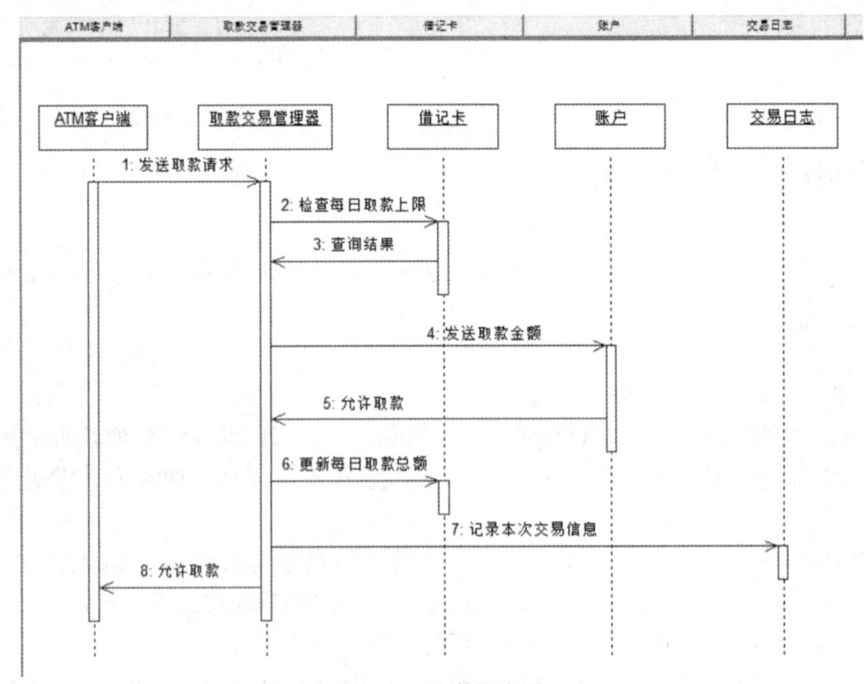

图 7-29　取款顺序图

7.5.4　创建协作图

协作图是为某个工作流程进行建模，并使用链和消息将工作流程涉及的对象连接起来。从系统中的某个角色开始，在各个对象之间按通过消息的序号依次将消息画出，如果需要约束条件，则可以在合适的地方附上条件。

创建协作图的步骤如下。

(1) 根据系统的用例，确定协作图中应当包含的元素，从已经描述的用例中可以确定是 ATM 客户端、取款交易管理器、借记卡、账户、交易日志 5 个元素。

(2) 确定对象之间的连接关系，使用链和角色将对象连接起来。在该步中，我们基本上可以建立早期的协作图，表达出协作图中的元素如何在空间进行交互。图 7-30 显示了该用例中各元素之间的基本交互。

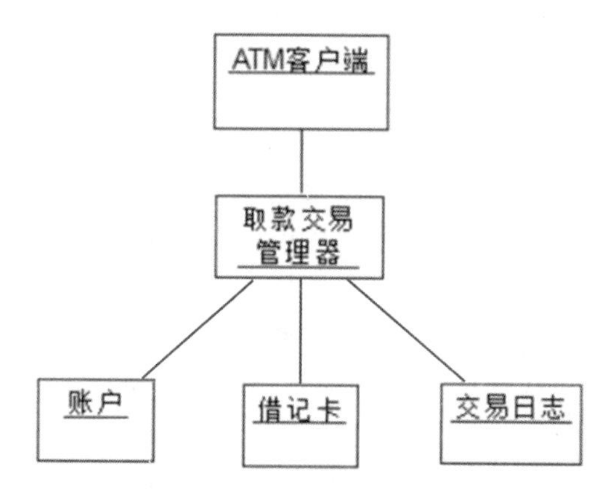

图 7-30　在协作图中添加交互

(3) 将早期的协作图进行细化。细化的过程可以根据一个交互流程，在实例层创建协作图，即把类角色修改为对象实例，在链上添加消息并指定消息的序列，然后指定对象、链和消息的规范，如图 7-31 所示。

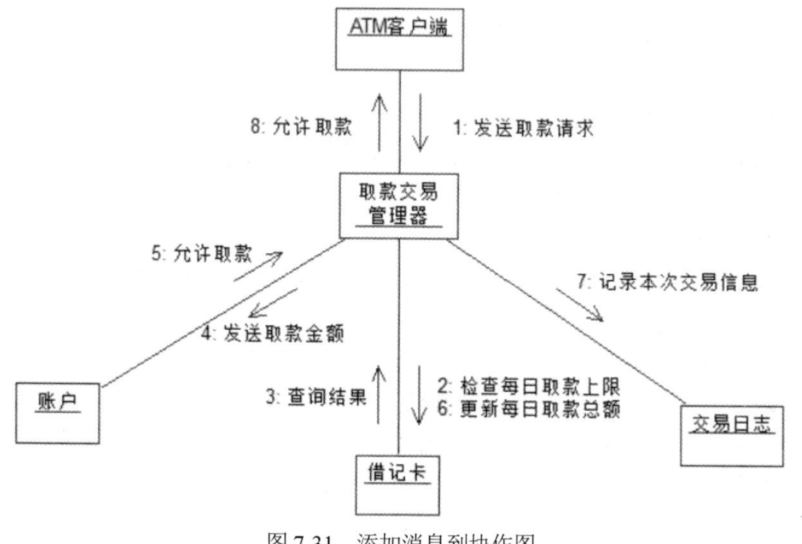

图 7-31　添加消息到协作图

【本章小结】

本章详细介绍了UML动态结构模型中的顺序图与协作图，从它们的基本概念、组成到如何使用Rational Rose建模工具来创建顺序图与协作图，最后还展示了简单顺序图实例和协作图实例。顺序图和协作图都是交互图，它们既等价，又有所区别。顺序图表示了时间消息序列，但没有表示静态对象关系，其可以有效地帮助我们观察系统的顺序行为。而协作图用于表示一个协同中对象之间的关系和消息，以及描述一个操作或分类符的实现。在对系统进行行为建模时，通常是用顺序图按时间顺序对控制流建模，用协作图按对象组织对控制流建模。

习题 7

1. 填空题

(1) 在协作图中同时包含了运行时的______和______。

(2) 交互图是对在一次交互过程中的______和______的链建模，显示了对象之间______以执行特定用例或用例中特定部分的行为。

(3) ______是对象操作的执行，它表示一个对象直接或通过从属操作完成操作的过程。

(4) 在顺序图中，激活使用一个细长的______表示，它的顶端与______对齐，而底端与______对齐。

(5) 顺序图中对象的表示形式使用包含名称的______来标记，所显示的对象及其类的名称带有______，两者用冒号隔开。

2. 选择题

(1) 顺序图的构成对象有(　　)。

A. 对象　　B. 生命线　　C. 激活　　D. 消息

(2) UML中有4种交互图，其中强调控制流时间顺序的是(　　)。

A. 顺序图　　B. 通信图　　C. 定时图　　D. 交互概述图

(3) 下列关于协作图的描述中，说法不正确的是(　　)。

A. 协作图作为一种交互图，强调的是参加交互的对象的组织

B. 协作图是顺序图的一种特例

C. 协作图中有消息流的顺序号

D. 在Rose工具中，协作图可在顺序图的基础上按F5键自动生成

(4) 在顺序图中，返回消息的符号是(　　)。

A. 直线箭头　　B. 虚线箭头　　C. 直线　　D. 虚线

(5) 在UML中，对象行为是通过交互来实现的，是对象间为完成某一目的而进行的一系列消息交换。消息序列可用两种类来表示，分别是(　　)。

A. 状态图和顺序图　　B. 活动图和协作图

C. 状态图和活动图　　D. 顺序图和协作图

3. 简答题

(1) 请简述顺序图的用途。

(2) 简述在项目开发中使用顺序图的原因及其作用。

(3) 请简述协作图中消息的种类及分别使用的场合。

(4) 请说明顺序图和协作图的异同。

4. 上机题

1) 顺序图

(1) 以“学生管理系统”为例，在该系统中，系统管理员在添加学生信息界面添加新入学学生的信息，根据系统管理员添加学生信息用例，创建相关顺序图。

(2) 在“学生管理系统”中，如果单独抽象出一个数据访问类来进行数据访问，那么，根据系统管理员添加学生信息用例，重新创建相关顺序图。

(3) 在“学生管理系统”中，系统管理员在修改学生信息界面修改某个学生的个人信息，根据系统管理员修改学生信息的用例，创建相关顺序图。

2) 协作图

(1) 在“学生管理系统”中，系统管理员需要登录系统才能进行系统维护工作，如添加学生信息、删除学生信息等。根据系统管理员添加学生信息用例，创建相关协作图。

(2) 在“学生管理系统”中，单独抽象出一个数据访问类来进行数据访问。要求：根据系统管理员添加学生信息用例，重新创建相关协作图，并与上一小题中的顺序图进行对比，指出不同点。

꧁ 第8章 ꧂

状 态 图

状态图(statechart diagram)是系统分析中一种常用的建模元素，它通过建立类对象的生存周期模型来描述对象随时间变化的动态行为。在面向对象技术中状态图又被称为状态迁移图，它是有限状态机的图形表示，用于描述对象类的一个对象在其生存期间的行为。系统分析员在对系统建模时，最先考虑的不是基于活动之间的控制流，而是基于状态之间的控制流，因为系统中对象的变化最易发现和理解。本章先给出状态图的基本概念与表示法，然后讲解在实际中的应用。

8.1 状态图的基本概念

在日常生活中，事物状态的变化是无时不在的，例如，我们使用的聊天软件，当没登录账号时，属于离线状态；当登录账号后，处于在线状态；当工作时，处于忙碌状态；当退出账号后，又处于离线状态。使用状态图就可以描述账号整个状态的变化过程。

8.1.1 如何理解状态图

1. 状态机

状态机是展示状态与状态转换的图。状态机是一种记录下给定时刻状态的设备，它可以根据各种不同的输入对每个给定的变化改变其状态或引发一个动作。在计算机科学中，状态机的使用非常普遍：在编译技术中心通常用有限状态机描述词法分析过程；在操作系统的进程调度中，通常用状态机描述进程的各个状态之间的关系转化。

通常一个状态机依附于一个类，并且描述一个类的对象。一般来说，对象在其生命周期内是不可能完全孤立的，它必然会接收消息来改变自身，或者发送消息来影响其他对象。而状态机就是用于说明对象在其生命周期中响应事件所经历的状态序列及其对这些事件的响应。在状态机的语境中，一个事件就是一次激发的产生，每个激发都可以触发一个状态转换。

状态机由状态、转换、事件、活动和动作五部分组成。

- 状态：指的是对象在其生命周期中的一种状况，处于某个特定状态中的对象必然会满足某些条件、执行某些动作或是等待某些事件。一个状态的生命周期是一个有限的时间阶段。

- 转换：指的是两个不同状态之间的一种关系，表明对象将在第一个状态中执行一定的动作，并且在满足某个特定条件下由某个事件触发进入第二个状态。
- 事件：指的是发生在时间和空间上的对状态机来讲有意义的事情。事件通常会引起状态的变迁，促使状态机从一种状态切换到另一种状态，如信号、对象额度创建和销毁等。
- 活动：指的是状态机中进行的非原子操作。
- 动作：指的是状态机中可以执行的原子操作。原子操作，指的是它们在运行过程中不能被其他消息中断，必须一直执行下去，最终导致状态的变更或返回一个值。

在UML中，状态机常用于对模型元素的动态行为进行建模，更具体地说，就是对系统行为中受事件驱动的方面进行建模。不过状态机总是一个对象、协作或用例的局部视图。由于它考虑问题时将实体与外部世界相互分离，所以适用于对局部、细节进行建模。

2. 状态图

一个状态图表示一个状态机，主要用于表现从一个状态到另一个状态的控制流；或者是状态机的特殊情况，它基本上是一个状态机中元素的一个投影，这也就意味着状态图包括状态机的所有特征。状态图描述了一个实体基于事件反应的动态行为，显示了该实体是如何根据当前所处的状态对不同的事件做出反应的。

在UML中，状态图由表示状态的节点和表示状态之间转换的带箭头的直线组成。状态的转换由事件触发，状态和状态之间由转换箭头连接。每个状态图都有一个初始状态(实心圆)，用来表示状态机的开始，还有一个终止状态(半实心圆)，用来表示状态机的终止。状态图主要由元素状态、转换、初始状态、终止状态和判定等组成。一个简单的状态图如图 8-1 所示。

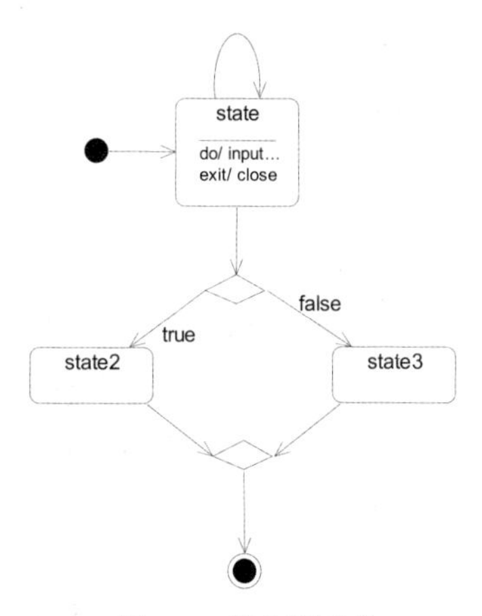

图 8-1　状态图示意

1) 元素状态

元素状态用于对实体在其生命周期中的各种状况进行建模，一个实体总是在有限的一段时间内保持一个状态。元素状态由一个带圆角的矩形表示，状态的描述包括名称、入口和出口动作、内部转换和嵌套状态。如图 8-2 所示为一个简单的元素状态。

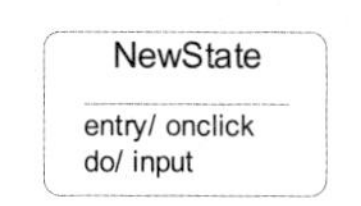

图 8-2　简单的元素状态

- 名称：指的是状态的名字，通常用字符串表示，其中每个单词的首字母大写。状态名可以包含任意数量的字母、数字和除冒号的一些符号，可以较长，甚至连续几行。但要注意的是，一个状态的名称在状态图所在的上下文中应该是唯一的，能够把该状态和其他状态区分开。
- 入口和出口动作：一个状态可以具有或没有入口和出口动作。入口和出口动作分别指的是进入和退出一个状态时所执行的“边界”动作。
- 内部转换：指的是不导致状态改变的转换。内部转换中可以包含进入或退出该状态应该执行的活动或动作。
- 嵌套状态：分为简单状态(simple state)和组成状态(composite state)。简单状态是指在语义上不可分解的、对象保持一定属性值的状态，其不包含其他状态；而组成状态是指内部嵌套有子状态的状态，在组成状态的嵌套状态图部分包含的就是此状态的子状态。

2) 转换

在UML的状态建模机制中，转换用带箭头的直线表示，一端连接源状态，箭头指向目标状态。转换还可以标注与此转换相关的选项，如事件、监护条件和动作等，如图 8-3 所示。需要注意的是，如果转换上没有标注触发转换的事件，则表示此转换自动进行。

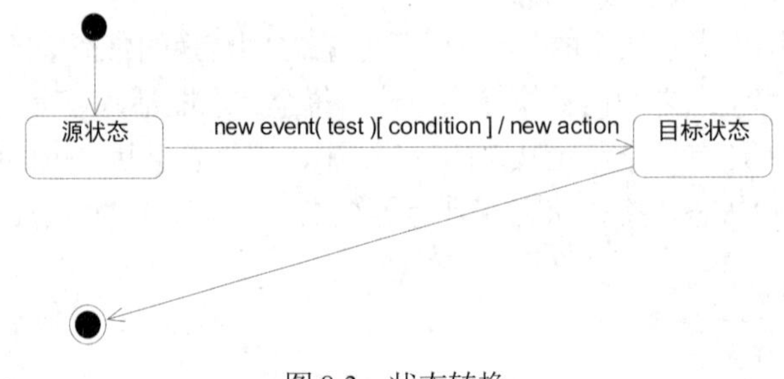

图 8-3　状态转换

在状态转换中需要注意的 5 个概念如下。

- 源状态(source state)：指的是激活转换之前对象处于的状态。如果一个状态处于源状态，则当它接收到转换的触发事件或满足监护条件时，就激活了一个离开的转换。
- 目标状态(target state)：指的是转换完成后对象所处的状态。
- 事件触发器(event trigger)：指的是引起源状态转换的事件。事件不是持续发生的，它只发生在时间的一点上，对象接收到事件，导致源状态发生变化，激活转换并使监护条件得到满足。
- 监护条件(guard condition)：是一个布尔表达式。当接收到触发事件要触发转换时，要对该表达式求值。如果表达式值为真，则激活转换；如果表达式值为假，则不激活转换，所接收到的触发事件丢失。
- 动作(action)：是一个可执行的原子计算。

3) 初始状态

每个状态图都应该有一个初始状态，它代表状态图的起始位置。初始状态是一个伪状态(一个与普通状态有连接的假状态)，对象不可能保持在初始状态，必须要有一个输出的无触发转换(没有事件触发器的转换)。通常初始状态上的转换是无监护条件的，并且初始状态只能作为转换的源，而不能作为转换的目标。在UML中，一个状态图只能有一个初始状态，用一个实心的圆表示，如图 8-4 所示。

图 8-4　初始状态

4) 终止状态

终止状态是一个状态图的终点，一个状态图可以拥有一个或多个终止状态。对象可以保持在终止状态，但是终止状态不可能有任何形式的触发转换，它的目的就是激发封装状态上的转换过程的结束，因此，终止状态只能作为转换的目标而不能作为转换的源。在 UML 中，终止状态用一个含有实心圆的空心圆表示，如图 8-5 所示。

图 8-5　终止状态

5) 判定

活动图和状态图中都有需要根据给定条件进行判断，然后根据不同的判断结果进行不同转换的情况，实际就是工作流在此处按监护条件的取值发生分支。在 UML 中，判定用空心菱形表示，如图 8-6 所示。

图 8-6　判定

8.1.2　状态图的作用

状态图用于对系统的动态方面建模，适合描述跨越多个用例的对象在其生命周期中的各种状态及其状态之间的转换，这些对象可以是类、接口、组件或节点。状态图常用于对反应型对象建模，反应型对象在接收到一个事件之前通常处于空闲状态，当该对象对当前事件做出反应后又会处于空闲状态，等待下一个事件。

如果系统中的事件数量很少并且事件的合法顺序很简单，那么状态图的用处可能就不那么明显了。但是对于一个具有许多事件和复杂事件序列的系统，如果没有一个好的状态图，就很难保证程序是无错误的。

状态图的作用主要体现在以下几个方面。

- 状态图清晰地描述了状态之间的转换顺序，通过状态的转换顺序可以清晰地看出事件的执行顺序。如果没有状态图，我们就不可避免地要使用大量的文字来描述外部事件的合法顺序。
- 清晰的事件顺序有利于程序员在开发程序时避免出现事件顺序错误的情况。
- 状态图清晰地描述了状态转换时所必需的触发事件、监护条件和动作等影响转换的因素，有利于程序员避免程序中非法事件的进入。
- 状态图通过判定可以更好地描述工作流因为不同的条件发生的分支。

总之，一个简单完整的状态图可以帮助设计者不遗漏任何事情，最大限度地避免程序中错误的发生。

8.2 状态

状态是状态图的重要组成部分，它描述了一个类对象生命周期中的一个时间段，详细地说就是，在某些方面相似的一组对象值、对象执行持续活动时的一段事件、一个对象等待事件发生时的一段事件。

因为状态图中的状态一般是给定类的对象的一组属性值，并且这组属性值对所发生的事件具有相同性质的反应，所以处于相同状态的对象对同一事件的反应方式往往是一样的，当给定状态下的多个对象接收到相同事件时会执行相同的动作。但是，如果对象处于不同状态，则会通过不同的动作对同一事件做出不同的反应。例如，对于一个“笔记本电脑”对象，其属性可能有“屏幕尺寸”“显卡型号”“内存类型”“硬盘大小”等。从属性“硬盘大小”来说，硬盘存储空间每用一部分，就会成为一个新的状态。

状态可以分为简单状态和组成状态。简单状态指的是不包含其他状态的状态，其没有子结构，但是可以具有内部转换、进入退出动作等。组成状态包含嵌套的子状态，我们将在下一节中重点介绍组成状态，这里不再详述。

除了简单状态和组成状态，状态还包括状态名、内部活动、内部转换、入口和出口动作、历史状态等，下面分别介绍。

8.2.1 状态名

在上一节介绍状态图时，已经介绍了状态名可以把一个状态和其他状态区分开来。但是为了方便起见，状态名通常是直观、易懂、能充分表达语义的名词短语，其中每个单词的首字母要大写。状态还可以匿名，但是为了方便起见，最好为状态取一个有意义的名字，状态名通常放在状态图标的顶部。

8.2.2 内部活动

状态可以包含描述为表达式的内部活动。当状态进入时，活动在进入动作完成后就开始。如果活动结束，则状态完成，然后一个从这个状态出发的转换被触发；否则，状态等待触发转换以引起状态本身的改变。如果在活动正在执行时转换触发，那么活动被迫结束并且退出动作被执行。内部转换和自转换不同，虽然两者都不改变状态本身，但是自转换会激发入口动作和出口动作的执行，而内部转换却不会。

8.2.3 内部转换

状态可能包含一系列的内部转换，内部转换因为只有源状态而没有目标状态，所以内部转换的结果并不改变状态本身。如果对象的事件在对象正处于拥有转换的状态时发生，那么内部转换上的动作也会被执行。激发一个内部转换和激发一个外部转换的条件是相同的，但是，在顺序区域里的每个事件只激发一个转换，而内部转换的优先级大于外部转换。

内部转换与自转换不同，自转换在作用时首先将当前状态下正在执行的动作全部中止，然后执行该状态的出口动作，接着执行引起转换事件的相关动作。总之，自转换会触发入口动作和出口动作，而内部转换却不会。

8.2.4 入口和出口动作

状态具有入口和出口动作，这些动作的目的是封装该状态，这样就可以不必知道状态的内部状态而在外部使用它。入口动作和出口动作原则上依附于进入和出去的转换，但是将它们声明为特殊的动作可以使状态的定义不依赖于状态的转换，因此起到封装的作用。

当进入状态时，进入动作被执行，它在任何附加在进入转换上的动作之后且任何状态的内部活动之前执行。入口动作通常用来进行状态所需要的内部初始化，因为不能回避一个入口动作，所以任何状态内的动作在执行前都可以假定状态的初始化工作已经完成，不需要考虑如何进入这个状态。

状态退出时执行退出动作，它在任何内部活动完成之后且任何附在离开转换上的动作之前执行。当从一个状态转移到另一个状态时，为了进行后续的处理工作，我们应始终执行一个出口动作。当出现代表错误情况的高层转换使嵌套状态异常终止时，出口动作可以处理这种情况以使对象的状态保持前后一致。

8.2.5 历史状态

组成状态可能包含历史状态(history state)，历史状态本身是一个伪状态，用来说明组成状态曾有的子状态。

一般情况下，当状态机通过转换进入组成状态嵌套的子状态时，被嵌套的子状态要从子初始状态进行。但是如果一个被继承的转换引起从复合状态自动退出，则状态会记住当强制性退出发生时处于的状态。这种情况下，就可以直接进入上次离开组成状态时的最后一个子状态，而不必从它的子初始状态开始执行。

历史状态可以有来自外部状态或初始状态的转换，也可以有一个没有监护条件的出发完成转换。转换的目标是默认的历史状态，如果状态区域从来没有进入或已经退出，那么历史状态的转换会到达默认的历史状态。

历史状态虽然有很多优点，但是过于复杂，而且不是一种好的实现机制，尤其是深历史状态更容易出问题。在建模过程中，尽量避免使用历史机制，应使用更易于实现的机制。

8.3 事件

在状态机中，一个事件的出现可以触发状态的改变。事件发生在时间和空间上的一点，没有持续时间，如接收到从一个对象到另一个对象的调用或信号、某些值的改变或一个时间段的终结。

8.3.1 入口事件

入口事件表示一个入口的动作序列，它在进入状态时执行。入口事件的动作是原子的，并且先于人和内部活动或转换。

8.3.2 出口事件

出口事件表示一个出口的动作序列，它在退出状态时执行。出口事件的动作是原子的，它在所有的内部活动之后，但是先于所有的出口转换。

8.3.3 动作事件

动作事件也称为“do 事件”，它表示对一个嵌套状态机的调用。与动作事件相关的活动必定引用嵌套状态机，而不引用包含它的对象的操作。

8.3.4 信号事件

信号(signal)是用于在对象之间进行显式通信的命名实体。它作为对象之间的通信媒介，发送对象明确地创建并初始化一个信号实例，并将其发送给一个或多个接收对象。信号具有明确的参数列表，发送者在发送信号时可以指定信号的参数值。接收对象收到信号后，可能会触发零个或一个状态转换。

信号事件指的是一个对象对发送给它的信号的接收事件，它可能会在接收对象的状态机内触发转换。

信号分为异步单路通信和双路通信，最基本的信号是异步单路通信。在异步单路通信中，发送者是独立的，不用等待接收者如何处理信号。在双路通信模型中，需要用到多路信号，即至少要在每个方向上有一个信号。注意，发送者和接收者可以是同一个对象。

8.3.5 调用事件

调用(call)是在一个过程的执行点上激发一个操作，它将一个控制线程暂时从调用过程转换到被调用过程。调用发生时，调用过程的执行被阻断，并且在操作执行中调用者放弃控制，直到操作返回时重新获得控制。

调用事件指的是一个对象对调用的接收，这个对象用状态的转换而不是用固定的处理过程实现操作。事件的参数是操作的引用、操作的参数和返回引用。调用事件分为同步调用和异步调用，如果调用者需要等待操作的完成，则是同步调用，反之则是异步调用。

当一个操作的调用发生时，如果调用事件符合一个活动转换上的触发器事件，那么它就触发该转换。转换激发的实际效果包括任何动作序列和返回(值)动作，其目的是将值返回给调用者。当转换执行结束时，调用者重新获得控制并且可以继续执行。如果调用失败而没有进行任何状态的转换，则控制立即返回到调用者。

8.3.6 修改事件

修改事件指的是依赖于特定属性值的布尔表达式所表示的条件满足时，事件发生改变。修改事件包含由一个布尔表达式指定的条件，事件没有参数，这种事件隐含一个对条件的连续测试：当布尔表达式的值从假变到真时，事件就发生。若想事件再次发生，则必须先将值变为假，否则，事件不会再发生。

我们要小心使用修改事件，因为它表示了一种具有事件持续性并且可能涉及全局的计算过程，它使修改系统潜在值和最终效果的活动之间的因果关系变得模糊。我们可能要花费很大的代价测试修改事件，因为原则上改变时间是持续不断的，所以修改事件往往用于当一个具有更明确表达式的通信形式显得不自然时。

另外，要注意修改事件与监护条件的区别。监护条件仅在引起转换的触发器事件触发时或事件接收者对事件进行处理时被赋值一次。如果为假，那么转换不激发并且事件被遗失，条件也不会再被赋值。而修改事件隐含连续计算，因此可以对修改事件连续赋值，直到条件为真时激发转换。

8.3.7 时间事件

时间(time)表示一个绝对或相对时刻的值。

时间表达式(time expression)指的是计算结果为一个相对或绝对时间值的表达式。

时间事件表示时间表达式被满足的事件，它代表时间的流逝，其是一个依赖于时间包因而依赖于时钟的存在的事件。而现实世界的时钟或虚拟内部时钟可以定义为绝对时间或流逝时间，因此时间事件既可以被指定为绝对形式(天数)，也可以被指定为相对形式(从某一指定事件发生开始所经历的时间)。时间事件不像信号那样被声明为一个命名事件，仅用作转换的触发。

8.3.8 延迟事件

延迟事件是在本状态不处理，要推迟到另外一个状态才处理的事件。通常，在一个状态生存期出现的事件若不被立即响应就会丢失。但是，这些未立即转换的事件可以放在一个内部的延迟时间队列中，等待需要时触发或撤销。如果一个转换依赖一个存在于内部延迟事件队列中的事件，则事件立即触发转换；如果存在多个转换，则内部延迟事件队列中的第一个事件将会有优先触发相应转换的权利。

8.4 转换

转换用于表示一个状态机的两个状态之间的一种关系，即一个在某初始状态的对象通过执行指定的动作并符合一定的条件下进入第二种状态。在这个状态的变化中，转换被称作激发，在激发之前的状态叫作源状态，在激发之后的状态叫作目标状态。转换通常分为外部转换、内部转换、完成转换和复合转换。一个转换一般包括源状态、目标状态、触发事件、监护条件和动作五部分信息。简单转换只有一个源状态和一个目标状态，复杂转换有不止一个源状态和(或)不止一个目标状态。

除了源状态和目标状态，转换还包括事件触发器、监护条件和动作。在转换中，这五部分信息并不一定都同时存在，有一些可能会缺少。

8.4.1 外部转换

外部转换是一种改变状态的转换，也是普遍、常见的一种转换。在UML中，外部转换用从源状态到目标状态的带箭头的线段表示，其他属性以文字串附加在箭头旁，如图 8-7 所示。

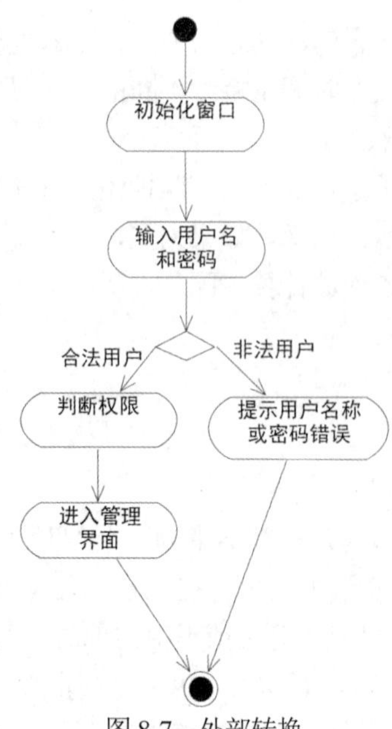

图 8-7 外部转换

注意，只有内部状态上没有转换时，外部状态上的转换才有资格激发，否则外部转换会被内部转换掩盖。

8.4.2 内部转换

内部转换只有源状态，没有目标状态，不会激发入口和出口动作，因此内部转换激发的结果不改变本来的状态。如果一个内部转换带有动作，那么它也要被执行。内部转换常用于对不改变状态的插入动作建立模型。需要注意的是，内部转换的激发可能会掩盖使用相同事件的外部转换。

内部转换的表示法与入口动作与出口动作的表示法相似，它们的区别主要在于，入口和出口动作分别使用了保留字 entry 和 exit，其他部分两者的表示法相同。

8.4.3 完成转换

完成转换没有明确标明触发器事件的转换是由状态中活动的完成引起的。完成转换也可以带一个监护条件，这个监护条件在状态中的活动完成时被赋值，而不是活动完成后被赋值。

8.4.4 复合转换

复合转换由简单转换组成，这些简单转换通过分支判定、分叉或接合组合在一起。前面所讲的由判定参与的转换就是复合转换，除了简单的两个分支判定，还有多条件的分支判定。

8.4.5 监护条件

转换可能具有一个监护条件，监护条件是一个布尔表达式，它是触发转换必须满足的条件。当一个触发器事件被触发时，监护条件被赋值。如果表达式的值为真，则转换可以激发；如果表达式的值为假，则转换不能激发；如果没有转换适合激发，则事件会被忽略，这种情况并非出现错误。如果转换没有监护条件，那么监护条件就被认为是真，而且一旦触发器事件发生，转换就被激活。

从一个状态引出的多个转换可以有同样的触发器事件。若此事件发生，则所有监护条件都被测试，测试的结果如果有超过一个的值为真，那么也只有一个转换会激发。如果没有给定优先权，则选择哪个转换来激发是不确定的。

注意，监护条件的值只在事件被处理时计算一次。如果其值开始为假，以后又为真，则因为赋值太迟转换不会被激发，除非有另一个事件发生，且令这次的监护条件为真。监护条件的设置一定要考虑各种情况，要确保一个触发器事件的发生能够引起某些转换。如果某些情况没有考虑到，则很可能一个触发器事件不会引起任何转换，那么在状态图中将忽略这个事件。

8.4.6 触发器事件

触发器事件就是能够引起状态转换的事件。如果此事件有参数，则这些参数可以被转换所用，也可以被监护条件和动作的表达式所用。触发器事件可以是信号、调用和时间段等。

对应于触发器事件，没有明确的触发器事件的转换称作结束转换(或无触发器转换)，是在结束时被状态中的任一内部活动隐式触发的。

注意，当一个对象接收到一个事件时，如果它没有时间来处理事件，就会将事件保存起来。如果有两个事件同时发生，则对象每次也只处理一个事件，两个事件并不会同时被处理，并且在处理事件时，转换必须激活。另外，要完成转换，就必须满足监护条件，如果完成转换时监护条件不成立，则隐含的完成事件会被消耗掉，并且以后即使监护条件再成立，转换也不会被激发。

8.4.7 动作

动作(action)通常是一个简短的计算处理过程或一组可执行语句。动作也可以是一个动作序列，即一系列简单的动作。动作可以给另一个对象发送消息、调用一个操作、设置返回值、创建和销毁对象。

动作是原子性的，所以是不可中断的，即动作和动作序列的执行不会被同时发生的其他动作影响或终止。因为动作的执行时间非常短，所以动作的执行过程不能再插入其他事件。如果在动作的执行期间接收到事件，那么这些事件都会被保存，直到动作结束，这时事件一般已经得到值。

整个系统可以在同一时间执行多个动作，但是动作的执行应该是独立的。一旦动作开始执行，它必须执行到底并且不能与同时处于活动状态的其他动作发生交互作用。动作不能用于表达处理过程很长的事物，与系统处理外部事件所需要的时间相比，动作的执行过程应该很简洁，以使系统的反应时间不会减少，做到实时响应。

动作可以附属于转换，当转换被激发时动作被执行，还可以作为状态的入口动作和出口动作出现，由进入或离开状态的转换触发。活动不同于动作，它可以有内部结构，并且活动可以被外部事件的转换中断，所以活动只能附属于状态中，而不能附属于转换。常用动作的种类及描述如表 8-1 所示。

表 8-1　常用动作的种类及描述

动作种类	描述	语法
赋值	对一个变量赋值	target:=expression
调用	调用对目标对象的一个操作，等待操作执行结束，并且可能有一个返回值	opname(arg,arg)
创建	创建一个新对象	new Cname(arg,arg)
销毁	销毁一个对象	object.destroy()
返回	为调用者制定返回值	return value
发送	创建一个信号实例并将其发送到目标对象或一组目标对象	sname(arg,arg)
终止	对象的自我销毁	Terminate
不可中断	用语言说明的动作，如条件和迭代	[语言说明]

8.5 判定

判定用来表示一个事件依据不同的监护条件有不同的影响。在实际建模过程中，如果遇到需要使用判定的情况，通常用监护条件来覆盖每种可能，使得一个事件的发生能保证触发一个转换。判定将转换路径分为多个部分，每个部分都是一个分支，都有单独的监护条件。这样，几个共享同一触发器事件却有着不同监护条件的转换能够在模型中被分在同一组中，以避免监护条件的相同部分被重复。

判定在活动图和状态图中都有很重要的作用。转换路径因为判定而分为多个分支，可以将一个分支的输出部分与另外一个分支的输入部分连接而组成一棵树，树的每个路径代表一个不同的转换，这为建模提供了很大的方便。在活动图中，判定可以覆盖所有的可能，保证一些转换被激发，否则，活动图就会因为输出转换不再重新激发而被冻结。

通常情况下，判定有一个转入和两个转出，根据监护条件的真假可以触发不同的分支转换，使用判定仅是一种表示上的方便，不会影响转换的语义。如图 8-8 和图 8-9 所示分别为使用判定和未使用判定的示意图。

图 8-8　判定示意　　　　图 8-9　未判定示意

8.6 同步

同步是为了说明并发工作流的分支与汇合。状态图和活动图中都可能用到同步。在UML中，同步用一条线段来表示，如图8-10所示。

图8-10 同步

并发分支表示把一个单独的工作流分成两个或多个工作流，几个分支的工作流并行地进行。并发汇合表示两个或多个并发的工作流在此得到同步，这意味着先完成的工作流需要在此等待，直到所有的工作流到达后，才能继续执行后面的工作流。同步在转换激发后立即初始化，每个分支点之后都要有相应的汇合点。如图8-11所示为同步示例图。

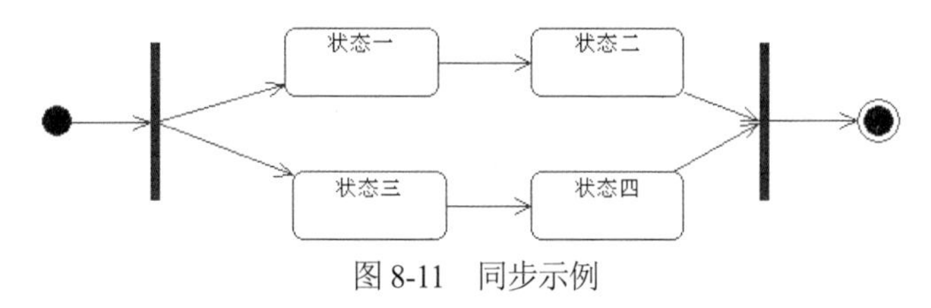

图8-11 同步示例

同步和判定都会造成工作流的分支，初学者很容易将两者混淆。它们的区别是：判定是根据监护条件使工作流分支，监护条件的取值最终只会触发一个分支的执行。例如，如果有分支A和分支B，假设监护条件为真时执行分支A，那么分支B就不可能被执行，反之，则执行分支B，分支A不可能被执行。而同步的不同分支是并发执行的，并不会因为一个分支的执行造成其他分支的中断。

8.7 状态的组成

组成状态(composite state)是内部嵌套有子状态的状态。一个组成状态包括一系列子状态。组成状态可以使用“与”关系分解为并行子状态，或者通过“或”关系分解为互相排斥的互斥子状态。因此，组成状态可以是并发或顺序的。如果一个顺序组成状态是活动的，则只有一个子状态是活动的；如果一个并发组成状态是活动的，则与它正交的所有子状态都是活动的。

一个系统在同一时刻可以包含多个状态。如果一个嵌套状态是活动的，则所有包含它的组成状态都是活动的。进入或离开组成状态的转换会引起入口动作或出口动作的执行。如果转换带有动作，那么这个动作在入口动作执行后、出口动作执行前执行。

为了促进封装，组成状态可以具有初始状态和终止状态，它们都是伪状态，目的是优化状态机的结构。到组成状态的转换代表初始状态的转换，到组成状态的终止状态的转换代表在这个封闭状态中活动的完成。封闭状态中活动的完成会激发活动事件的完成，最终引发封闭状态上的完成转换。

8.7.1 顺序组成状态

如果一个组成状态的多个子状态之间是互斥的，不能同时存在，那么这种组成状态称为顺序组成状态。

一个顺序组成状态最多可以有一个初始状态和一个终止状态，同时也最多可以有一个浅(shallow)历史状态和一个深(deep)历史状态。

当状态机通过转换进入组成状态时，一个转换可以组成状态为目标，也可以它的一个子状态为目标，如果它的目标是一个组成状态，那么进入组成状态后先执行其入口动作，然后再将控制传递给初态。如果它的目标是一个子状态，那么在执行组成状态的入口动作和子状态的入口动作后将控制传递给嵌套状态。

图 8-12 所示为 ATM 机取款的工作过程得到的组成状态。

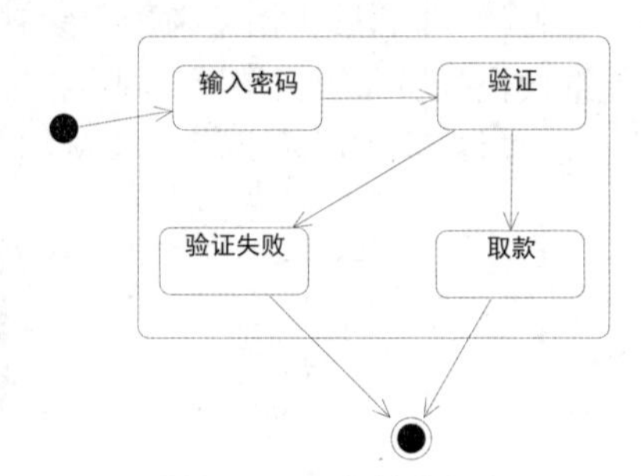

图 8-12　顺序组成状态

8.7.2 并发组成状态

在一个组成状态中，可能有两个或多个并发的子状态机，我们称这样的组成状态为并发组成状态。每个并发子状态还可以进一步分解为顺序组成状态。

一个并发组成状态可能没有初始状态、终止状态或历史状态，但是嵌套在它们中的任何顺序组成状态可包含这些伪状态。

如果一个状态机被分解成多个并发的子状态，那么代表着它的控制流也被分解成与并发子状态数目一样的并发流。当进入一个并发组成状态时，控制线程数目增加；当离开一个并发组成状态时，控制线程数目减少。只有所有的并发子状态都到达它们的终止状态，或者有一个离开组成状态的显式转换时，控制才能重新汇合成一个流。

如图 8-13 所示为物流系统中“确认收货”对象的并发组成状态。首先用户选择商品，当用户确认收货时，收货是否成功取决于两个因素：是否选择商品并且确认支付，商品是否送到用户手中，当满足这两个条件时，才可以确认收货。

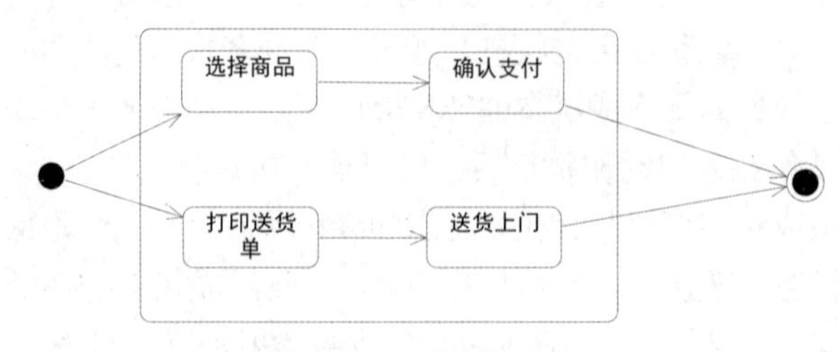

图 8-13　并发组成状态

8.8 使用Rose创建状态图

上面详细地介绍了状态图的概念和组成元素，下面学习如何使用Rose绘制出状态图，包括其中的各种元素。

8.8.1 创建状态图

在Rational Rose中，可以为每个类创建一个或多个状态图，对象的各种状态都可以在状态图中体现。首先，展开Logical View选项，然后在Logical View图标上右击，在弹出的快捷菜单中选择New下的Statechart Diagram选项，建立新的状态图，如图8-14所示。

在状态图建立以后，双击状态图图标，会出现状态图绘制区域，如图8-15所示。

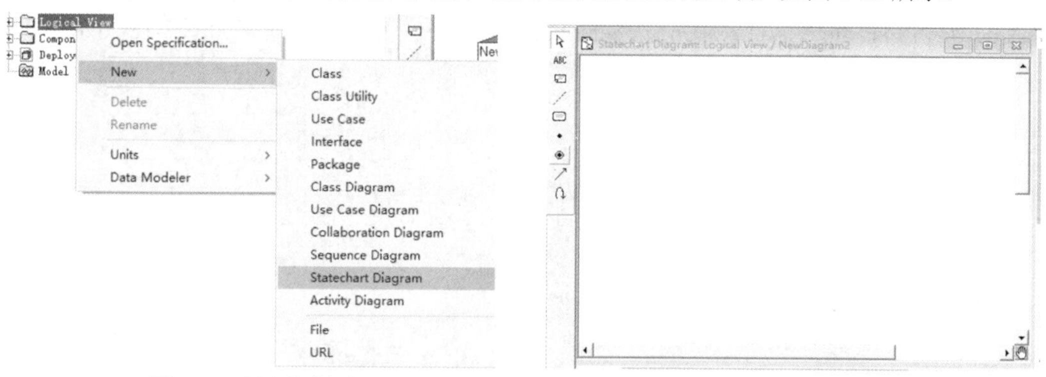

图8-14 创建状态图

图8-15 状态图绘制区域

在绘制区域的左侧为状态图工具栏，各个图标、名称及用途如表8-2所示。

表8-2 状态图工具栏中各个图标、名称及用途

图标	名称	用途
	Selection Tool	选择一个项目
ABC	Text Box	将文本框加进框图
	Note	添加注释
	Anchor Note to Item	将图中的注释与用例或角色相连
	State	添加状态
	Start State	初始状态
	End State	终止状态
	State Transition	状态之间的转换
	Transition to Self	状态的自转换
	Decision	判定

8.8.2 创建初始和终止状态

初始状态和终止状态是状态图中的两个特殊状态。初始状态代表状态图的起点，终止状态

代表状态图的终点。对象不可能保持在初始状态，但是可以保持在终止状态。

初始状态在状态图中用实心圆表示，终止状态在状态图中用含有实心圆的空心圆表示，如图 8-16 所示。单击状态图工具栏中的◆图标，然后在绘制区域要绘制的地方单击即可创建初始状态。终止状态的创建方法与初始状态相同。

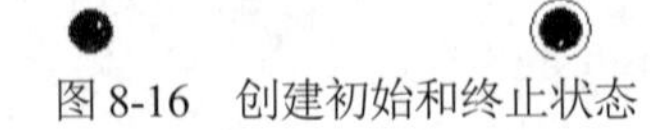

图 8-16　创建初始和终止状态

8.8.3　创建状态

首先单击状态图工具栏中的▭图标，然后在绘制区域要创建状态的地方单击，创建新状态如图 8-17 所示。

创建新的状态后，我们可以修改状态的属性信息。双击状态图标，在弹出的对话框的 General 选项卡中进行如 Name(名称)和 Documentation(文档说明)等属性的设置，如图 8-18 所示。

NewState

图 8-17　创建新状态

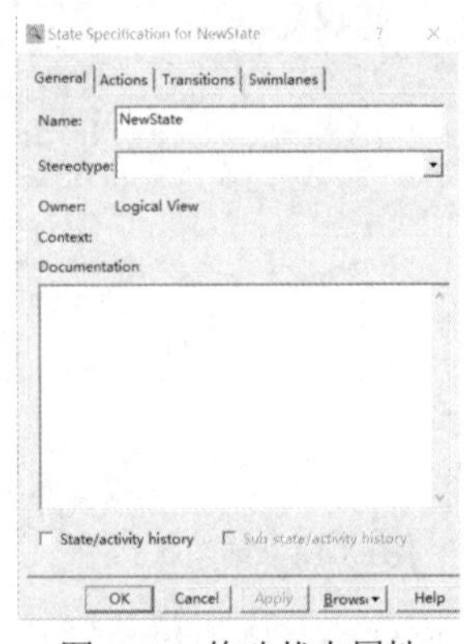

图 8-18　修改状态属性

8.8.4　创建状态之间的转换

转换是两个状态之间的一种关系，代表了一种状态到另一种状态的过渡，在 UML 中，转换用一条带箭头的直线表示。

若要增加转换，首先单击状态工具栏中的↗图标，然后再单击转换的源状态，接着向目标状态拖动一条直线，效果如图 8-19 所示。

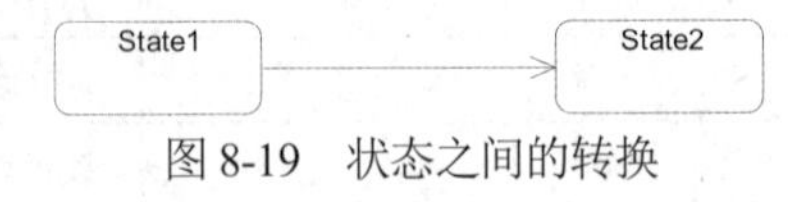

图 8-19　状态之间的转换

8.8.5　创建事件

一个事件可以触发状态的转换。若要增加事件，应先双击转换图标，在出现的对话框的 General 选项卡中增加事件，如图 8-20 所示。

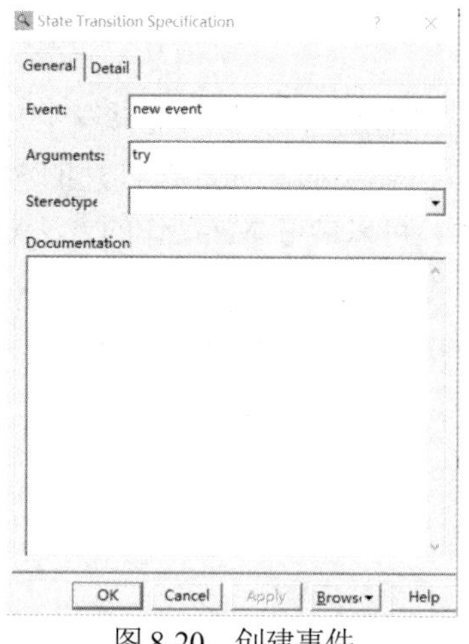

图 8-20 创建事件

接下来，可以在 Event 选项中添加触发转换的事件，在 Arguments 选项中添加事件的参数，还可以在 Documentation 选项中添加对事件的描述。添加后的效果如图 8-21 所示。

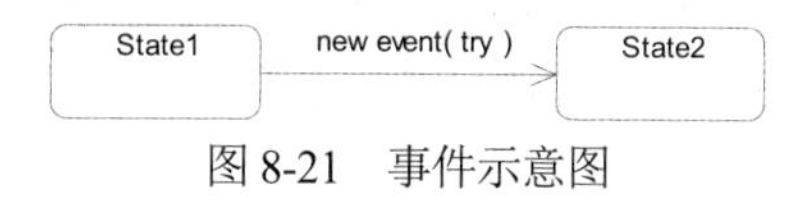

图 8-21 事件示意图

8.8.6 创建动作

动作是可执行的原子计算，它不会从外界中断，其可以附属于转换，当转换激发时动作被执行。若要创建新的动作，应先双击转换的图标，在打开的对话框的 Detail 选项卡的 Action 选项中，填入要发生的动作，如图 8-22 所示。

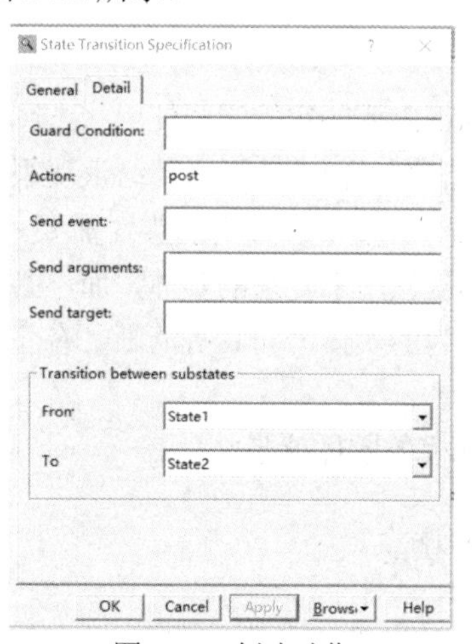

图 8-22 创建动作

如图 8-23 所示为增加动作和事件后的效果图。

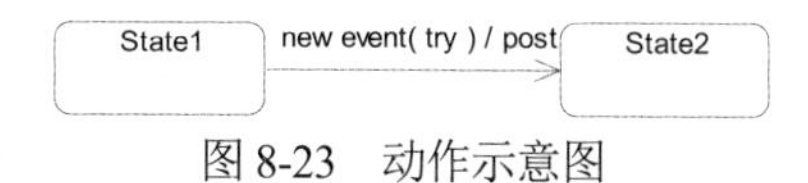

图 8-23 动作示意图

8.8.7 创建监护条件

监护条件是一个布尔表达式，它控制转换是否能够发生。

若要添加监护条件，应先双击转换的图标，在打开的对话框的 Detail 选项卡的 Guard Condition 选项中，填入监护条件，可以参考添加动作的方法来添加监护条件。如图 8-24 所示为添加动作、事件、监护条件后的效果图。

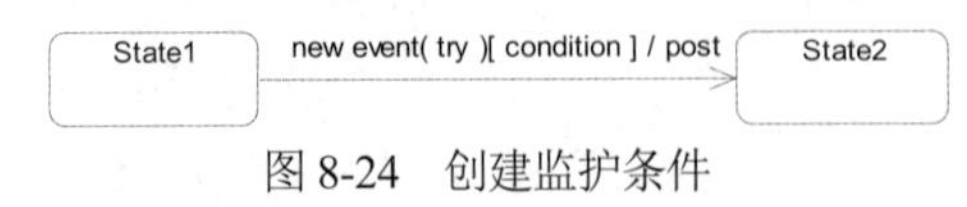

图 8-24　创建监护条件

8.9 案例分析

使用状态图可以为一个对象或类的行为建模，也可以对一个子系统或整个系统的行为建模。下面将以“题库管理系统”中的产品为例，讲解如何创建项目中的状态图。

我们使用状态图进行建模的目标是描述跨越多个用例的对象在其生命周期中的各种状态及其状态之间的转换。一般情况下，一个完整的系统往往包含很多的类和对象，这就需要创建足够的状态图来进行描述。

创建一个状态图的步骤如下。

(1) 标识出建模实体。

(2) 标识出实体的各种状态。

(3) 创建相关事件和转换。

8.9.1 确定状态图的实体

若要创建状态图，首先应标识出哪些实体需要使用状态图进一步建模。虽然我们可以为每一个类、操作、包或用例创建状态图，但是这样做势必浪费很多的精力。一般来说，不需要给所有的类都创建状态图，只有具有重要动态行为的类才需要。

从另一个角度来看，状态图应该用于复杂的实体，而不必用于具有复杂行为的实体。使用活动图可能会更加适合有复杂行为的实体，而具有清晰、有序的状态的实体最适合使用状态图进一步建模。

对于上传文件来说，需要建模的实体就是文件。

8.9.2 确定状态图中实体的状态

对于上传文件来说，它的状态主要包括以下几种。

- 验证身份状态。
- 请求文件上传状态。
- 验证文件状态。
- 审核状态。
- 文件保存状态

如图 8-25 所示为产品的各种状态。

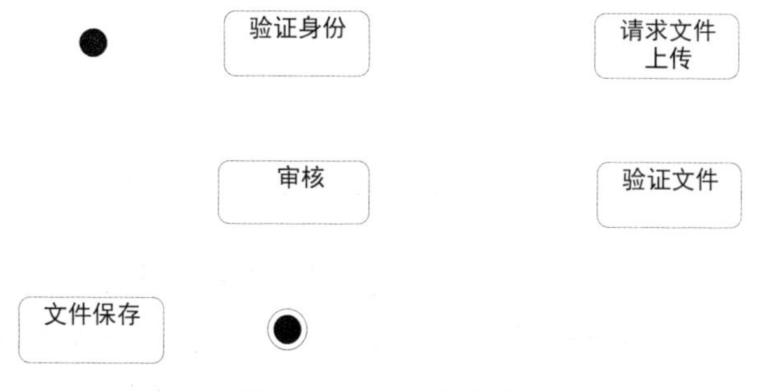

图 8-25 标识各种状态

8.9.3 创建相关事件，完成状态图

当确定了需要建模的实体，并找出了实体的初始状态和终止状态及其他相关状态后，就可以着手创建状态图。

我们可以找出相关的事件和转换，例如，对于上传文件来说，首先登录验证身份，进入验证身份状态。当验证通过就可以上传文件，进入请求文件上传状态。在上传文件后会进入验证文件状态，若验证通过会进入审核状态；若都通过则会进入文件保存状态，最后上传成功。创建上传文件的状态图如图 8-26 所示。

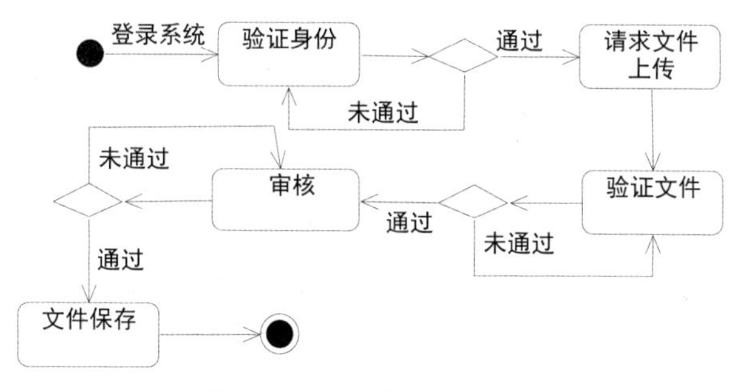

图 8-26 上传文件的状态图

【本章小结】

在 UML 中使用交互图、状态图和活动图来表示系统的动态行为。状态图和交互图在对系统行为进行建模时的侧重点不同。状态模型为一个对象的生命周期的情况建立模型，而交互模型表示多个对象在一起工作完成某一服务。状态图适合描述一个对象穿过多个用例的行为，但是状态图不适合描述多个对象的协调行为。

习题 8

1. 填空题

(1) 状态机由________、________、________、________和________组成。

(2) 状态可以分为________和________。

(3) ______表示这一事件如果无法立即执行，则会被推迟执行。

(4) 一个正确的状态图中的选择节点不同分支上的________应该覆盖所有情况。

(5) 简单转换只有________个源状态和________个目标状态。

2. 选择题

(1) 下列不是状态图组成要素的是(　　)。

A. 状态　　B. 转移

C. 初始状态　　D. 组件

(2) 状态图描述一个对象在不同(　　)的驱动下发生的状态迁移。

A. 事件　　B. 对象

C. 执行者　　D. 数据

(3) 在状态图中不能表示下面哪些概念？(　　)

A. 动作　　B. 事件

C. 转移　　D. 类

(4) 状态图可以表现(　　)在生存期的行为、所经历的状态序列、引起状态转换的事件及因状态转换引起的动作。

A. 一组对象　　B. 一个对象

C. 多个执行者　　D. 几个子系统

(5) 组成一个状态的多个子状态之间是互斥的，不能同时存在，那么这种状态称为(　　)复合状态。

A. 顺序　　B. 并发

C. 历史　　D. 同步

3. 简答题

(1) 什么是状态？对象的状态和对象的属性有什么区别？

(2) 简述状态图包括的元素及各自的表达方式。

(3) 历史状态的含义是什么？

(4) 简述状态图的作用。

4. 上机题

(1) 在“学生管理系统”中，学生信息包含以下状态：刚被系统管理员添加到数据库的新建学生信息状态；学生个人信息发生变化时，被系统管理员修改过的学生信息状态；当学生信息不需要再保存时，系统管理员将学生信息从系统中删除后，该学生信息处于被删除的状态。根据以上描述，画出学生信息的状态图。

(2) 在“学生管理系统”中，管理员包含以下状态：管理员未登录系统时，处于未登录状态；管理员登录系统进行操作时，处于操作状态；管理员操作结束，离开系统处于退出系统的状态。根据以上描述，画出管理员的状态图。

第9章
活　动　图

活动图(activity diagram)是UML用于对系统的动态行为建模的另一种常用工具，对活动的顺序进行描述。活动图实质上也是一种流程图，只不过表现的是从一个活动到另一个活动的控制流。本章首先给出活动图的基本概念和组成元素，然后介绍活动图的应用。

9.1 概述

活动是某件事情正在进行的状态，既可以是现实生活中正在进行的某一项工作，也可以是软件系统某个类对象的一个操作。活动图是状态机的一个特殊例子，它强调计算过程中的顺序和并发步骤。活动图所有或多数状态都是活动状态或动作状态，所有或大部分的转换都由源状态中完成的活动触发。

9.1.1 活动图的图形表示

活动图是一种用于描述系统行为的模型视图，它可以用来描述动作和动作导致对象状态改变的结果，而不用考虑引发状态改变的事件。通常，活动图记录单个操作或方法的逻辑、单个用例或商业过程的逻辑流程。

在UML中，活动的起点用来描述活动图的开始状态，用黑的实心圆表示。活动的终止点描述活动图的终止状态，用一个含有实心圆的空心圆表示。活动图中的活动既可以是手动执行的任务，也可以是自动执行的任务，用圆角矩形表示。状态图中的状态也是用矩形表示，不过与状态的矩形比较起来，活动的矩形更加柔和，更加接近椭圆。活动图中的转换描述了一个活动转向另一个活动，用带箭头的实线段表示，箭头指向转向的活动，可以在转换上用文字标识转换发生的条件。活动图中还包括分支与合并、分叉与汇合等模型元素，分支与合并的图标和状态图中判定的图标相同，分叉与汇合则用一条加粗的线段表示。如图9-1所示为一个简单的活动图模型。

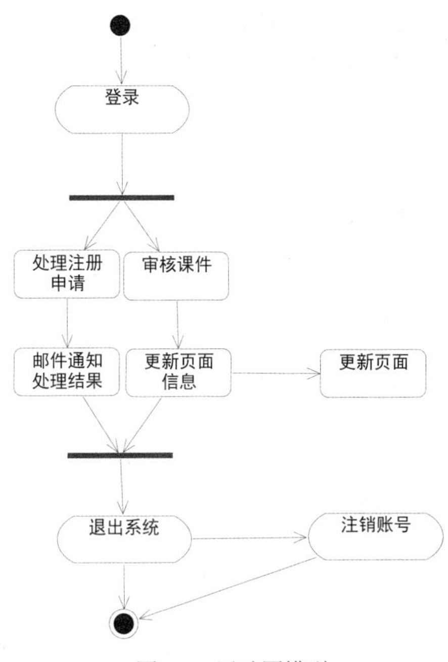

图 9-1 活动图模型

9.1.2 活动图与状态图的区别

活动图是状态图的一个延伸，因此活动图的符号与状态图的符号非常相似，有时会让人混淆，所以读者要注意活动图与状态图的区别。活动图的主要目的是描述动作及对象的改变结果，而状态图则是以状态的概念描述对象、子系统、系统在生命周期中的各种行为。不像正常的状态图，活动图中的状态转换不需要任何触发事件。活动图中的动作可以放在泳道中，而状态图不可以。泳道可以将模型中的活动按照职责组织起来。

活动图与传统的流程图也很相似，往往流程图所能表达的内容，活动图也可以表达。不过两者之间还是有明显的区别：首先，活动图是面向对象的，而流程图是面向过程的；其次，活动图不仅能够表达顺序流程控制，还能够表达并发流程控制。

9.1.3 活动图的作用

活动图是模型中的完整单元，表示一个程序或工作流，常用于计算流程和工作流程的建模。活动图着重描述用例实例或对象的活动，以及操作实现中所完成的工作。活动图通常出现在设计的前期，即在所有实现决定前出现，特别是在对象被指定执行所有活动前。

活动图的作用主要体现在以下几点。

- 描述一个操作执行过程中所完成的工作。说明角色、工作流、组织和对象是如何工作的。
- 活动图对用例描述尤其有用，它可以对用例的工作流建模，显示用例内部和用例之间的路径，也可以说明用例的实例是如何执行动作及如何改变对象状态的。
- 显示如何执行一组相关的动作，以及这些动作如何影响它们周围的对象。

- 活动图对理解业务处理过程十分有用。活动图可以画出工作流用以描述业务，有利于与领域专家进行交流。通过活动图可以明确业务处理操作是如何进行的，以及可能产生的变化。
- 描述复杂过程的算法，在这种情况下使用的活动图和传统的程序流程图的功能是差不多的。

9.2 活动图的组成元素

UML 活动图中包含的图形元素有动作状态、活动状态、组合活动、分叉与汇合、分支与合并、泳道、对象流等。

9.2.1 动作状态

动作状态(action state)是指执行原子的、不可中断的动作，并在此动作完成后通过完成转换向另一个状态。动作状态有如下特点。

- 动作状态是原子的，它是构造活动图的最小单位，已经无法分解为更小的部分。
- 动作状态是不可中断的，它一旦开始运行就不能中断，一直到运行结束。
- 动作状态是瞬时的行为，它所占用的处理时间极短，有时甚至可以忽略。
- 动作状态可以有入转换，入转换既可以是动作流，也可以是对象流。动作状态至少有一条出转换，这条转换以内部动作的完成为起点，与外部事件无关。
- 动作状态和状态图中的状态不同，它不能有入口动作和出口动作，更不能有内部转移。
- 在一张活动图中，动作状态允许多处出现。

在 UML 中，动作状态使用平滑的圆角矩形表示，动作状态表示的动作写在矩形内部，如图 9-2 所示。

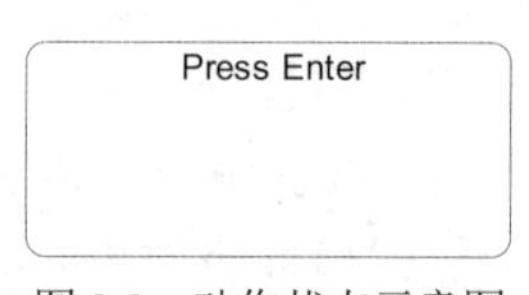

图 9-2　动作状态示意图

9.2.2 活动状态

活动状态用于表达状态机中的非源自的运行，特点如下。

- 活动状态可以分解成其他子活动或动作状态，由于它是一组不可中断的动作或操作的组合，所以可以被中断。
- 活动状态的内部活动可以用另一个活动图来表示。
- 与动作状态不同，活动状态可以有入口动作和出口动作，也可以有内部转移。
- 动作状态是活动状态的一个特例，如果某个活动状态只包括一个动作，那么它就是一个动作状态。

活动状态和动作状态的表示图标相同，都是平滑的圆角矩形，不同的是，活动状态可以在图标中给出入口动作和出口动作等信息，如图 9-3 所示。

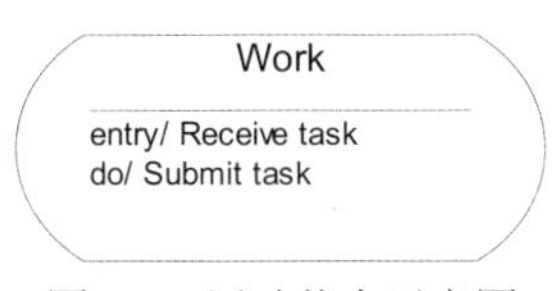

图 9-3 活动状态示意图

9.2.3 组合活动

组合活动是一种内嵌活动图的状态。我们把不含内嵌活动或动作的活动称为简单活动，把嵌套了若干活动或动作的活动称为组合活动。

一个组合活动在表面上看是一个状态，但其本质却是一组子活动的概括。一个组合活动可以分解为多个活动或动作的组合，每个组合活动都有自己的名字和相应的子活动图。一旦进入组合活动，嵌套在其中的子活动图就开始执行，直到到达子活动图的最后一个状态，组合活动才结束。与一般的活动状态一样，组合活动不具备原子性，它可以在执行的过程中被中断。

使用组合活动可以在一幅图中展示所有的工作流程细节，但是如果所展示的工作流程较为复杂，就会使活动图难以理解。因此，当流程复杂时也可将子图单独放在一个图中，然后让活动状态引用它。如图 9-4 所示是一个组合活动的示例。

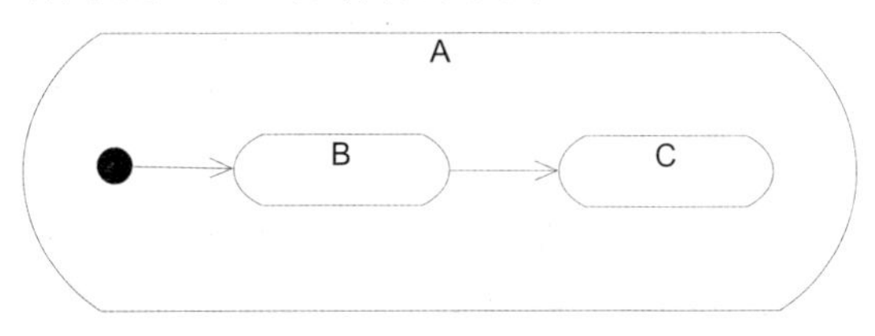

图 9-4 组合活动示意图

9.2.4 分叉与汇合

对于一些复杂的大型系统而言，对象在运行时往往不止一个控制流，而是存在两个或多个并发运行的控制流。为了对并发的控制流建模，在 UML 中引入了分叉和汇合的概念。分叉用来表示将一个控制流分成两个或多个并发运行的分支，汇合用来表示并行分支在此得到同步。

分叉和汇合在 UML 中的表示方法相似，都用粗黑线表示。分叉具有一个输入转换，两个或多个输出转换，每个转换都可以是独立的控制流。如图 9-5 所示为一个简单的分叉示意图。

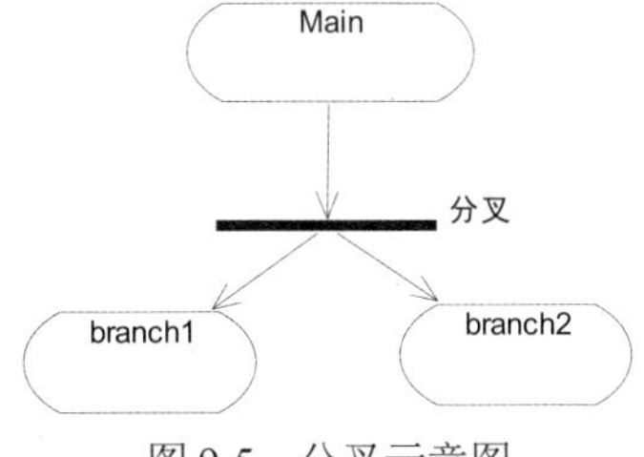

图 9-5 分叉示意图

汇合与分叉相反，汇合具有两个或多个输入转换，只有一个输出转换，先完成的控制流需要在此等待，只有当所有的控制流都到达汇合点时，控制才能继续进行。如图 9-6 所示为一个简单的汇合示意图。

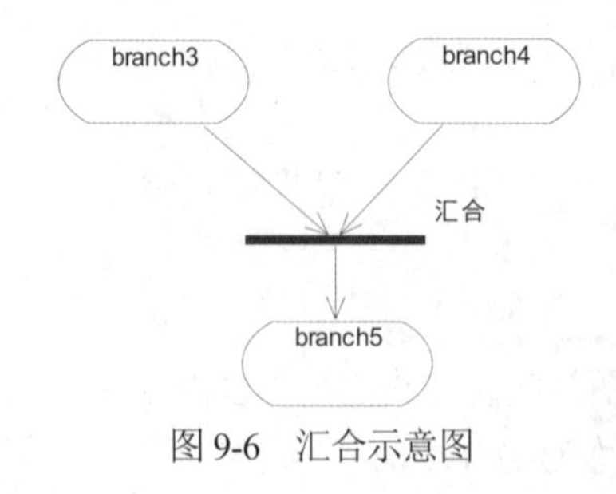

图 9-6　汇合示意图

9.2.5　分支与合并

分支在活动图中很常见，它是转换的一部分，将转换路径分成多个部分，每部分都有单独的监护条件和不同的结果。当动作流遇到分支时，会根据监护条件(布尔值)的真假来判定动作的流向。分支的每个路径的监护条件应该都是互斥的，这样可以保证只有一条路径的转换被激发。在活动图中，离开一个活动状态的分支通常是完成转换，它们是在状态内活动完成时隐含触发的。需要注意的是，分支应尽可能地包含所有可能的情况，否则会有一些转换无法被激发，这样最终会因为输出转换不再重新激发而使活动图冻结。

合并指的是两个或多个控制路径在此汇合的情况，其是一种便利的表示法，省略它不会丢失信息。合并和分支常成对使用，合并表示从对应分支开始的条件行为的结束。

在活动图中，分支与合并都用空心的菱形表示。分支有一个输入箭头和两个输出箭头，而合并有两个输入箭头和一个输出箭头。如图 9-7 所示为分支与合并的示意图。

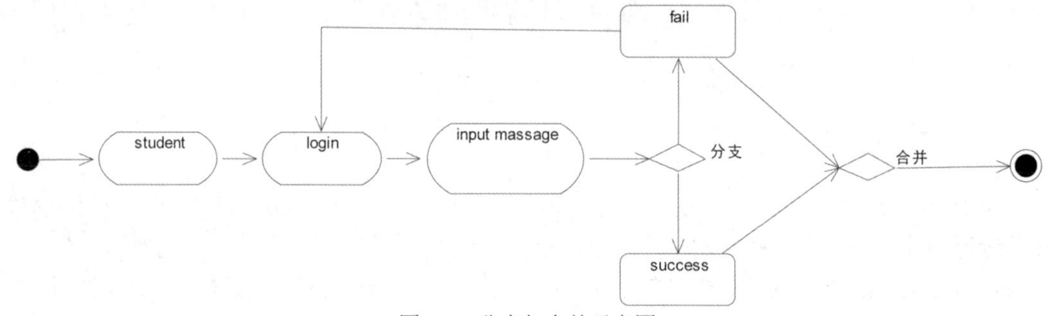

图 9-7　分支与合并示意图

9.2.6　泳道

为了对活动的职责进行组织而在活动图中将活动状态分为不同的组，称为泳道(swimlane)。在活动图中，每个活动只能明确地属于一个泳道，泳道明确地表示了哪些活动是由哪些对象进行的。每个泳道都有一个与其他泳道不同的名称。

在活动图中，每个泳道通过垂直实线与它的邻居泳道相分离。在泳道的上方是泳道的名称，不同泳道中的活动既可以顺序进行，也可以并发进行。虽然每个活动状态都指派了一条泳道，但是转移则可能跨越数条泳道。如图 9-8 所示为泳道示意图。

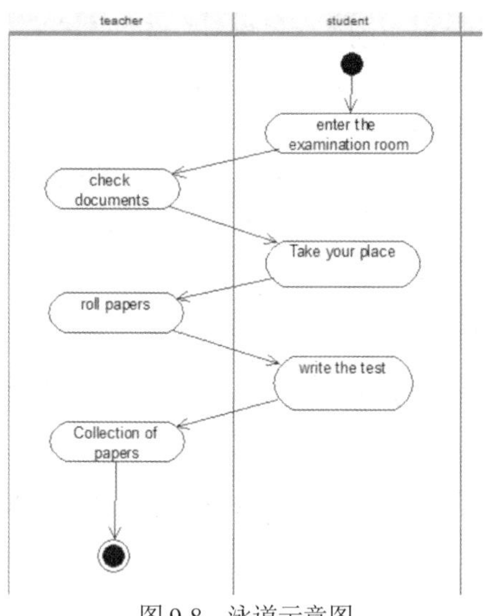

图 9-8 泳道示意图

9.2.7 对象流

活动图中交互的简单元素是活动和对象，控制流(control flow)就是对活动和对象之间的关系的描述。详细地说，控制流表示动作与其参与者和后继动作之间及动作与其输入和输出对象之间的关系，而对象流就是一种特殊的控制流。

对象流(object flow)是将对象流状态作为输入或输出的控制流。在活动图中，对象流描述了动作状态或活动状态与对象之间的关系，表示动作使用对象及动作对对象的影响。

对象流中的对象有如下特点。

- 一个对象可以由多个动作操纵。
- 一个动作输出的对象可以作为另一个动作输入的对象。
- 在活动图中，同一个对象可以出现多次，它的每一次出现表明该对象正处于对象生存期的不同时间点上。

对象是类的实例，用来封装状态和行为。对象流中的对象表示的不仅是对象自身，还表示了对象作为过程中的一个状态存在，因此也可以将这种对象称为对象流状态(object flow state)，用以与普通对象区别。

在活动图中，一个对象可以执行多个动作。对象可以作为一个转换的目标，表示该对象是转换的结果；也可以作为一个活动的源，表示该对象触发了活动的开始。当一个转换被激发时，对象流的状态变为活动状态。

一个对象流状态必须与它所表示的参数和结果的类型匹配。如果它是一个操作的输入，则必须与参数的类型匹配；反之，如果它是一个操作的输出，则必须与结果的类型匹配。

活动图中的对象用矩形表示，其中包含带下画线的类名，在类名下方的中括号中则是状态名，表明对象此时的状态。如图 9-9 所示为对象示意图。

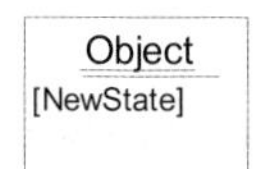

图 9-9 对象示意图

对象流表示了对象与对象、对象间彼此操作与转换的关系。为了在活动图中把它们与普通转换区分开，用带箭头的虚线而非实线来表示对象流。如果虚线箭头从活动指向对象流状态，则表示输出。输出表示动作对对象施加了影响，包括创建、修改、撤销等。如果虚线箭头从对象流状态指向活动，则表示输入。输入表示动作使用了对象流所指向的对象流状态。如果活动有多个输出值或后继控制流，那么箭头背向分叉符号；反之，如果有多个输入箭头，则指向结合符号。

9.3 使用 Rose 创建活动图

了解了什么是活动图和活动图中的各个要素后，接下来了解如何使用 Rational Rose 画出活动图。

9.3.1 创建活动图

若要创建活动图，首先应展开 Logical View 菜单项，然后在 Logical View 图标上右击，在弹出的快捷菜单中选择 New 下的 Activity Diagram 选项，建立新的活动图，如图 9-10 所示。

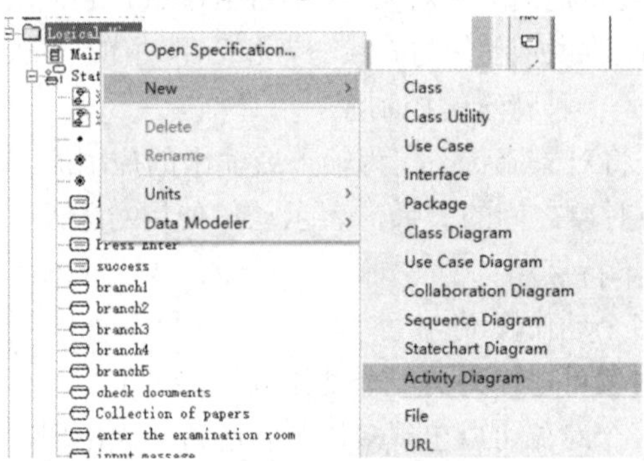

图 9-10　创建活动图

选择之后，Rose 在 Logical View 目录下创建了 State/Activity Model 子目录，目录下是新建的活动图 New Diagram，右击活动图图标，在弹出的快捷菜单中选择 Rename 修改新创建的活动图的名字，如图 9-11 所示。

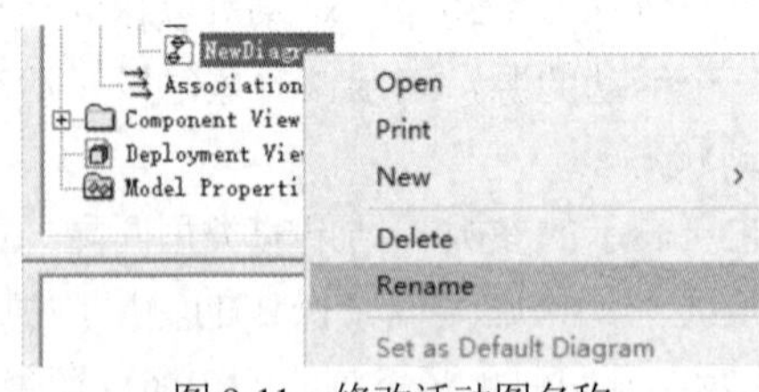

图 9-11　修改活动图名称

在活动图建立以后，双击活动图图标，会出现活动图绘制区域，如图 9-12 所示。

图 9-12 活动图绘制区域

在绘制区域的左侧为活动图工具栏，表 9-1 列出了活动图工具栏中各个图标的名称及用途。

表 9-1 活动图工具栏中各个图标的名称及用途

图标	名称	用途
	Selection Tool	选择一个项目
ABC	Text Box	将文本框加进框图
	Note	添加注释
	Anchor Note to Item	将图中的注释与用例或角色相连
	State	添加状态
	Activity	添加活动
	Start State	初始状态
	End State	终止状态
	State Transition	状态之间的转换
	Transition to Self	状态的自转换
	Horizontal Synchronization	水平同步
	Vertical Synchronization	垂直同步
	Decision	判定
	Swimlane	泳道
	Object	对象
	Object Flow	对象流

9.3.2 创建初始和终止状态

与状态图一样，活动图也有初始和终止状态。初始状态在活动图中用实心圆表示，终止状态在活动图中用含有实心圆的空心圆表示，如图 9-13 所示。单击活动图工具栏中的初始状态图标，然后在绘制区域要绘制的地方单击即可创建初始状态。终止状态的创建方法与初始状态相同。

图 9-13　创建初始和终止状态

9.3.3　创建动作状态

若要创建动作状态，首先应单击活动图工具栏中的 Activity 图标，然后在绘制区域要绘制动作状态的地方单击即可，如图 9-14 所示为新创建的动作状态。

接下来要修改动作状态的属性信息：双击动作状态图标，在弹出的对话框中的 General 选项卡中进行如 Name(名称)和 Documentation(文档说明)等属性的设置，如图 9-15 所示。

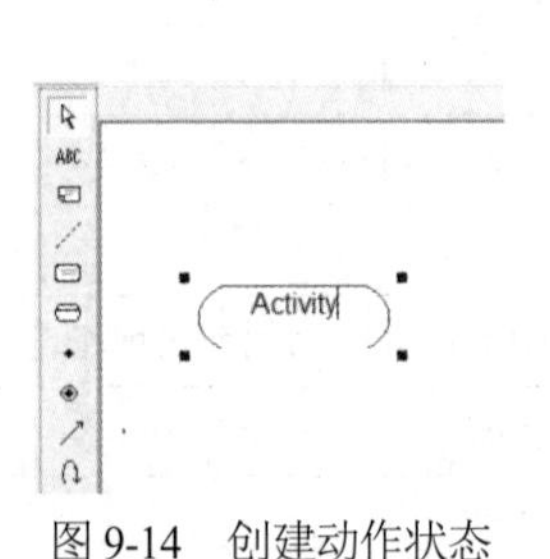

图 9-14　创建动作状态

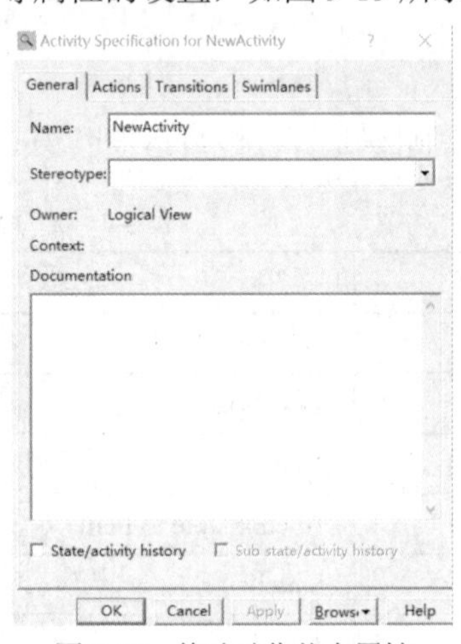

图 9-15　修改动作状态属性

9.3.4　创建活动状态

活动状态的创建方法与动作状态类似，区别在于活动状态能够添加动作。活动状态的创建方法可以参考动作状态，下面我们介绍创建一个活动状态后，如何添加动作。

(1) 双击活动图图标，在弹出的对话框中选择 Actions 选项卡，在空白处右击，在弹出的快捷菜单中选择 Insert 选项，如图 9-16 所示。

(2) 双击列表中出现的默认动作 Entry，在弹出的对话框的 When 下拉列表中有 On Entry、On Exit、Do 和 On Event 等动作选项，用户可以根据自己的需求选择需要的动作。Name 字段要求用户输入动作的名称，如果选择 On Event，则要求在相应的字段中输入 Event(事件的名称)、Arguments(事件的参数)和 Condition(事件的发生条件)等。如果选择的是其他三项中的一项，则这几个字段不可填写信息，如图 9-17 所示。

(3) 选好动作之后，单击 OK 按钮，退出当前对话框，然后再单击属性设置对话框中的 OK 按钮，即可完成活动状态动作的添加。

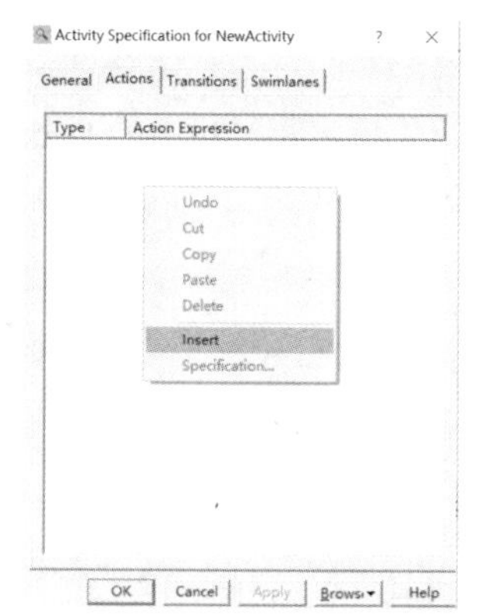

图 9-16　创建活动状态示意图 1

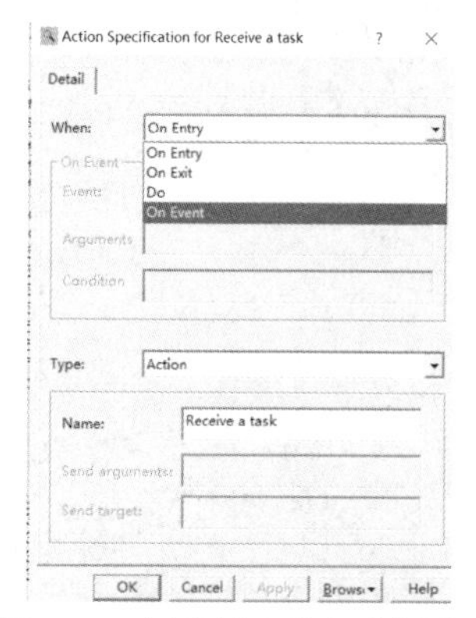

图 9-17　创建活动状态示意图 2

9.3.5　创建转换

与状态图中转换的创建方法相似，活动图的转换也用带箭头的直线表示，箭头指向转入的方向。与状态图的转换不同的是，活动图的转换一般不需要特定事件的触发。

若要创建转换，应先单击工具栏中的 State Transition 图标，然后在两个要转换的动作状态之间拖动鼠标，如图 9-18 所示。

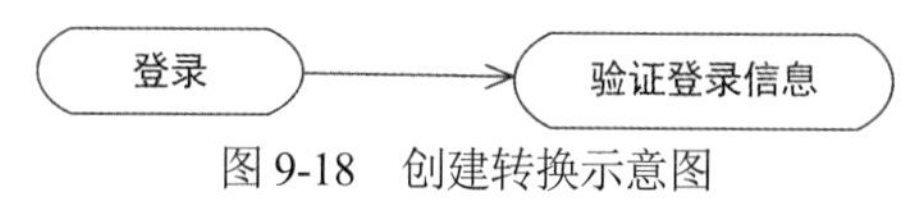

图 9-18　创建转换示意图

9.3.6　创建分叉与汇合

分叉可以分为水平分叉与垂直分叉，两者在语义上是一样的，用户可以根据自己画图的需要选择不同的分叉。若要创建分叉与汇合，首先应单击工具栏中的 Horizontal Synchronization 图标，然后在绘制区域要创建分叉与汇合的地方单击即可。如图 9-19 所示为分叉与汇合的示意图。

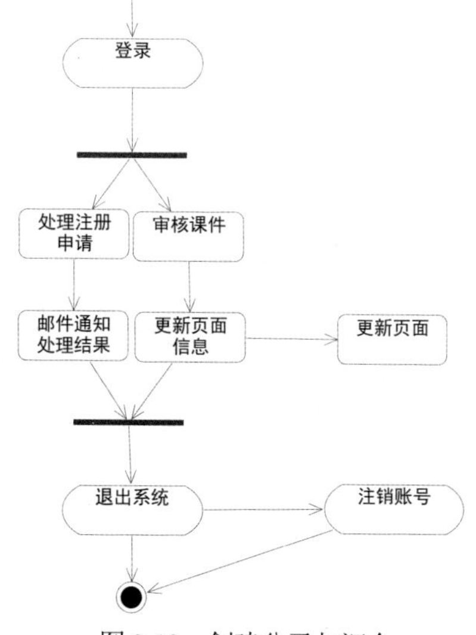

图 9-19　创建分叉与汇合

9.3.7 创建分支与合并

分支与合并的创建方法和分叉与汇合的创建方法相似，首先单击工具栏中的 Decision 图标，然后在绘制区域要创建分支与合并的地方单击即可。如图 9-20 所示为分支与合并的示意图。

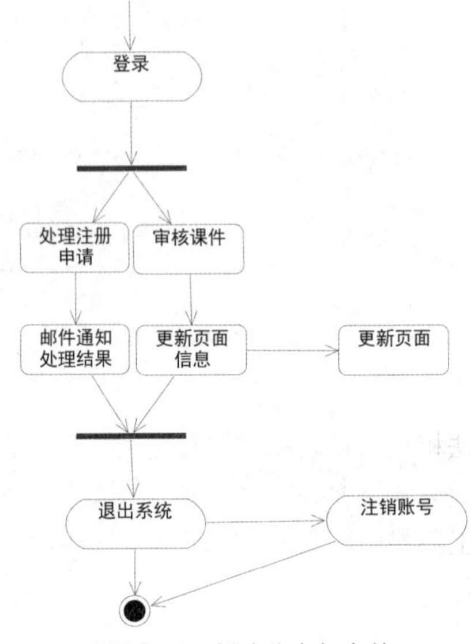

图 9-20 创建分支与合并

9.3.8 创建泳道

泳道用于将活动按照职责进行分组。若要创建泳道，首先应单击工具栏中的Swimlane 图标，然后在绘制区域单击，就可以创建新的泳道了，如图 9-21 所示。

接下来可以修改泳道的名字等属性信息：选中需要修改的泳道，右击，在弹出的快捷菜单中选择 Open Specification 选项，通过弹出的对话框中的 Name 字段可以修改泳道的名字，如图 9-22 所示。

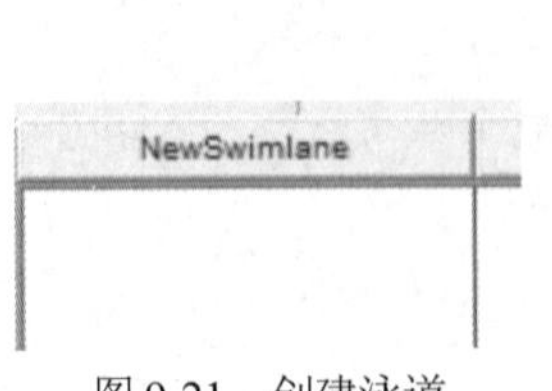

图 9-21 创建泳道

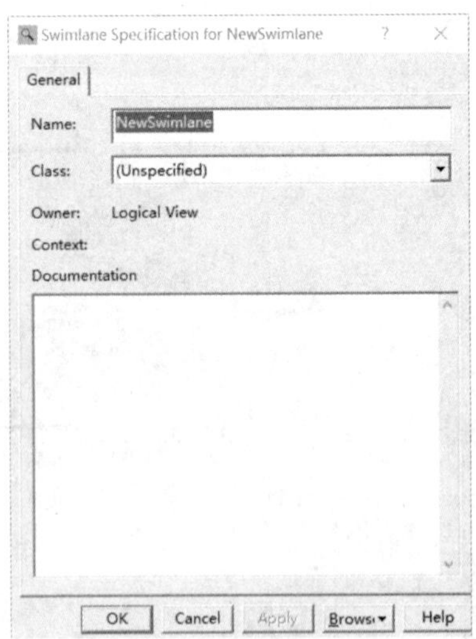

图 9-22 修改泳道名字

9.3.9 创建对象流状态与对象流

对象流状态表示活动中输入或输出的对象。对象流是将对象流状态作为输入或输出的控制流。若要创建对象流，应先创建对象流状态。

对象流状态的创建方法与普通对象的创建方法相同，首先单击工具栏中的Object图标，然后在绘制区域要绘制对象流状态的地方单击，如图9-23所示。

图9-23 创建对象流状态1

若工具栏中没有Object图标，则右击工具栏，然后单击Customize...选项，如图9-24所示，弹出自定义工具栏，单击Creates an object选项并单击添加按钮，操作如图9-25所示，此时就会在工具栏中出现Object图标。

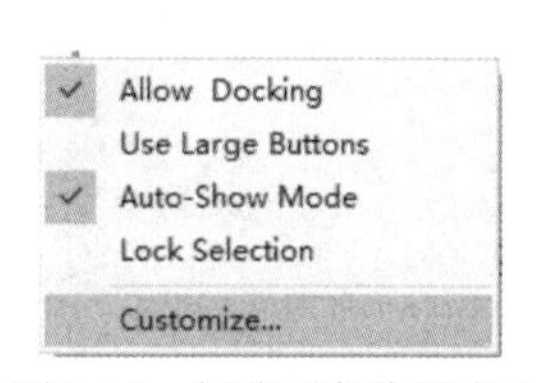

图9-24 创建对象流状态2

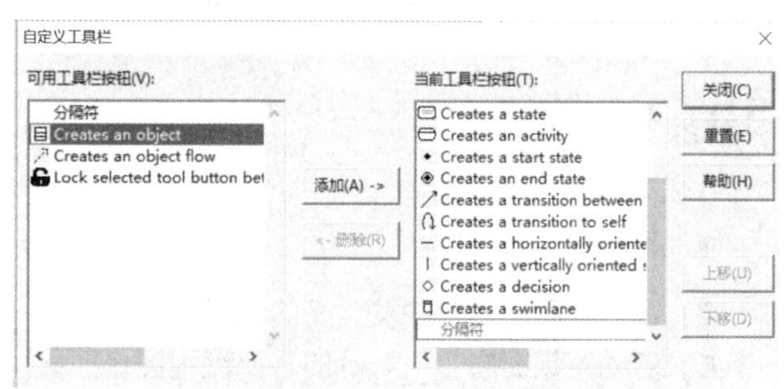

图9-25 创建对象流状态3

接下来双击对象，在弹出的对话框的General选项卡中，可以设置对象的名称、标出对象的状态、增加对象的说明等。其中在Name文本框中可以输入对象的名字。如果建立了相应的对象类，则可以在Class下拉列表中选择；如果建立了相应的状态，则可以在State下拉列表中选择。如果没有状态或需要添加状态，则选择New选项，然后在弹出的对话框中输入名字，再单击OK按钮，在Documentation文本框中输入对象说明，如图9-26所示。

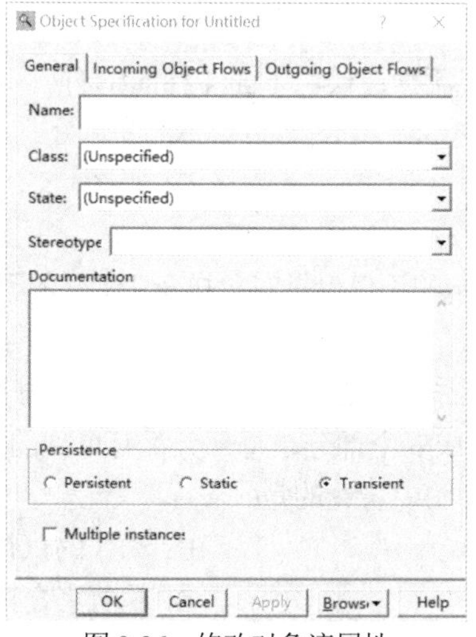

图9-26 修改对象流属性

创建好对象流状态后，就可以开始创建对象流。首先单击工具栏中的图标，然后在活动和对象流状态之间拖动鼠标创建对象流，如图 9-27 所示。

图 9-27　创建对象流

【本章小结】

活动图是一种用于系统行为的建模工具，它能支持对并发行为的描述，使其成为对工作流(业务流)建立模型的强大工具，尤其适合多线程的程序建模。活动图的一个主要缺点是动作与对象之间的连接关系不够清晰，因此，活动图最好与其他的行为建模工具一起使用。

习题 9

1. 填空题

(1) 在活动图中包含并发含义的元素主要指的是________。

(2) 活动图是面向________的，而流程图是面向________的。

(3) 在活动图中用于连接动作或节点，表示活动进行方向的元素是________。

(4) 活动图利用________和_______来建模并发活动。

(5) _______是将对象流状态作为输入或输出的控制流。

2. 选择题

(1) 活动图中可能出现的终止标记的数量是(　　)。

A. 0 个　　B. 0 到多个

C. 1 个　　D. 0 或 1 个

(2) 若要对一个企业的工作流程建模，下面 4 种图中的(　　)是最重要的。

A. 交互图　　B. 活动图

C. 状态图　　D. 类图

(3) 下列说法中不正确的是(　　)。

A. 对象流中的对象表示的不仅仅是对象自身，还表示了对象作为过程的一个状态存在

B. 活动状态是原子性的，用来表示一个具有子结构的纯粹计算的执行

C. 一个组合活动在表面上看是一个状态，但其本质却是一组子活动的概括

D. 分支将转换路径分成多个部分，每部分都有单独的监护条件和不同的结果

(4) 以下信息不容易在活动图中表达的是(　　)。

A. 动作执行顺序　　B. 动作的执行者

C. 活动进行的逻辑结构　　D. 执行者之间的交互

(5) 在活动图中负责在一个活动节点执行完后切换到另一个节点的元素是(　　)。

A. 控制流　　B. 对象流

C. 判断阶段　　D. 拓展区域

3. 简答题

(1) 什么是活动图?

(2) 动作与活动存在的关系是什么?

(3) 活动图是由哪些基本元素组成的?

(4) 请简述活动图的作用。

4. 上机题

(1) 在“学生管理系统”的学生登录系统中，登录时需要验证用户的登录信息。如果验证失败，则登录失败；如果验证通过，则学生可以进入查询界面，请画出该过程的活动图。

(2) 使用泳道对上一题的学生登录系统的用例进行活动图的绘制。

(3) 在“学生管理系统”系统管理员登录系统中，选择需要查询信息的学生，系统会显示选中的学生的信息。系统管理员查看信息后，删除学生信息，系统将修改后的信息存进数据库后，系统管理员退出系统。根据以上需求，绘制出相应的活动图。

ꕥ 第10章 ꕥ

组 件 图

在完成系统的逻辑设计之后，下一步要定义设计的物理实现，如可执行文件、表、库等。能够对面向对象系统的物理方面进行建模的图形有组件图和部署图两种。本章主要介绍组件图的基本概念和在实际中的运用。

10.1 基本概念

组件图描述了软件的各种组件和它们之间的依赖关系。组件图通常包含组件(component)、接口(interface)和依赖关系(dependency)3 种元素，下面具体说明。

10.1.1 组件的概念

组件也被称为构件，是系统设计的一个模块化部分，它隐藏了内部的实现，对外提供了一组接口。在组件图中，将系统中可重用的模块封装为具有可替代性的物理单元，我们称为组件，它是独立的，是在一个系统或子系统中的封装单位，提供一个或多个接口，是系统高层的可重用的部件。

组件可以是源代码组件、二进制组件或一个可执行的组件，因为一个组件包含它所实现的一个或多个逻辑类的相关信息，创建了一个从逻辑视图到组件视图的映射。在 UML 中，标准组件使用一个左边有两个小矩形的长方形表示，组件的名称位于矩形的内部，如图 10-1 所示。

组件在很多方面与类相同：两者都有名称；都可以实现一组接口；都可以参与依赖关系；都可以被嵌套；都可以有实例；都可以参与交互。但是类和组件也存在差别：类描述了软件设计的逻辑组织和意图，而组件则描述软件设计的物理实现。

组件也有不同的类型，在 Rational Rose 2007 中，还可以使用不同的图标表示不同类型的组件。

有一些组件的图标表示形式与标准组件的图形表示形式相同，包括 ActiveX、Applet、Application、DLL、EXE 及自定义构造型的组件。组件的表示形式是在组件上添加相关的构造型，如图 10-2 所示是一个构造型为 ActiveX 的组件。

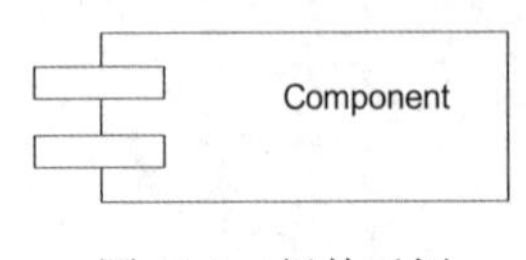

图 10-1 组件示例

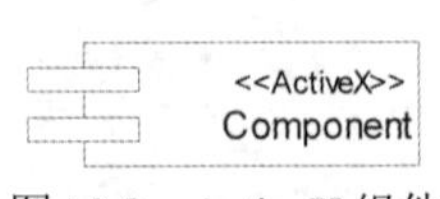

图 10-2 ActiveX 组件

在 Rational Rose 2007 中，数据库也被认为是一种组件，它用一个白色三维圆柱体作为图标，图形表示形式如图 10-3 所示。

虚包是一种只包含对其他包所具有的元素的组件，它被用来提供一个包中某些内容的公共视图。虚包不包含任何自己的模型元素，它的图形表示形式如图 10-4 所示。

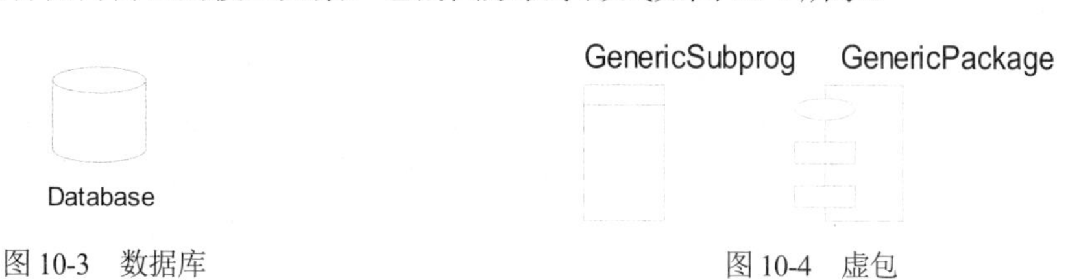

图 10-3　数据库　　　　图 10-4　虚包

系统是指组织起来以完成一定目的的连接单元的集合。在系统中，有一个文件用来指定系统的入口，也就是系统程序的根文件，该文件被称为主程序，它的图形表示形式如图 10-5 所示。

子程序规范和子程序体是用来显示子程序的规范和实现体的。子程序是一个单独处理的元素的包，我们通常用它代指一组子程序集。子程序规范和子程序体的图形表示形式如图 10-6 所示。

图 10-5　主程序　　　　图 10-6　子程序规范和子程序体

在具体的实现中，有时将源文件中的声明文件和实现文件分离开来，例如，在 C++语言中，我们往往将.h 文件和.cpp 文件分离开来。在 Rational Rose 2007 中，将包规范和包体分别放置在这两种文件中，在包规范中放置.h 文件，在包体中放置.cpp 文件，它们的图形表示形式如图 10-7 所示。

任务规范和任务体用来表示拥有独立控制线程的组件的规范和实现体，它们的图形表示形式如图 10-8 所示。

图 10-7　包规范和包体　　　　图 10-8　任务规范和任务体

在系统实现过程中，组件之所以非常重要，是因为它在功能和概念上都比一个类或一行代码强。典型地，组件拥有类的一个协作的结构和行为。在一个组件中支持了一系列的实现元素，如实现类，即组件提供元素所需的源代码。组件的操作和接口都是由实现元素实现的，当然一个实现元素可能被多个组件支持。每个组件都具有明确的功能，它们通常在逻辑上和物理上有黏聚性，能够表示一个更大系统的结构或行为块。

10.1.2 组件图的概念

组件图是用来表示系统中组件与组件之间，以及定义的类或接口与组件之间关系的图。在组件图中，组件和组件之间的关系表现为依赖关系，定义的类或接口与类之间的关系表现为依赖关系或实现关系。

在 UML 中，组件与组件之间依赖关系的表示方式与类图中类与类之间依赖关系的表示方式相同，都是使用一个从用户组件指向它所依赖的服务组件的带箭头的虚线表示。如图 10-9 所示，其中，Student 为一个用户组件，DataManager 为它所依赖的服务组件。

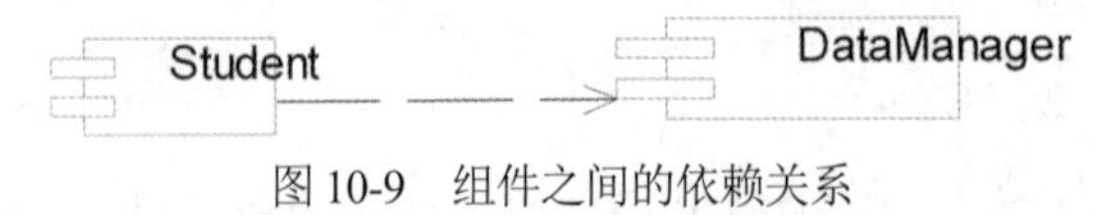

图 10-9　组件之间的依赖关系

在组件图中，如果一个组件是某个或一些接口的实现，则可以使用一条实线将接口连接到组件，如图 10-10 所示。实现一个接口意味着组件中的实现元素支持接口中的所有操作。

组件和接口之间的依赖关系是指一个组件使用了其他元素的接口，依赖关系可以用带箭头的虚线表示，箭头指向接口符号，如图 10-11 所示。使用一个接口说明组件的实现元素只需要服务者提供接口所列出的操作。

图 10-10　组件和接口的实现关系　　图 10-11　组件与接口的依赖关系

组件图通过显示系统的组件及接口等之间的接口关系，形成系统的、更大的一个设计单元。在基于组件的开发(component based development，CBD)中，组件图为架构设计师提供了一个系统解决方案模型的自然形式，并且它还能够在系统完成后允许一个架构设计师验证系统的必需功能是否由组件实现，这样确保了最终系统将会被接受。

组件图在面向对象设计过程中起着非常重要的作用，它明确了系统设计，降低了沟通成本，而且按照面向对象方法进行设计的系统和子系统通常保证了低耦合度，提高了可重用性。因此，可以说组件图是一个系统设计时不可缺少的工具。

10.2 使用 Rose 创建组件图

了解了组件图的基本概念后，我们将介绍如何创建组件图及它的一些基本模型元素。

10.2.1 创建组件图

在组件图的工具栏中，可以使用的工具如表 10-1 所示，在该表中包含了所有 Rational Rose 2007 默认显示的 UML 模型元素。

表 10-1 组件图图形编辑工具栏中的图标及用途

图标	名称	用途
	Selection Tool	光标返回箭头，选择工具
	Text Box	创建文本框
	Note	创建注释
	Anchor Note to Item	将注释连接到顺序图中的相关模型元素
	Component	创建组件
	Package	创建包
	Dependency	创建依赖关系
	Subprogram Specification	创建子程序规范
	Subprogram Body	创建子程序体
	Main Program	创建主程序
	Package Specification	创建包规范
	Package Body	创建包体
	Task Specification	创建任务规范
	Task Body	创建任务体

同样，组件图的图形编辑工具栏也可以进行定制，其方式与在类图中定制类图的图形编辑工具栏的方式一样。在组件图的图形编辑工具栏完全添加后，将增加虚子程序(generic subprogram)、虚包(generic Package)和数据库(database)等图标。

1. 创建组件图

创建一个新的组件图，可以通过以下方式进行。

(1) 右击浏览器中的 Component View(组件视图)或位于其下的包。

(2) 在弹出的快捷菜单中，选中New(新建)下的Component Diagram(组件图)选项，如图10-12所示。

(3) 输入新的组件图名称。

(4) 双击打开浏览器中的组件图。

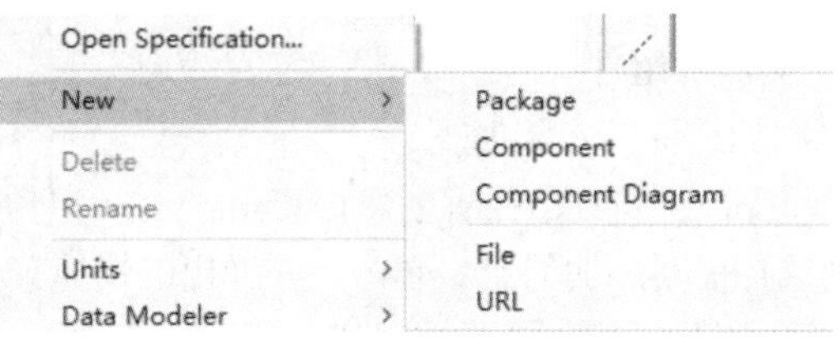

图 10-12 添加组件图

在Rational Rose 2007 中，可以在每个包中设置一个默认的组件图。在创建一个新的空白解决方案时，组件视图(Component View)下会自动出现一个名称为Main的组件图，此图即为默认的组件图。当然，我们也可以使用其他组件图作为默认组件图，在浏览器中，右击要作为默认形式的组件图，出现如图 10-13 所示的快捷菜单，在快捷菜单中选择Set as Default Diagram选项即可把该图作为默认的组件图。

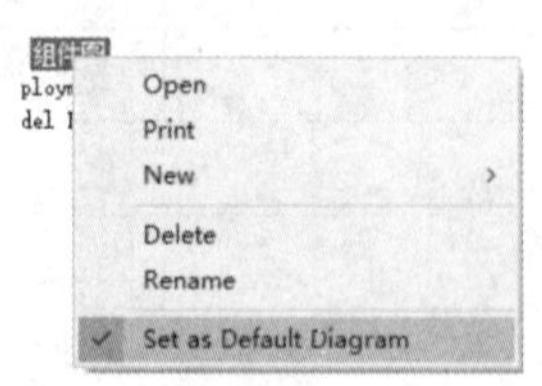

图 10-13　设置默认组件图

2. 删除组件图

如果需要在模型中删除一个组件图，则可以通过以下方式完成。

(1) 在浏览器中选中需要删除的组件图，右击。

(2) 在弹出的快捷菜单中选择 Delete 选项。

3. 创建组件

如果需要在组件图中增加一个组件，则可以通过工具栏、浏览器或菜单栏 3 种方式进行添加。

1) 通过组件图的图形编辑工具栏添加对象

通过组件图的图形编辑工具栏添加对象的步骤如下。

(1) 在组件图的图形编辑工具栏中，选择图标，此时光标变为“＋”号。

(2) 在组件图的图形编辑区内任意选择一个位置，然后单击，系统便在该位置创建一个新的组件，如图 10-14 所示。

(3) 在组件的名称栏中输入组件的名称。

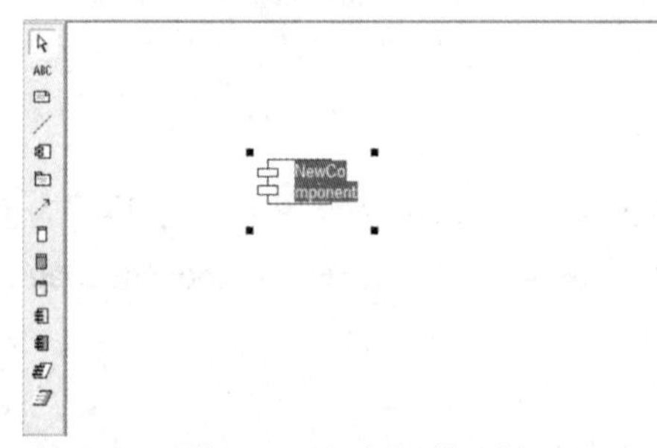

图 10-14　添加组件示例

2) 使用菜单栏或浏览器添加组件

使用菜单栏或浏览器添加组件的步骤如下。

(1) 在菜单栏中，选择 Tools(浏览) | Create(创建) | Component(组件)选项，此时光标变为“＋”号。如果使用浏览器，则选择需要添加的包，右击，在弹出的快捷菜单中选择 New(新建)选项下的 Component(组件)选项，此时光标也变为“＋”号。

(2) 余下的步骤与使用工具栏添加组件的步骤类似，按照前面使用工具栏添加组件的步骤添加即可。

如果需要将现有的组件添加到组件图中，则可以通过两种方式进行：第一种方式是选中该类，直接将其拖动到打开的类图中：第二种方式的步骤如下。

(1) 选择 Query(查询)下的 Add Component(添加组件)选项，弹出如图 10-15 所示的对话框。

(2) 在对话框的 Package 下拉列表中选择需要添加组件的位置。

(3) 在 Components 列表框中选择待添加的组件，添加到右侧的列表框中。

(4) 单击 OK 按钮。

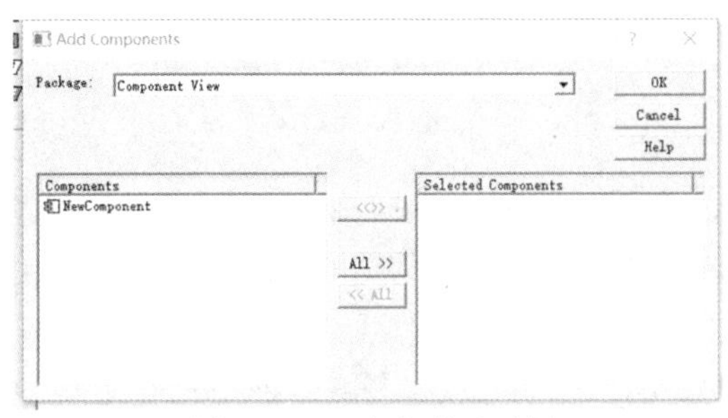

图 10-15 添加组件对话框

4. 删除组件

删除一个组件的方式同样分为两种：第一种方式是将组件从组件图中移除，该方式中组件还存在模型中，如果再使用只需要将该组件添加到组件图中即可，删除的方式是选中该组件并按 Delete 键。第二种方式是将组件永久地从模型中移除，其他组件图中存在的该组件也会被一起删除，可以通过以下方式进行。

(1) 选中待删除的组件，右击。

(2) 在弹出的快捷菜单中选择 Edit 选项下的 Delete from Model，或者按 Ctrl+Delete 快捷键。

5. 设置组件

组件图中的组件与 Rational Rose 2007 中的其他模型元素一样，可以通过组件的标准规范窗口设置其细节信息，包括名称、构造型、语言、文本、声明、实现类和关联文件等。组件的标准规范窗口如图 10-16 所示。

一个组件在该组件位于的包或是 Component View(组件视图)下有唯一的名称，并且它的命名方式与类的命名方式相同。

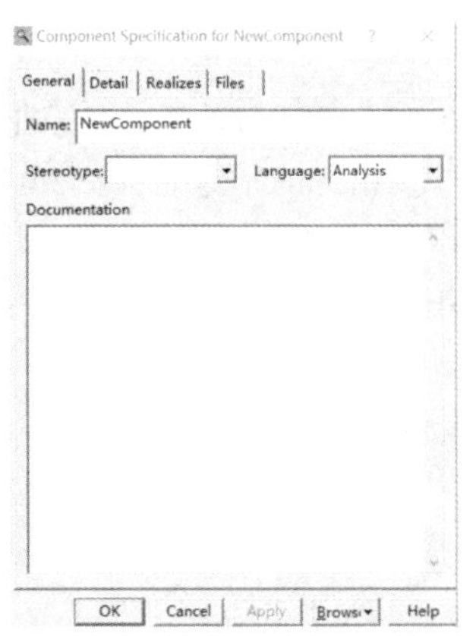

图 10-16 组件的标准规范窗口

10.3 案例分析

下面通过“超市管理系统”用例，来讲解如何使用 Rational Rose 2007 创建组件图。在组件图示例中，将介绍如何创建该用例的组件图。

10.3.1 确定需求用例

系统的组件图文档化了系统的架构，能够有效地帮助系统的开发者和管理员理解系统的概况。组件通过实现某些接口和类，能够直接将这些类或接口转换为相关编程语言代码，简化了系统代码的编写。

我们使用下列步骤创建组件图。

(1) 根据用例或场景确定需求，确定系统的组件。

(2) 将系统中的类、接口等逻辑元素映射到组件中。

(3) 确定组件之间的依赖关系，并对组件进行细化。

该步骤只是创建组件图的一个常用的普通步骤，可以根据创建系统架构的方法的不同而有所不同，例如，如果我们是根据 MVC 架构创建的系统模型，则需要按照一定的职责确定顶层的包，然后在包中创建各种组件并映射到相关类中。组件之间的依赖关系也是一个不好确定的因素，往往由于各种原因组件会彼此依赖起来。

下面以在序列图中介绍的一个超市管理系统的简单用例为例，介绍如何创建系统的组件图，如图 10-17 所示。

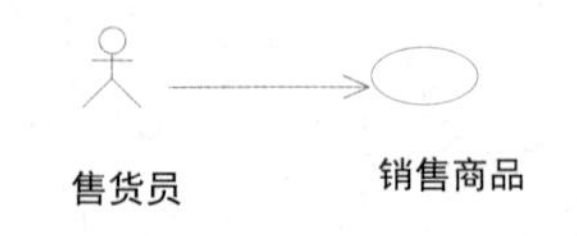

图 10-17 售货员销售商品用例图

10.3.2 创建组件图

1. 确定系统组件

在超市管理系统中，可以对系统的主要参与者和主要的业务实体类分别创建对应的组件并进行映射。类图中需要创建 employee 类、manager 类、salesclerk 类、customer 类、goods 类、supplier 类、SystemAnalyst 类、StockKeeper 类、OrderPlacingOfficer 类和 SystemAdministrator 类等，所以可以映射出相同的组件，包括员工组件、顾客组件、商品组件、供应商组件等。该主程序通常不会被其他组件依赖，只会依赖其他组件。

综上所述，该用例所需的组件如图 10-18 所示。

图 10-18 确定用例涉及的组件

2. 将系统中的类和接口等映射到组件中

我们将系统中的类、接口等逻辑元素映射到组件中，一个组件不仅包含一个类或接口，还可以包含几个类或接口。

3. 确定组件之间的依赖关系

确定组件之间的依赖关系并对组件进行细化。细化的内容包括指定组件的实现语言、组件的构造型、编程语言的设置及针对某种编程语言的特殊设置，如Java语言中的导入文件、标准、版权和文档等。

如图10-19所示，显示了该用例中组件之间的依赖关系。

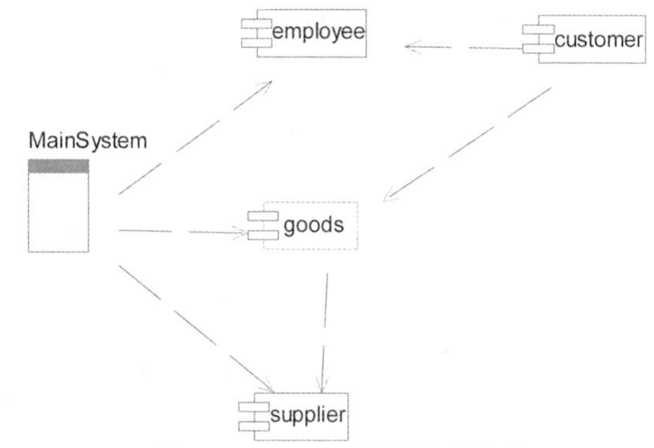

图10-19　组件之间的依赖关系

【本章小结】

UML提供了一种物理表示图形——组件图，它表示系统中的不同物理组件及联系，表达的是系统代码本身的结构。

习题10

1. 填空题

(1) 在________中，将系统中可重用的模块封装为具有可替代性的物理单元，我们称为组件。

(2) 组件图是用来表示系统中________与________之间，以及定义的________与组件之间的关系的图。

(3) ________是一种只包含从其他包中引入的元素的组件，它被用来提供一个包中某些内容的公共视图。

2. 选择题

(1) 下列中是组件图的组成元素的是(　　)。

A. 接口　　　　B. 组件

C. 发送者　　　D. 依赖关系

(2) (　　)是系统中遵从一组接口且提供实现的一个物理部件，通常指开发和运行时类的物理实现。

A. 部署图　　B. 组件

C. 类　　D. 接口

(3) 组件图主要描述的问题是(　　)。

A. 系统中组件和硬件的适配问题

B. 系统中组件与组件之间、定义的类或接口与组件之间的关系

C. 在系统运行时，用户和组件、组件和组件之间互相交互和引用的时序关系

D. 组件实现的功能及其具体实现源代码

(4) 在下列 UML 关系中，可能出现在组件图中的是(　　)。

A. 依赖关系　　B. 泛化关系

C. 关联关系　　D. 包含关系

3. 简答题

(1) 组件图适用于哪些建模需求？

(2) 请阐述类和组件之间的异同点。

(3) 在一张基本组件图中，组件之间最常见的关系是什么？

(4) 在 UML 中主要包括哪 3 种组件？

4. 上机题

在“学生管理系统”中，以系统管理员添加学生信息为例，可以确定“系统管理员类 System Manager”“学生类 Student”“界面类 Form”3 个主要的实体类，根据这些类创建关于系统管理员添加学生信息的相关组件图。

꧁ 第 11 章 ꧂

部　署　图

在构造一个面向对象的软件系统时，不光要考虑系统的逻辑部分，也要考虑系统的物理部分。逻辑部分需要描述对象类、接口、交互和状态机等，物理部分要定义组件和节点。在UML中，使用组件图和部署图来表示物理图形，这两种图用于建立系统的实现模型，使用组件图描述业务过程，使用部署图描述业务过程中的组织机构和资源。上一章节介绍了组件图的基本概念和在实际中的运用，本章主要介绍部署图的基本概念和在实际中的运用。

11.1 部署图的基本概念

在UML中是通过组件图和部署图来表示单元的，它们描述了系统实现方面的信息，使系统具有可重用性和可操作性。

部署图描述了一个系统运行时的硬件节点，以及在这些节点上运行的软件组件将在何处物理地运行和它们将如何彼此通信的静态视图。在一个部署图中，包含了两种基本的模型元素：节点(node)和节点之间的连接(connection)。在每个模型中仅包含一个部署图。如图 11-1 所示是一个系统的部署图。

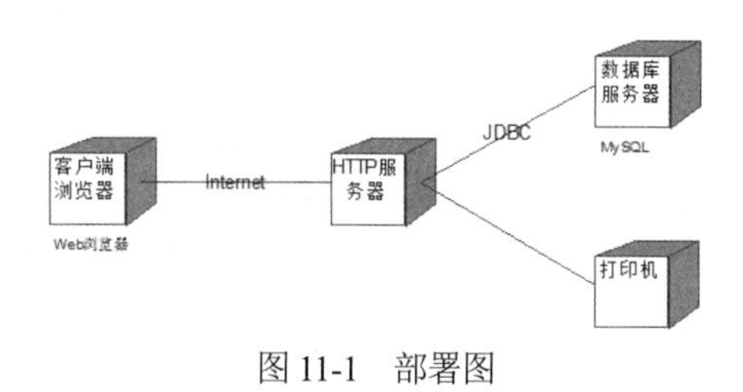

图 11-1　部署图

图 11-1 中包含了客户端浏览器(Web 浏览器)、HTTP 服务器端、数据库服务器(MySQL)和打印机等节点，其中客户端浏览器和 HTTP 服务器端通过 Internet 连接，HTTP 服务器端与数据库服务器通过 JDBC 方式连接。

1. 节点

在 Rational Rose 2007 中可以表示的节点类型有两种，分别是处理器(processor)节点和设备(device)节点。

1) 处理器节点

处理器节点是指本身具有计算能力，能够执行各种软件的节点，如服务器、工作站等都是具有处理能力的机器。在UML中，处理器的表示形式如图11-2所示。

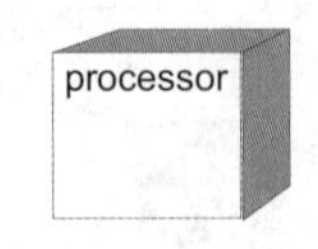

图11-2　处理器示例

在处理器的命名方面，每个处理器都有一个与其他处理器相区别的名称，处理器的命名没有任何限制，因为处理器通常表示一个硬件设备而不是软件实体。

由于处理器是具有处理能力的机器，所以在描述处理器方面应包含处理器的调度(scheduling)和进程(process)。调度是指在处理器处理其进程中为实现一定的目的而对共同使用的资源进行时间分配。有时我们需要指定该处理器的调度方式，从而使处理达到最优或比较优的效果。在Rational Rose 2007中，对处理器的调度方式如表11-1所示。

表11-1　处理器的调度方式

名称	含义
Preemptive	抢占式，高优先级的进程可以抢占低优先级的进程。默认选项
Nonpreemptive	无优先方式，进程没有优先级，当前进程在执行完以后再执行下一个进程
Cyclic	循环调度，进程循环控制，每个进程都有一定的时间，超过时间或执行完后交给下一个进程执行
Executive	使用某种计算算法控制进程调度
Manual	用户手动计划进程调度

进程表示一个单独的控制线程，是系统中一个重量级的并发和执行单元，例如，一个组件图中的主程序和一个协作图中的主动对象都是一个进程。在一个处理器中可以包含许多个进程，需使用特定的调度方式执行这些进程，一个显示调度方式和进程内容的处理器如图11-3所示。

在图11-3中，处理器的进程调度方式为nonpreemptive，包含的进程为ProcessA和ProcessB。

2) 设备节点

设备节点是指本身不具备处理能力的节点，通常情况下都是通过其接口为外部提供某些服务，如打印机、扫描仪等。每个设备如同处理器一样都要有一个与其他设备相区别的名称，当然有时设备的命名可以相对抽象一些，如调节器或终端等。在UML中，设备的表示形式如图11-4所示。

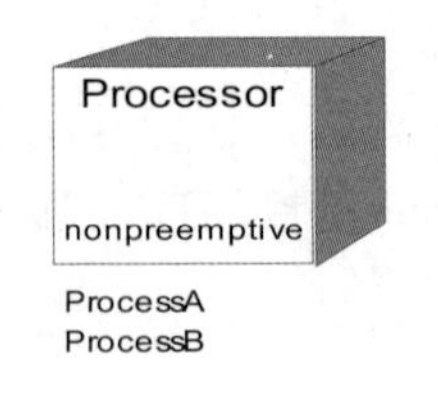

图11-3　包含进程和调度方式的处理器示例

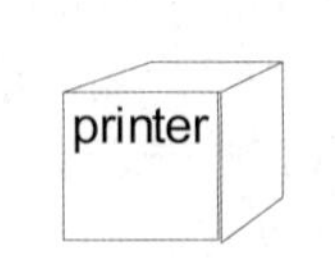

图11-4　设备示例

2. 连接

连接用来表示两个节点之间的硬件连接。节点之间的连接可以通过光缆等方式直接连接，或者通过卫星等方式非直接连接，但是通常连接都是双向的。在UML中，连接使用一条实线表示，在实线上可以添加连接的名称和构造型，连接的名称和构造型都是可选的。如图 11-5 所示，节点客户端和服务器通过 HTTP 方式进行通信。

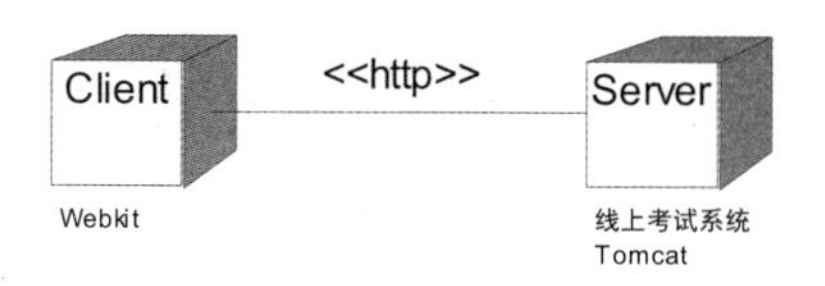

图 11-5　连接示例

在连接中支持一个或多个通信协议，它们每个都可以使用一个关于连接的构造型来描述，例如，图 11-1 的部署图中包含了 HTTP 和 JDBC 等协议。如表 11-2 所示，包含了常用的一些通信协议。

表 11-2　常用的通信协议

名称	含义
HTTP	超文本传输协议
JDBC	Java 数据库连接，一套为数据库存取编写的 Java API
ODBC	开放式数据库连接，一套微软的数据库存取应用编程接口
RMI	远程通信协议，一个 Java 的远程调用通信协议
RPC	远程过程调用通信协议
同步	同步连接，发送方必须等到接收方的反馈信息后才能再发送消息
异步	异步连接，发送方不需要等待接收方的反馈信息就能再发送消息
Web Services	经由诸如 SOAP 和 UDDI 的 Web Services 协议的通信

部署图只需要给复杂的物理运行情况进行建模，如分布式系统等。系统的部署人员可以根据部署图了解系统的部署情况。

在部署图中显示了系统的硬件、安装在硬件上的软件，以及用于连接硬件的各种协议和中间件等。我们可以将创建一个部署模型的目的概括如下。

- 描述一个具体应用的主要部署结构。通过对各种硬件和在硬件中的软件，以及各种连接协议的显示，可以很好地描述系统是如何部署的。
- 平衡系统运行时的计算资源分布。运行时，在节点中包含的各个构件和对象是可以静态分配的，也可以在节点间迁移。如果含有依赖关系的构件实例放置在不同节点上，则通过部署图可以展示出在执行过程中的瓶颈。
- 部署图也可以通过连接描述组织的硬件网络结构或是嵌入式系统等具有多种相关硬件和软件的系统运行模型。

11.2 使用 Rose 创建部署图

了解了部署图的各种基本概念后，我们将介绍如何创建部署图及它们的一些基本模型元素，如组件、节点和设备等。

在部署图的工具栏中，我们可以使用的工具图标及其用途如表 11-3 所示，该表中包含了所有 Rational Rose 2007 默认显示的 UML 模型元素。

同样部署图的图形编辑工具栏也可以进行定制，其方式与在类图中定制类图的图形编辑工具栏的方式一样。

表 11-3 部署图的图形编辑工具栏图标及用途

图标	名称	用途
	Selection Tool	光标返回箭头，选择工具
ABC	Text Box	创建文本框
	Note	创建注释
	Anchor Note to Item	将注释连接到顺序图中的相关模型元素
	Processor	创建处理器
	Connection	创建连接
	Device	创建设备

在每个系统模型中只存在一个部署图。在使用 Rational Rose 2007 创建系统模型时，就已经创建完毕，即为 Deployment View(部署视图)。如果要访问部署图，则在浏览器中双击该部署视图即可。

1. 创建节点

如果需要在部署图中增加一个节点，也可以通过工具栏、浏览器和菜单栏 3 种方式进行添加。

1) 通过图形编辑工具栏添加处理器节点

通过部署图的图形编辑工具栏添加处理器节点的步骤如下。

(1) 在部署图的图形编辑工具栏中，选择图标，此时光标变为“+”号。

(2) 在部署图的图形编辑区内任意选择一个位置，然后单击，系统便在该位置创建一个新的处理器节点，如图 11-6 所示。

(3) 在处理器节点的名称栏中，输入节点的名称。

2) 使用菜单栏或浏览器添加处理器节点

使用菜单栏或浏览器添加处理器节点的步骤如下。

(1) 在菜单栏中，选择 Tools(浏览)下的 Create(创建)选项，在 Create(创建)选项中选择 Processor(处理器)，此时光标变为“+”号。如果使用浏览器，则选择 Deployment View(部署视图)，右击，在弹出的快捷菜单中选择 New(新建)选项下的 Processor(处理器)选项，此时光标也变为“+”号。

(2) 余下的步骤与使用工具栏添加处理器节点的步骤类似，按照前面使用工具栏添加处理器节点的步骤添加即可。

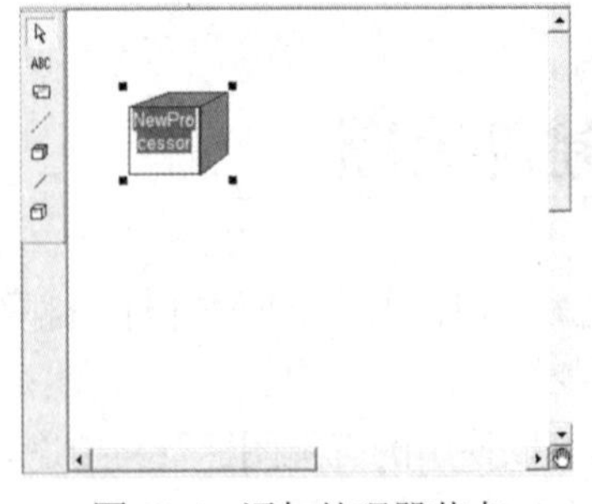

图 11-6 添加处理器节点

2. 删除节点

删除一个节点同样有两种方式：第一种方式是将节点从部署图中移除，该方式中节点还存在模型中，如果再用只需要将该节点添加到部署图中即可，删除的方式是选中该节点并按Delete键。第二种方式是将节点永久地从模型中移除，可以通过以下方式进行。

(1) 选中待删除的节点，右击。

(2) 在弹出的快捷菜单中选择Edit选项下的Delete from Model，或者按Ctrl+Delete快捷键。

3. 设置节点

部署图中的节点和Rational Rose 2007中的其他模型元素一样，可以通过节点的标准规范窗口设置其细节信息。对处理器的设置与对设备的设置略微有一些差别，在处理器中，可以设置的内容包括名称、构造型、文本、特征、进程及进程的调度方式等；在设备中，可以设置的内容包括名称、构造型、文本和特征等。处理器的标准规范窗口如图11-7所示。

在处理器的规范窗口中，还可以在Detail选项卡中通过Characteristics文本框添加硬件的物理描述信息，如图11-8所示。

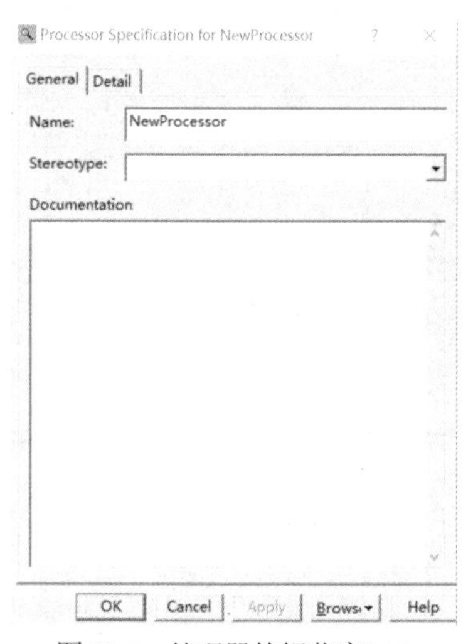

图11-7 处理器的规范窗口1

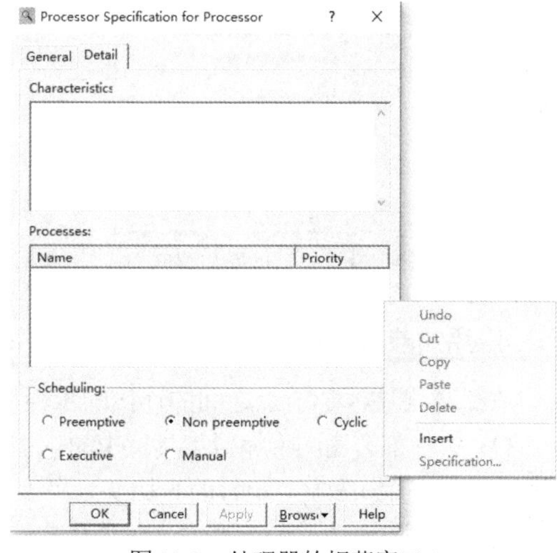

图11-8 处理器的规范窗口2

这些物理描述信息包括硬件的连接类型、通信的带宽、内存大小、磁盘大小或设备大小等。这些信息只能通过规范进行设置，并且在部署图中是不显示的。

在Characteristics文本框的下方是关于处理器进程的信息，我们可以在Processes下添加处理器的各个进程，在处理器中添加一个进程的步骤如下。

(1) 打开处理器的标准规范窗口并选择Detail选项卡。

(2) 在Processes下的列表框中，选择一个空白区域，右击。

(3) 在弹出的快捷菜单中选择Insert选项。

(4) 输入一个进程的名称或从下拉列表框中选择一个当前系统的主程序组件。

另外，还可以通过双击该进程的方式设置进程的规范。在进程的规范中，可以指定进程的名称、优先级及描述进程的文本信息。

在Scheduling选项组中，可以指定进程的调度方式，共有5种调度方式，任意选择其中一种如Preemptive(抢占式)即可。

如图 11-8 所示，Preemptive 表示高优先级的进程可以抢占低优先级的进程；Non Preemptive 表示进程没有优先级，只有当前进程执行完毕后才可以执行下一进程；Cyclic 表示进程是时间片轮转执行的，每个进程分配一定的时间片，当一个进程时间片执行完毕后才将控制权和传递权传递给下一个进程；Executive 表示用某种算法控制计划；Manual 表示进程由用户计划。

(5) 选中该处理器节点，右击。在弹出的快捷菜单中选择 Show Processes 和 Show Scheduling 选项，如图 11-9 所示。

在部署图中，创建一个设备与创建一个处理器没有太大的差别，它们之间不同的是，在设备规范设置的 Detail 选项卡中仅包含设备的物理描述信息，没有进程和进程的调度信息，如图 11-10 所示。

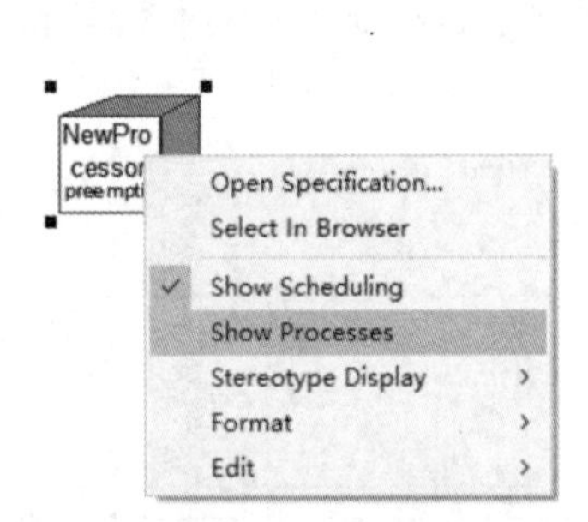

图 11-9　设置显示进程和调度方式

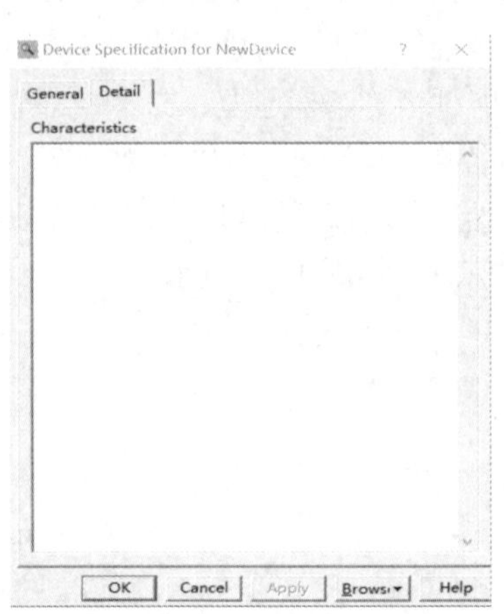

图 11-10　设备的规范设置

4. 添加节点之间的连接

在部署图中添加节点之间的连接的步骤如下。

(1) 选择部署图图形编辑工具栏中的图标，或者选择菜单 Tools(工具)中 Create(新建)下的 Connection(连接)选项，此时的光标变为“↑”符号。

(2) 单击需要连接的两个节点中的任意一个节点。

(3) 将连接的线段拖动到另一个节点，如图 11-11 所示。

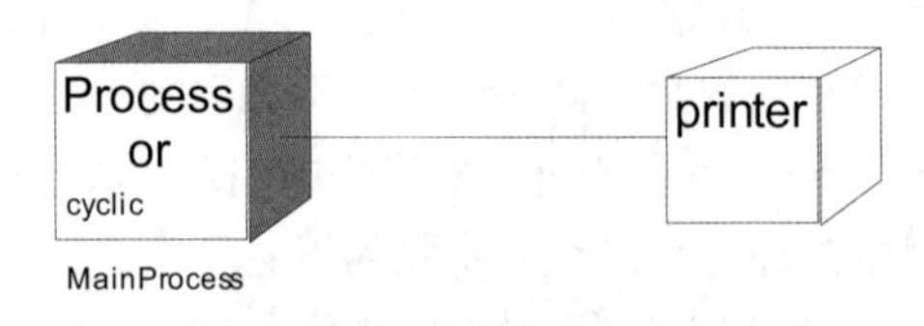

图 11-11　连接示例

5. 删除节点之间的连接

如果要将连接从节点中删除，则可以通过以下步骤完成。

(1) 选中该连接。

(2) 按 Delete 键，或者右击，在弹出的快捷菜单中选择 Edit(编辑)下的 Delete 选项。

6. 设置连接规范

在部署图中，也可以与其他元素一样，通过设置连接的规范增加连接的细节信息。例如，我们可以设置连接的名称、构造型、文本和特征等信息。

打开连接规范窗口的步骤如下。

(1) 选中需要打开的连接，右击。

(2) 在弹出的快捷菜单中选择Open Specification ...(打开规范)选项，弹出如图11-12所示的窗口。

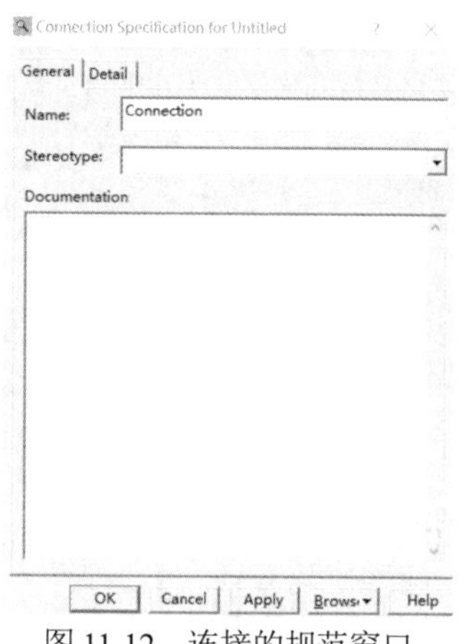

图 11-12　连接的规范窗口

在连接规范窗口的 General 选项卡中，我们可以在 Name(名称)文本框中设置连接的名称，连接的名称是可选的，并且多个节点之间有可能拥有名称相同的连接。在 Stereotype(构造型)下拉列表中，可以设置连接的构造型，手动输入构造型的名称或从下拉列表中选择以前设置过的构造型名称均可。在 Documentation(文档)文本框中，可以添加对该连接的说明信息。在连接规范对话框的 Detail 选项卡中，可以设置连接的特征信息，如使用的光缆的类型、网络的传播速度等。

11.3 案例分析

以“ATM 取款机系统”为例，来讲解如何使用 Rational Rose 2007 部署图。在部署图示例中，以一些系统的需求为基础，创建系统的部署图。

1. 创建部署图

部署图通过显示系统中不同的组件将在何处物理地运行，以及它们是如何彼此通信的，表示了该软件系统是如何部署到硬件环境中的。因为部署图是对物理运行情况进行建模，所以在分布式系统中，常被人们认为是一个系统的技术架构图或网络部署图。

我们可以使用下列步骤创建部署图。

(1) 根据系统的物理需求，确定系统的节点。

(2) 根据节点之间的物理连接，将节点连接起来。

(3) 通过添加处理器的进程、描述连接的类型等细化对部署图的表示。

2. 需求分析

对一个 ATM 取款机系统进行建模，该系统的需求如下。

(1) 用户可以在客户端的 ATM 机上查看系统页面，并与 Web 服务器进行通信。

(2) 在地区 ATM 服务器中安装 Web 服务器软件，如 Tomcat 等，通过 JDBC 与数据库服务器连接。

(3) 在数据库服务器中安装 MySQL、Oracle 等数据库，提供数据服务功能。

1) 确定系统节点

根据上面的需求可以获得系统的节点信息，如图 11-13 所示。

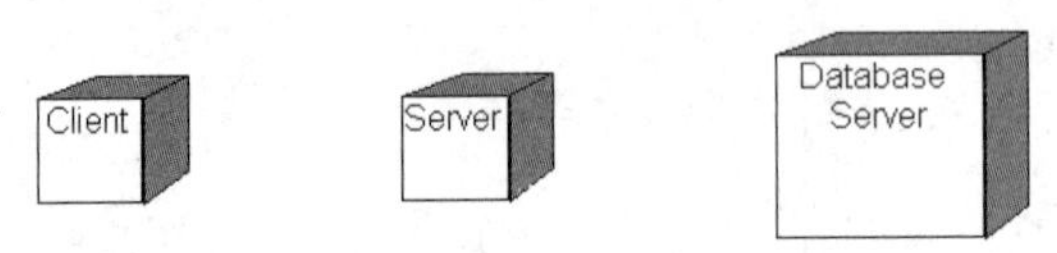

图 11-13　部署图节点

2) 添加节点连接

从上面的需求中可以获取下列连接信息。

(1) 客户端的 PC 机上通过 HTTP 协议与 Web 服务器通信。

(2) Web 服务器通过 JDBC 与数据库服务器连接。

将上面的节点连接起来，得到的部署图如图 11-14 所示。

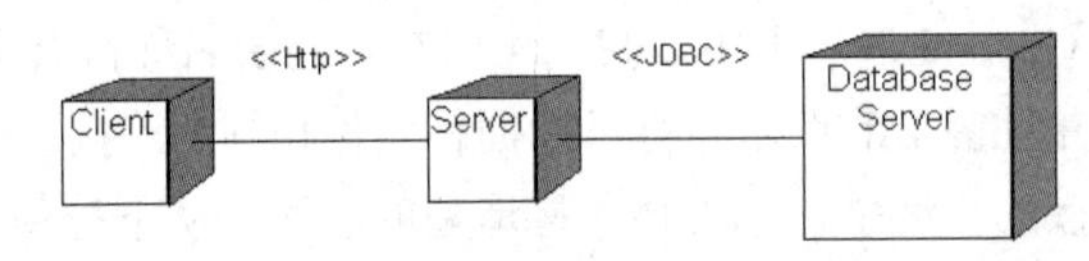

图 11-14　添加部署图的连接

3. 细化部署图

接下来需要确定各个处理器中的主程序及其他内容，如构造型、说明型文档和特征描述等。确定各个处理器中的主程序后，得到的部署图如图 11-15 所示。

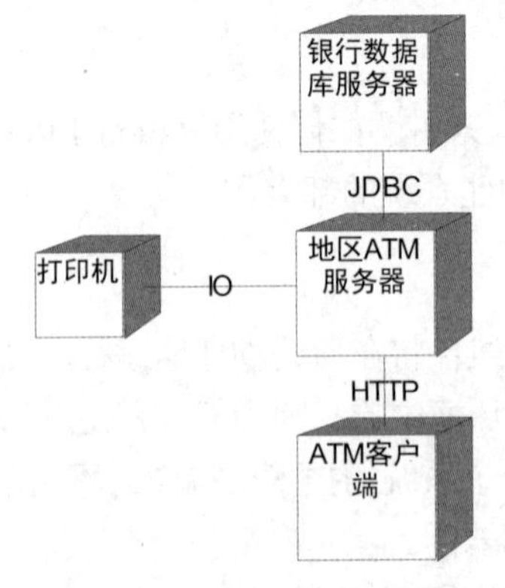

图 11-15　添加部署图中的主程序

【本章小结】

UML 提供了两种物理表示图形：组件图和部署图。部署图由节点构成，节点代表系统的硬件，组件在节点上驻留并执行。部署图表示的是系统软件组件和硬件之间的关系，它表达的是运行系统的结构。

习题 11

1. 填空题

(1) ______描述了一个系统运行时的硬件节点，以及在这些节点上运行的软件组件将在何处物理地运行及它们将如何彼此通信的静态视图。

(2) 在部署图中，节点之间可以建立连接来表示节点之间的______。

(3) 部署图中节点之间的______关系，可以对其应用构造型表示不同类型的通信路径或通信实现方式。

2. 选择题

(1) 部署图的组成元素不包括(　　)。

A. 处理器　　B. 设备
C. 组件　　D. 关联关系

(2) 某系统部署时需要一台 LED 显示屏，其在部署图中应该被建模为(　　)类型的节点。

A. 设备　　B. 处理器
C. 两者均可　　D. 都不适用

(3) 软件部署的实质是(　　)。

A. 部署软件组件　　B. 部署软件程序
C. 部署软件模型　　D. 部署软件制品

(4) 在 UML 中表示单元的实现是通过(　　)和(　　)，它们描述了系统实现方面的信息，使系统具有可重用性和可操作性。

A. 包图　　B. 状态图
C. 组件图　　D. 部署图

(5) 在 UML 中，提供了两种物理表示图形：(　　)和(　　)。

A. 组件图　　B. 对象图
C. 类图　　D. 部署图

3. 简答题

(1) 什么是部署图？说一说该图的作用。

(2) 简述处理器和设备的异同。

(3) 简述部署图的建模方法。

4. 上机题

在“学生管理系统”中，系统包括 3 种节点，分别是：数据库服务器节点，负责数据的存储、处理等；系统服务器节点，执行系统的业务逻辑；客户端节点，使用者通过该节点进行具体操作。根据以上的系统需求，创建系统的部署图。

꧁ 第12章 ꧂

双 向 工 程

本章要讨论的双向工程(round-trip engineering)即正向工程(forward engineering)和逆向工程(reverse engineering)。正向工程是从图形生成代码，逆向工程是从代码生成图形，这两方面结合在一起，定义为双向工程。双向工程提供了一种描述系统架构或设计与代码的模型之间进行双向交换的机制。

本章将简要介绍双向工程，并以 Java 语言为例，实现正向工程与逆向工程，以便读者能够更好地理解。

12.1 正向工程

正向工程(也称为代码生成)是通过 UML 模型生成程序设计语言代码的过程，一般情况下，开发人员将系统设计细化到一定的级别，然后应用正向工程，这将为开发者节约许多用于编写类、属性和方法代码等琐碎工作的时间。

由于 UML 描述的模型在语义上比面向对象编程语言更丰富，所以正向工程将导致一定的信息损失，事实上这也是除了代码还需要模型的主要原因。UML 中的类图、组件图和状态图都可以在正向工程和逆向工程中选用，因为它们所描述的物体都在最终的可执行文件中存在，而用例图就不会，因为用例图并没有详细地描述一个系统或子系统实现的过程。另外，如协作这样的结构特征和交互这样的行为特征，虽然在 UML 中可以被清晰地可视化，但是却难以在代码中被清晰地描述。

Rose 的正向工程是以组件为中心的，Java 源代码的生成是基于组件而不是类。创建一个类后需要将它分配给一个有效的 Java 组件。

当对一个 Java 模型元素进行正向工程时，它的特征会映射到对应的 Java 语言的结构。例如，Rose 中的类会通过它的组件生成一个.java 文件；Rose 中的包会生成一个 Java 包。

生成代码的步骤如下。

1. 将 Java 类添加到模型中的 Java 组件

启动 Java 代码生成时，Rose 自动创建组件，将模型的默认语言设置为 Java，可在菜单栏中的 Tools(工具) | Options(选项) | Notation(符号) | Default Language(默认语言)选项中选择 Java，如图 12-1 所示。

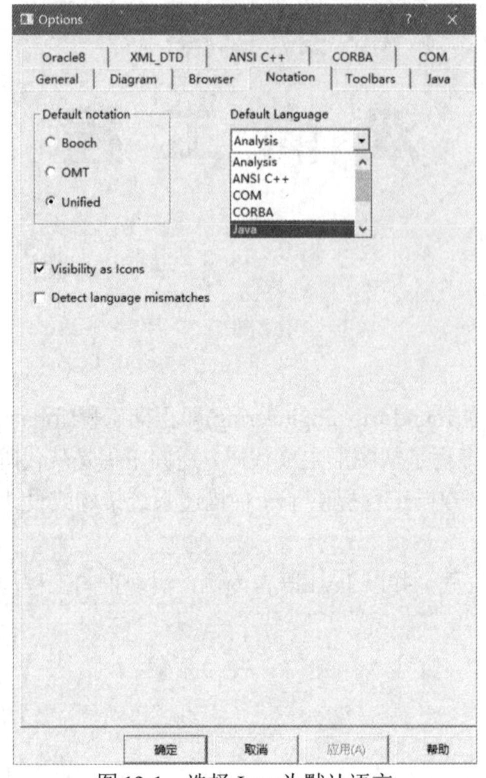

图 12-1　选择 Java 为默认语言

2. 检查语法

如图 12-2 所示，选择类或组件，执行菜单栏中的 Tools(工具) | Java/J2EE | Syntax Check(语法检查)命令可以进行语法检查，查看 Rose 的日志窗口，如果存在语法错误，生成的代码可能无法进行编译，应进行修正。Java 程序并不支持中文，所以如若需要用到正向工程生成 Java 代码，则 name 建模时在 Logical View 下不要使用中文，否则会无法通过语法检查。

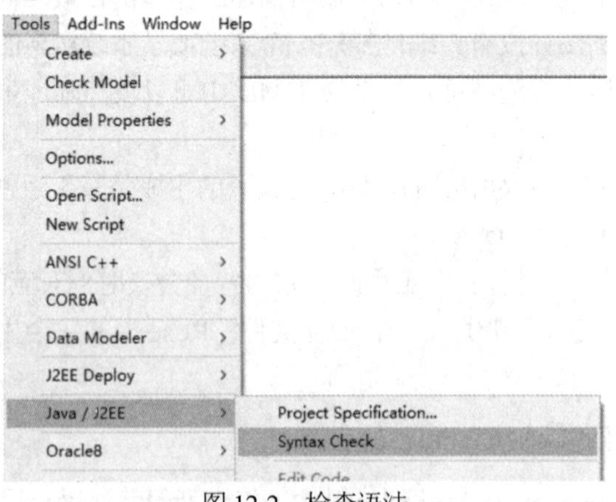

图 12-2　检查语法

语法检查通过后，会弹出如图 12-3 所示的对话框。

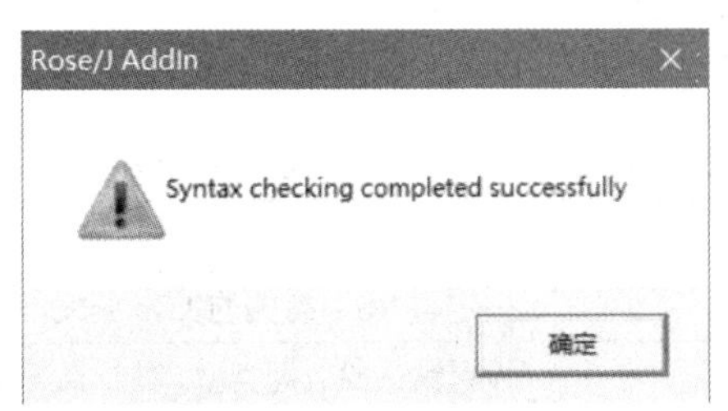

图 12-3　语法检查通过

3. 设置环境变量 ClassPath

在 Rational Rose 2007 中，单击菜单栏中的 Tool(工具) | Java/J2EE | Project Specification…(项目规范)选项，在弹出的 Project Specification 对话框中选择 ClassPath(指定生成代码的目录)选项卡，通过提供的路径操作按钮创建保存 Java 文件的目录，如 D:\ROSE\temp，如图 12-4 所示。

4. 设置参数

在 Project Specification 对话框中，选择 Code Generation 选项卡，设置该选项卡中的参数信息如图 12-5 所示。

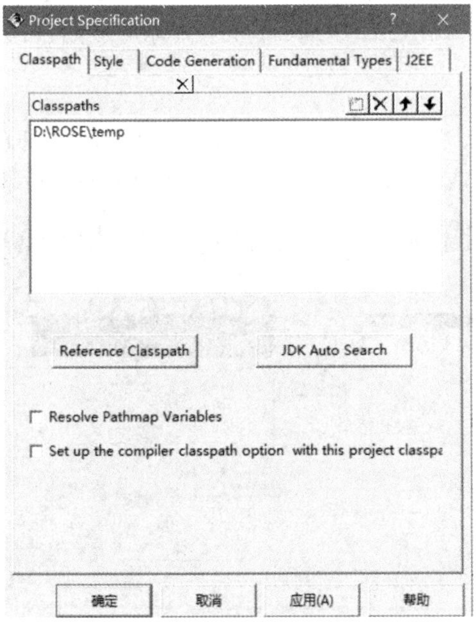

图 12-4　设置环境变量

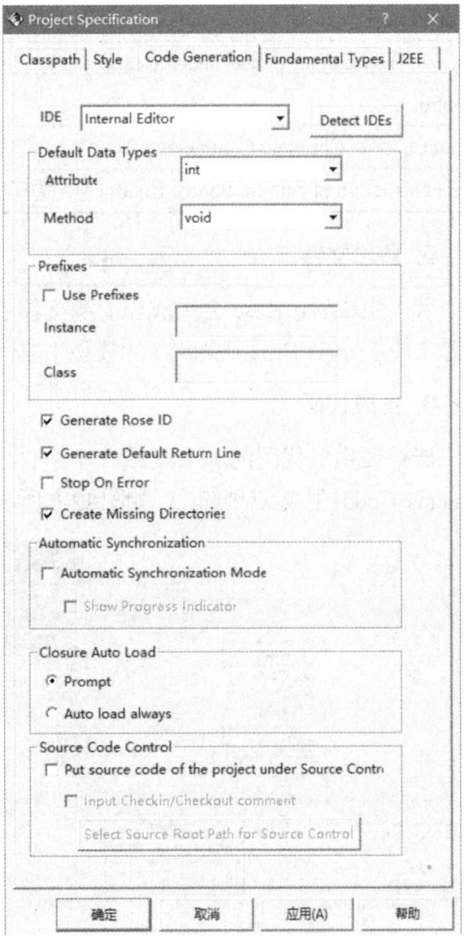

图 12-5　设置 Code Generation 选项卡参数信息

Code Generation 选项卡中参数的详细说明如表 12-1 所示。

表 12-1　Code Generation 选项卡中参数的详细说明

选项	说明
IDE	指定与 Rose 有关的 Java 开发环境
Default Data Types	设置默认的数据类型。默认情况下，属性的数据类型是 int，方法返回值是 void 类型
Generate Rose ID	设定 Rose 是否在代码中为每个方法都设定唯一的标识符。Rose 使用这个 ID 来识别代码中名称被改动的方法。默认情况下将生成 Rose ID
Generate Default Return Line	设定 Rose 是否在每个类声明后面都生成一个返回行
Stop on Error	设定 Rose 在生成代码时，是否在遇到第 1 个错误时就停止
Create Missing Directories	如果在 Rose 模型中引用了包，该项将指定是否生成没有定义的目录
Automatic Synchronization	是否使代码与 UML 模型自动保持一致
Show Progress Indicator	指定 Rose 是否在遇到复杂的同步操作时显示进度栏
Source Code Control	指定对哪些文件进行源码控制
Put source code of the project under Source Control	是否使用 Rose J/CM Integration 对 Java 源代码进行版本控制
Input Checkin/ Checkout Comment	指定用户是否需要对检入、检出代码的活动进行说明
Select Source Root Path for Source Control	选择代码文件存取的路径

5. 备份文件

代码生成后，Rose 会生成当前源文件的备份，后缀名为.jv~。在用代码生成模型时，必须将源文件备份，如果多次为同一个模型生成代码，那么新生成的文件备份将覆盖原来的文件备份。

6. 生成代码

选择要生成代码的一个类或一个组件，或者一个包，依次单击 Tool(工具) | Java/J2EE | Generate Code (生成代码)选项，如图 12-6 所示。代码成功生成后，会弹出如图 12-7 所示的提示框。

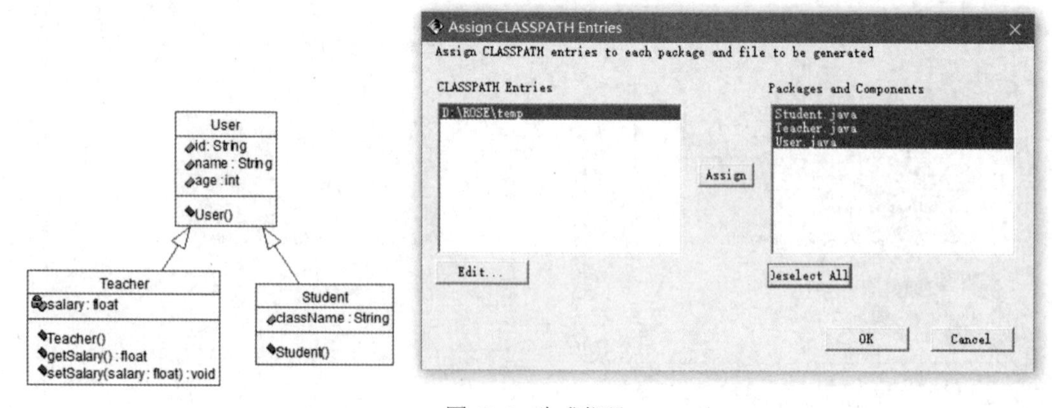

图 12-6　生成代码

在 Rational Rose 2007 中，在浏览器或绘图窗口中选中已生成代码的类或组件，右击选择 Java/J2EE | Edit Code(编辑代码)选项，可在代码编辑框中查看新生成的代码，如图 12-8 所示。

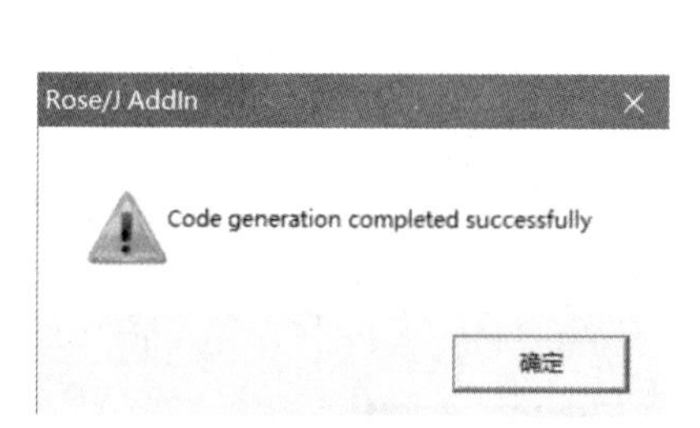

图 12-7　代码生成信息提示框

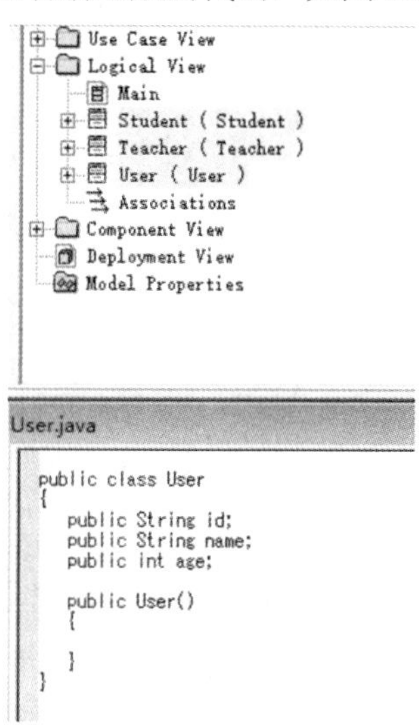

图 12-8　生成的代码示例

12.2 逆向工程

逆向工程是从程序设计语言代码得到 UML 模型的过程，是分析程序以便在比源代码更高的抽象层次上创建程序的某种表示的过程。换句话说，逆向工程是通过特定实现语言的映射，把代码转换为模型的过程。逆向工程是用于软件生命需求的各个阶段和各种抽象层次，包括需求、设计和实现，例如，把二进制代码转换为源代码，但主要用于将程序源代码转换为更高层次的表示，如类图、组件图等。

逆向工程会导致大量的冗余信息，其中的一些信息属于实现细节，对于构建模型来说过于详细，同时，逆向工程也是一个不完整的过程，因为模型在进行正向工程时已经丢失了一些信息，所以基本不可能从代码中产生一个与原来模型完全一致的模型。

信息技术项目的一个挑战就是保持对象模型和代码的一致性。随着需求的不断变更，人们可以直接改变代码，而不是改变模型，然后再从模型生成代码。逆向工程可以帮助我们使模型与代码保持同步。

逆向工程是分析 Java 代码，然后将其转换到 Rose 模型的类和组件的过程。Rose 允许从 Java 源文件(.java 文件)、Java 字节码(.class 文件)及一些打包文件(.zip 文件、.jar 文件、.cab 文件)中进行逆向工程。

逆向工程的步骤如下。

(1) 反向工程前，应将反向工程中所需要的.jar 包配置到 ClassPath 中。操作系统的 Java 环境变量也要预先设置好。

(2) 选择 Tools(工具) | Java/J2EE | Reverse Engineer(逆向工程)选项，如图 12-9 所示。

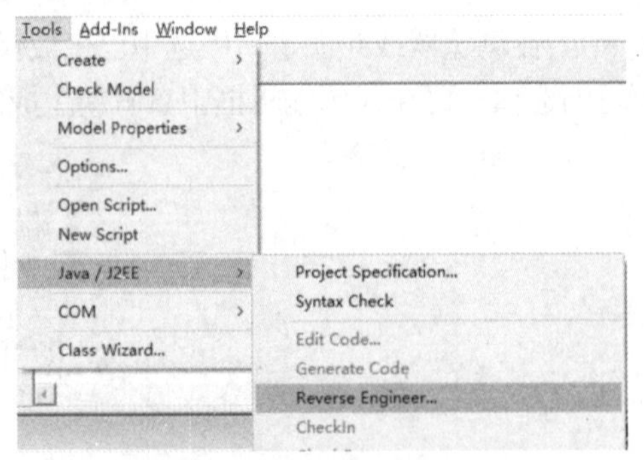

图 12-9 选择逆向工程

(3) 在打开的 Java Reverse Engineer 对话框中，单击 Add 按钮添加单个文件到下方的列表框中，或者单击 Add All 按钮，将当前选择的目录下的所有符合过滤条件的文件添加到下方列表框中，然后单击 Select All 按钮，选中列表框中的所有文件，再单击 Reverse 按钮，进行逆向工程生成模型，如图 12-10 所示。生成结束后，Rose 不会将逆向工程生成的类或组件放在图中，只能在左侧视图中看到，可以将它们拖入图中。

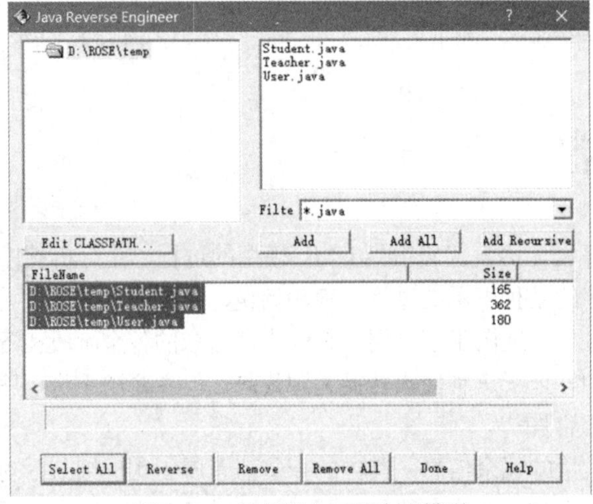

图 12-10 进行逆向工程生成模型

【本章小结】

在本章中，我们学习了通过现实语言的映射把模型转换为代码的正向工程，也学习了通过从特定实现语言的映射把代码转换为模型的逆向工程。Rational Rose 将正向工程和逆向工程结合在了一起，利用正向工程可以减少代码编写的时间，通过逆向工程可以帮助我们保持模型与代码的同步。

习题 12

1. 填空题

(1) 双向工程指______和______。
(2) 正向工程是由______生成______。
(3) 逆向工程是由______生成______。

2. 简答题

简述在 Rose 中生成 Java 代码的步骤。

第13章

应急救援指挥调度系统

前面章节详细系统地介绍了 UML 的各种模型视图与建模元素的概念和绘制方法。通过所学的这些知识，我们可以很便捷地对软件系统进行建模。本章将使用 UML 的各种模型元素对一个应急救援指挥调度系统进行建模。

13.1 需求分析

应急救援指挥调度平台为安全生产信息化建设提供了全面的解决方案，是为安全生产监督管理业务流程量身定制的软硬件组合系统。该平台的建立是安全生产信息化建设的一个里程碑，为决策者提供了一个便利的交互式操作平台，可迅速、动态地识别事件，构造针对特定应急事件信息处理、指挥调度、决策支持系统。系统平台综合了城市应急服务、应急救援资源、统一指挥调度、移动指挥等各种功能。

应急救援指挥调度系统以电子地图为基础，以应急联动网络为依托，以信息共享的综合利用为目标，实现各类基础信息基于地图的可视化、查询和分析，提高在指挥决策、快速反应等方面的综合能力，为应对突发事件、抢险救灾提供行之有效的手段。

我们可以将系统的需求分析划分为以下几个方面。

1) 硬件支持模块

硬件支持模块是整个系统的基础，主要包括通信系统、计算机网络系统、视频系统，可搭建一套专属的网络。

2) 数据管理模块

数据管理模块是整个系统的核心，整个系统的数据主要由空间数据信息和非空间数据信息组成。

(1) 空间数据信息。以 GIS 地理信息平台为依托，包括：基础的地理信息电子地图，应急各类专题数据，附近的医院、公安局、救援物资信息等数据。

(2) 非空间数据信息。应急事件的各项详细数据，如空间的定位坐标等。

3) 业务管理模块

业务管理模块是应用提供的统一平台和操作系统，将数据统一备份并保存在数据中心，可供工作人员、领导、专家、群众等不同人员使用，开启相应的权限信息即可，具体如下。

(1) 数据搜索。专家根据数据中心查询数据并采取相对应的措施，将数据可视化提交系统；领导直观看到具体的事故情况并合理分配附近的物资与人员。

(2) 资源调度。工作人员可以根据平台的调度有序开展救援。
(3) 信息发布与浏览。群众可以根据平台发布的信息了解事故的情况。
(4) 系统开发与运维。对整个系统的部署实施、服务运营、持续改进和监督管理。

13.2 系统建模

下面将以应急救援指挥调度系统为例，详细地讲解如何使用 Rational Rose 2007 对该系统进行建模。我们通过使用用例驱动创建系统用例模型，获取系统的需求，并使用系统的静态模型创建系统内容，然后通过动态模型对系统的内容进行补充和说明，再通过部署模型完成系统的部署情况。

在系统建模以前，需先在 Rational Rose 2007 中创建一个模型。在 Rational Rose 2007 的打开环境中，选择菜单 File(文件)下的 New(新建)选项，弹出新建模型对话框。

在对话框中单击 Cancel(取消)按钮，创建一个空白的模型，模型中包含有 Use Case View(用例视图)、Logical View(逻辑视图)、Component View(组件视图)和 Deployment View(部署视图)等文件夹。选择菜单 File(文件)下的 Save(保存)选项保存该模型，并命名为“应急救援指挥调度系统”，该名称将会在 Rational Rose 2007 的顶端出现，如图 13-1 所示。

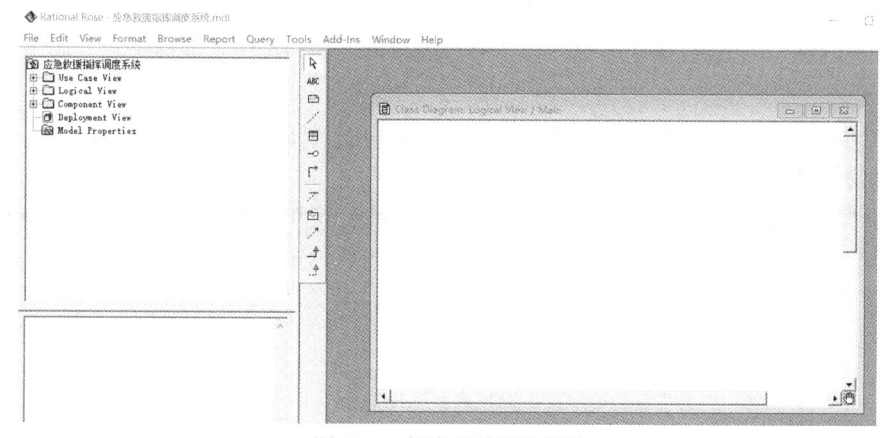

图 13-1　创建项目系统模型

13.2.1　创建系统用例模型

若要进行系统分析和设计，则要先创建系统的用例模型。作为描述系统的用户或参与者所能进行操作的图，它在需求分析阶段有着重要的作用，整个开发过程都是围绕系统需求用例表述的问题和问题模型进行的。

创建系统用例首先要确定系统的参与者，应急救援指挥调度系统的参与者包含以下几种。

- 专家。突发事故的紧急处理，全局搜索数据并对有用的数据进行分析。
- 领导。根据分析好的可视化数据进行判断，下达事故周边资源分配的任务。
- 工作人员。根据领导调度命令开展应急救援。
- 技术人员。对软硬件的技术支持，产品的开发和运维。

- 群众。及时了解事故的动态，可上报反映民情。

由上可以得出，系统的参与者包含 5 种，分别是 professor (专家)、leader(领导)、worker (工作人员)、technicist (技术人员)、people(群众)，如图 13-2 所示。

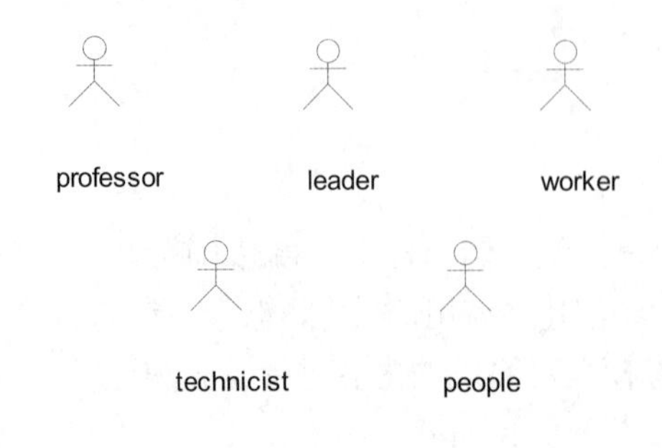

图 13-2 系统参与者

下面根据参与者的不同分别画出各个参与者的用例图。

1. 专家用例图

如图 13-3 所示，专家能够通过该系统进行如下活动。

- 登录系统。通过账号密码登录系统，登录后根据特定的权限赋予相应的功能模块。如果权限不足，则不会显示某些功能模块。
- 查询数据。通过数据中心查询自己想要的数据，如地理位置坐标信息、周围的物资情况等。
- 处理数据。根据搜索的数据进行处理，将有用的、必要的数据整合，此次不必要的数据就删除。
- 开紧急会议。拥有开紧急会议的权限，可以在会议频道中创建加密的临时会议室。
- 呼叫相关人员入会。系统中有所有工作成员的通讯录，可以根据通讯录将想找的人拉进会议，加快应急的步伐。
- 提交报告。将研判后的结果进行整合并上传到系统上，等待领导的商议和解决问题。

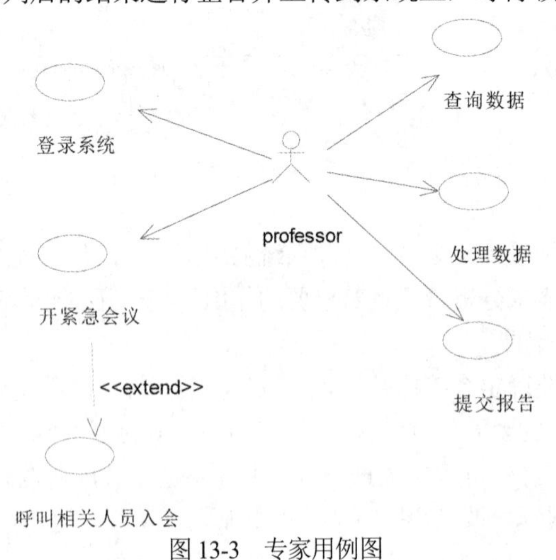

图 13-3 专家用例图

2. 领导用例图

如图 13-4 所示，领导能够通过该系统进行如下活动。

- 登录系统。能够通过账号密码登录系统，登录后会根据特定的权限赋予相应的功能模块。如果权限不足，则不会显示某些功能模块。
- 查看报告。领导权限赋予的功能，能够通过专家提交报告到系统上，领导们可以看到报告并根据报告判断如何救援。
- 协调调度。联系各局领导相互协调人员和物资分配。
- 开紧急会议。拥有开紧急会议的权限，可以在会议频道中创建加密的临时会议室。
- 呼叫相关人员入会。在系统中会有所有工作成员的通讯录，可以根据通讯录将想找的人拉进会议，加快应急的步伐。
- 下达命令。在系统上发布调度的命令，各个部门接到命令立即采取救援行动。

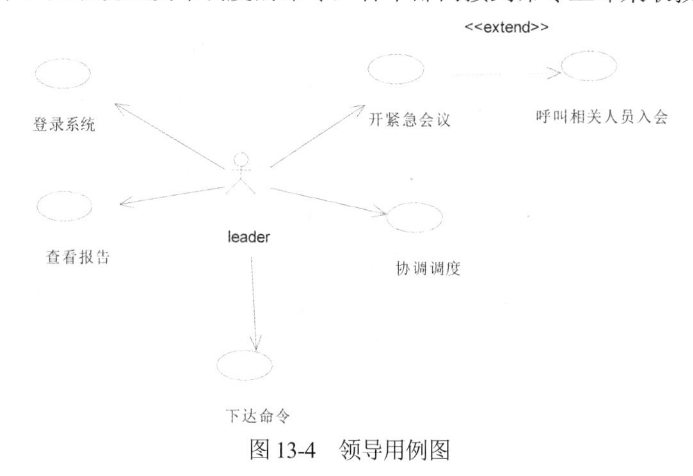

图 13-4　领导用例图

3. 技术人员用例图

如图 13-5 所示，技术人员能够通过该系统进行如下活动。

- 登录系统。通过账号密码登录系统，登录后会根据特定的权限赋予相应的功能模块。如果权限不足，则不会显示某些功能模块。
- 权限管理。每个账号都有相应的权限，不同的权限会开放相应的功能，随着人员流动就需要权限的管理，避免信息的泄露。
- 业务开发。业务开发需要根据系统的需求进行各种模块的开发。
- 业务优化。随着业务的增加及需求的变化要随时对业务进行优化。
- 系统部署。对刚开发好的业务需要进行部署上线供大家所用。
- 运行维护。根据服务运营的实际情况，定期评审信息技术服务满足业务运营的情况，以及信息技术服务本身存在的缺陷，提出改进策略和方案，并对信息技术服务进行重新规划设计和部署实施，以提高信息技术服务质量。
- 数据备份。上线的系统每天产生的数据都需要当天进行备份，并上传到数据中心，如果系统服务器宕机，可以减少损失。

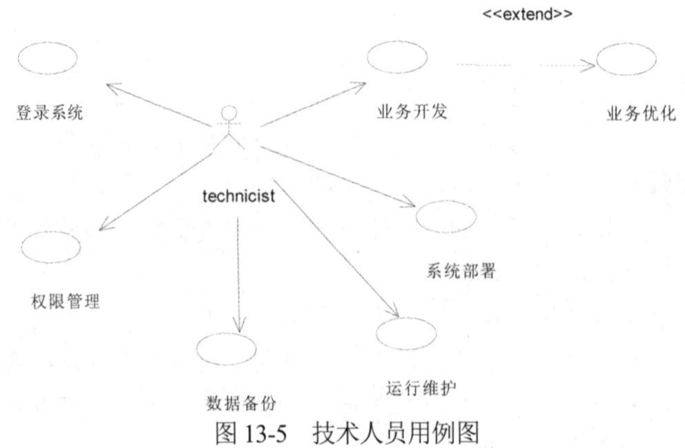

图 13-5　技术人员用例图

4. 工作人员用例图

如图 13-6 所示，工作人员能够通过该系统进行如下活动。

- 登录系统。通过账号密码登录系统，登录后会根据特定的权限赋予相应的功能模块。如果权限不足，则不会显示某些功能模块。
- 接取命令。在系统上接收属于各自职责的命令，并采取行动措施。
- 进行救援。通过下达命令的内容进行救援作业。
- 发布救援信息。在系统中发布救援的相关信息，让灾害以外的人员了解事故发生情况。
- 定时更新信息。在系统中不停地更新救援成果，将救援行动公开化。
- 号召志愿者。在系统中发布招募志愿者信息。

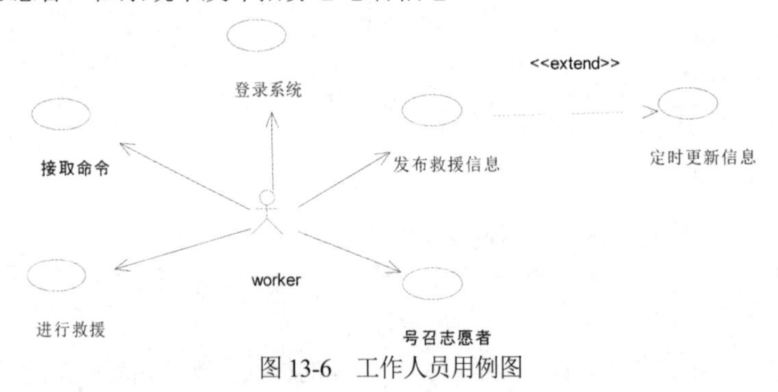

图 13-6　工作人员用例图

5. 群众用例图

如图 13-7 所示，群众能够通过该系统进行如下活动。

- 登录系统。通过账号密码登录系统，登录后会根据特定的权限赋予相应的功能模块。如果权限不足，则不会显示某些功能模块。
- 搜索信息。系统的检索功能，能够搜索新闻信息。
- 分享信息。可以将信息分享给其他人，让更多人看到此信息。
- 报名志愿者。响应志愿者，为应急救援添一份力量。

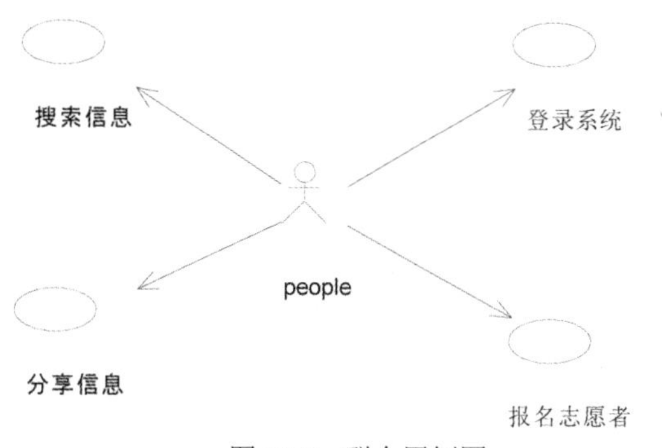

图 13-7　群众用例图

13.2.2　创建系统的静态模型

在获得系统的基本需求用例模型以后，我们通过分析系统对象的各种属性，创建系统静态模型。

首先，确定系统参与者的属性。登录系统时，需要提供用户名和密码，因此所有人都应拥有用户名称和密码属性，我们将其命名为 id 和 password。对于不同人群需要用权限约束，每个对象的权限等级是不同的。技术人员可分为很多岗位，各岗位的职责不同，因此需要录入每个人的岗位信息。对于每个群众还要录入他们的个人基本信息，如姓名、年龄、性别、住址等。根据这些属性，可以建立参与者，即领导、专家、工作人员、技术人员和群众的基本类图模型，如图 13-8 所示。

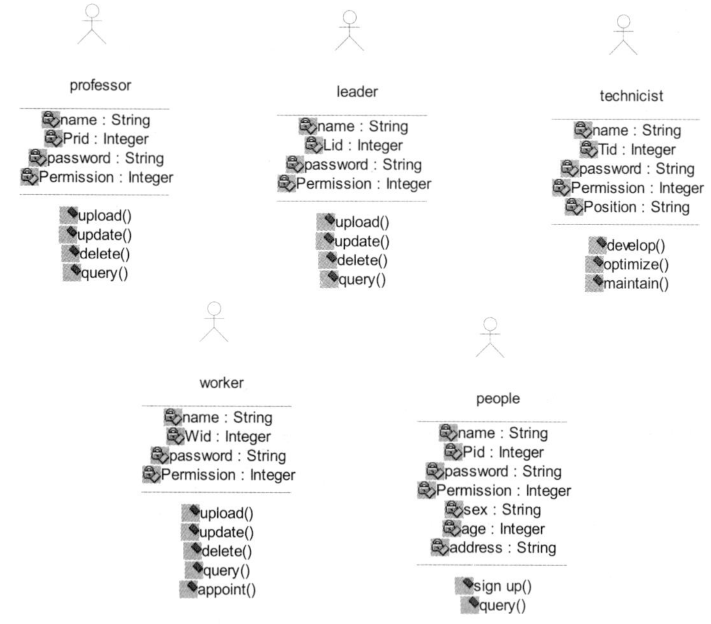

图 13-8　参与者的基本类图模型

其次，确定在系统中的主要业务实体类，这些类通常需要在数据库中进行存储，如专家提交的报告、工作人员汇报的救援情况、领导下达的命令等，因此需要一个上传文件类。同样，工作人员不断添加救援情况、专家修改报告等操作，必须有一个与数据库中的数据进行交互通信的类来控制系统的业务逻辑，同时，还需要设计出处理业务的界面类。这些业务实体类的表示如图 13-9 所示。

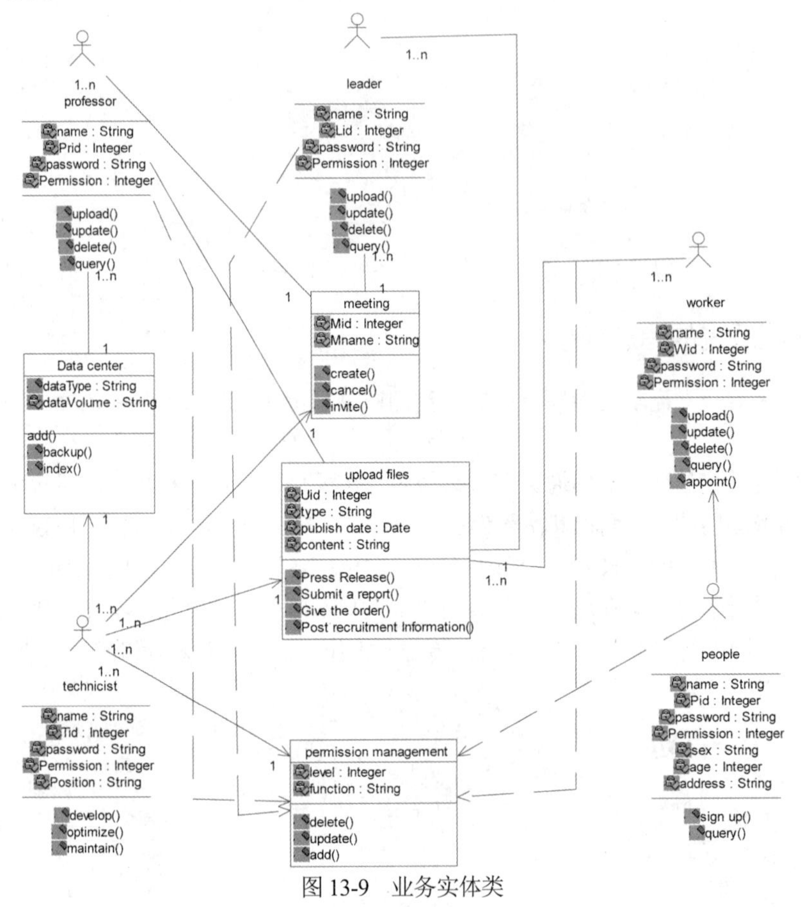

图 13-9　业务实体类

在上述创建的类图中的类，仅包含了类的属性，没有包含类的操作，若要确定类的操作，可以通过系统的动态模型来确定。

13.2.3　创建系统的动态模型

根据系统的用例模型，我们还可以通过对象之间的相互作用来考察系统对象的行为。这种交互作用可通过两种方式进行考察：一种是以相互作用的一组对象为中心考察，也就是通过交互图，包括顺序图和协作图；另一种是以独立的对象为中心进行考察，包括活动图和状态图。对象之间的相互作用构成系统的动态模型。

1. 创建顺序图和协作图

顺序图描绘了系统中的一组对象在时间上交互的整体行为。协作图描绘了系统中的一组对象在几何排列上的交互行为。在应急救援指挥调度系统中，通过上述用例，可以获得以下交互行为。

- 群众登录系统。
- 群众查询新闻信息。

- 群众报名志愿者。
- 领导查看报告。
- 领导下达命令。
- 领导创建会议。
- 专家查询数据中心数据。
- 专家提交报告。
- 技术人员更改权限信息。
- 工作人员接受命令。
- 工作人员上传新闻。
- 工作人员发布新闻。
- 工作人员更新新闻。

以上为部分交互行为，下面以群众登录系统、领导创建会议为例画出顺序图与协作图。

1) 群众登录系统的工作流程

(1) 群众通过门户官网登录。

(2) 群众登录系统，在登录页面输入自己的用户名和密码并提交。

(3) 系统将群众提交的用户名和密码传递到数据库中，将用户信息与数据库中的用户信息进行比较，检查数据库中是否存在此群众的信息，若存在则返回给 permission management 类，根据数据库返回的权限赋予相应的功能。

(4) 检查完毕后将验证结果返回到登录界面上显示。

(5) 群众在登录界面获得验证结果。如果身份验证未通过，则重新登录或退出；否则，继续选择下一步的操作。

根据基本流程，群众登录系统的顺序图如图 13-10 所示。

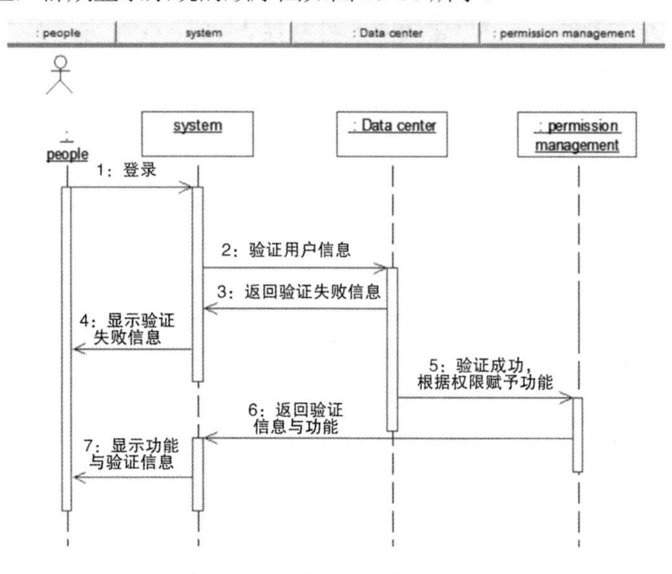

图 13-10　群众登录系统的顺序图

与顺序图等价的协作图如图 13-11 所示。

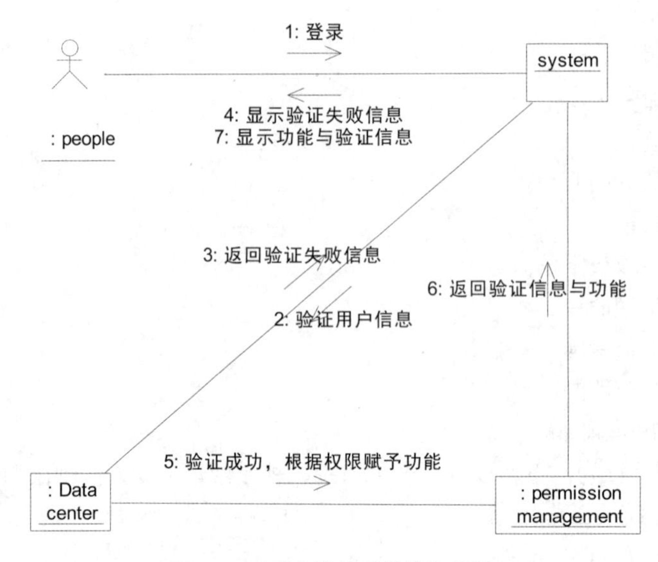

图 13-11　群众登录系统的协作图

2) 领导创建会议的工作流程

(1) 领导登录系统。

(2) 系统通过数据库根据账号验证信息。

(3) 验证成功后通过权限管理系统赋予相应的功能。

(4) 将功能显示给系统供领导使用。

(5) 领导开启会议功能，系统启动会议模块之前需在此判断权限，若成功则开启并显示会议。

根据基本流程，领导创建会议的顺序图，如图 13-12 所示。

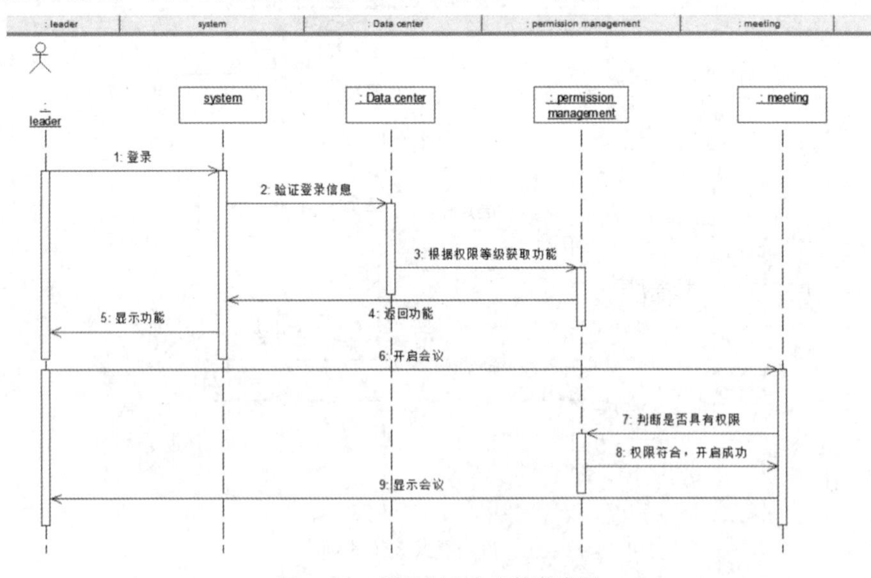

图 13-12　领导创建会议的顺序图

与顺序图等价的协作图如图13-13所示。

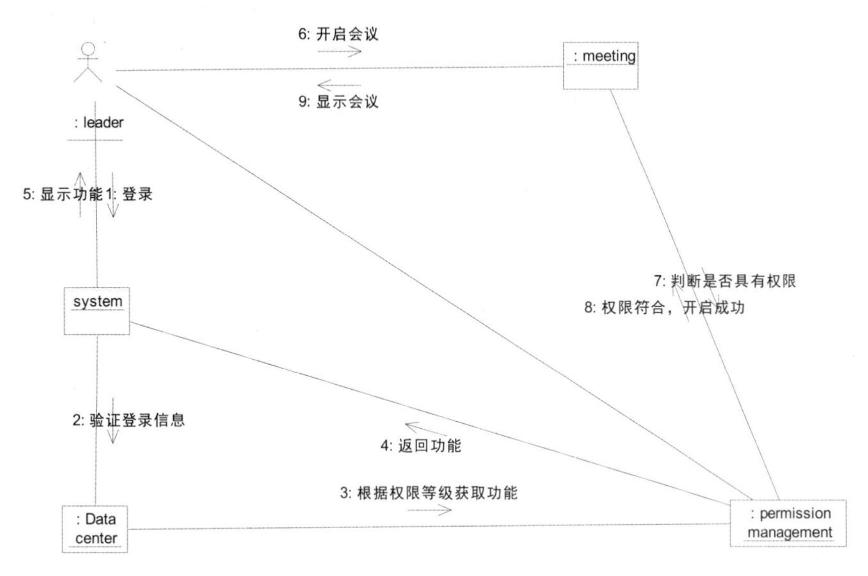

图 13-13 领导创建会议的协作图

2. 创建状态图

上面描述了用例的活动状态，它们都是通过一组对象的交互活动来表达用例的行为。接着，需要对有明确状态转换的类进行建模。在应急救援指挥调度系统中，有明确状态转换的类是权限。下面使用状态图进行描述。

权限包含 3 种状态：被添加的权限、被修改的权限和被删除的权限，它们之间的转化规则如下。

- 当有新的用户注册时，为用户添加新的权限。
- 当此用户需要对权限做更改时，由领导对权限进行修改。
- 当用户不再使用系统时，及时将此用户权限删除，避免不必要的信息泄露。

根据权限的各种状态及转换规则，创建状态图如图 13-14 所示。

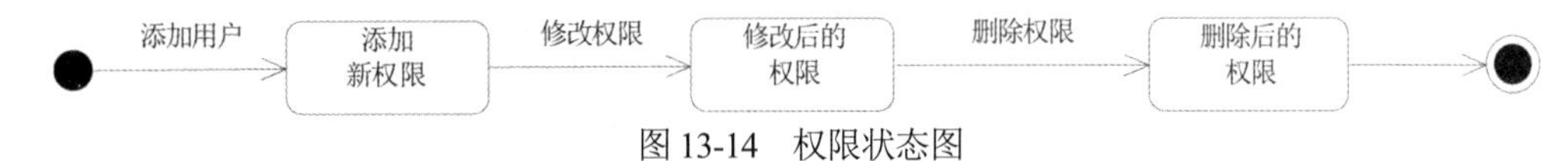

图 13-14 权限状态图

3. 创建活动图

我们还可以利用系统的活动图来描述系统的参与者是如何协同工作的。在应急救援指挥调度系统中，可以创建诸多的活动图，下面以领导登录系统、查看报告、开启会议、下达命令活动图为例进行介绍。

在领导登录系统、查看报告、开启会议、下达命令的活动图中，创建了 6 个泳道，分别是领导对象、系统的对象、数据中心对象、权限管理对象、会议对象、上传文件对象，具体的活动过程描述如下。

(1) 领导登录验证信息。

(2) 验证信息成功后通过权限管理对象赋予功能。

(3) 赋予功能之后，领导可以根据不同的功能模块操作。

(4) 领导创建会议之前，会先根据权限管理进行第二次判断身份操作，如果权限复合则创建成功，反之创建失败。

(5) 领导查看报告之前，会先根据权限管理进行第二次判断身份操作，如果权限复合则创建成功，反之创建失败。

(6) 领导下达命令之前，会先根据权限管理进行第二次判断身份操作，如果权限复合则创建成功，反之创建失败。

根据上述过程，创建的活动图如图 13-15 所示。

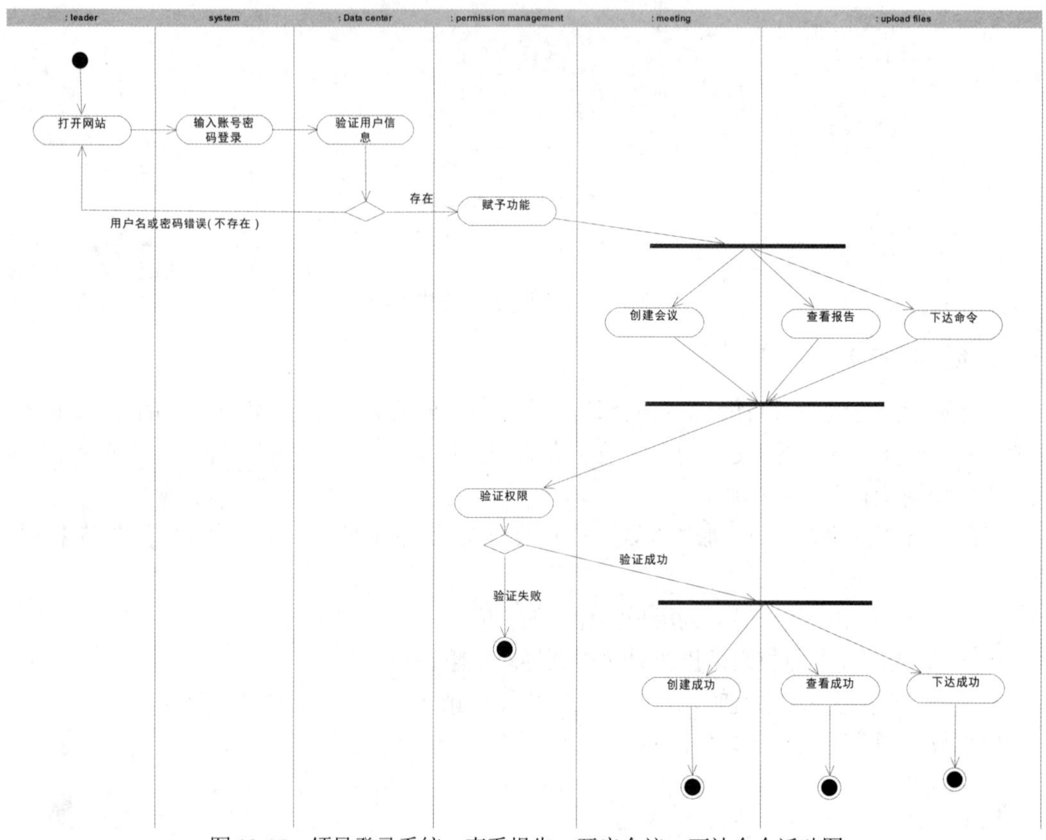

图 13-15　领导登录系统、查看报告、开启会议、下达命令活动图

13.2.4　创建系统的部署模型

前面的静态模型和动态模型都是按照逻辑的观点对系统进行概念建模，我们还需要对系统的实现结构进行建模。对系统的实现结构进行建模的方式包括两种，即组件图和部署图。

组件，即构造应用的软件单元。组件图中不仅包括组件，同时还包括组件之间的依赖关系，以便通过依赖关系来估计对系统组件的修改给系统造成的可能影响。在应急救援指挥调度系统中，通过将组件映射到系统的实现类中说明该组件物理实现的逻辑类。

在应急救援指挥调度系统中，可以对系统的主要参与者和业务实体类分别创建对应的组件并进行映射。前面在类图中创建了 leader 类、people 类、professor 类、technicist 类、worker 类、Data center 类、meeting 类、permission management 类和 upload files 类，所以可以映射出相同的组件，包括领导组件、群众组件、专家组件、技术人员组件、工作人员组件、数据中心组件、会议频道组件、权限管理组件、上传文件组件等，除此之外，还必须有一个主程序组件。根据这些组件及其关系创建的组件图如图 13-16 所示。

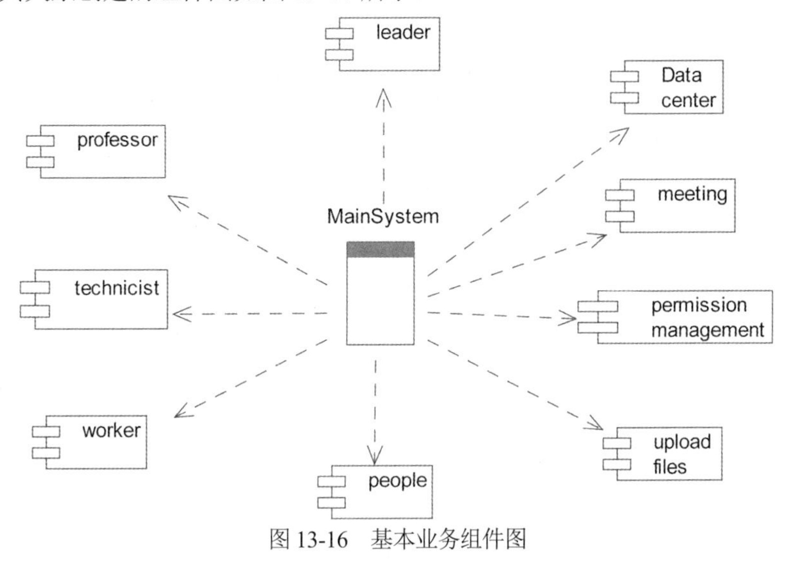

图 13-16　基本业务组件图

系统的部署图描绘的是系统节点上运行资源的安排。在应急救援指挥调度系统中，系统包括 6 种节点，分别是：数据中心节点，由多台数据库服务器集群负责数据的存储、处理等；主服务器节点，用于处理系统的业务逻辑；客户端门户网站节点，用户通过客户端登录系统并进行操作；地区网站，用于给客户端门户网站分流；地区服务器，用于给主服务器减轻压力，若地区服务器宕机，可以用主服务器暂时运行防止造成大量损失；会议专线，用于开启紧急会议的单独频道，强调保密性。应急救援指挥调度系统的部署图如图 13-17 所示。

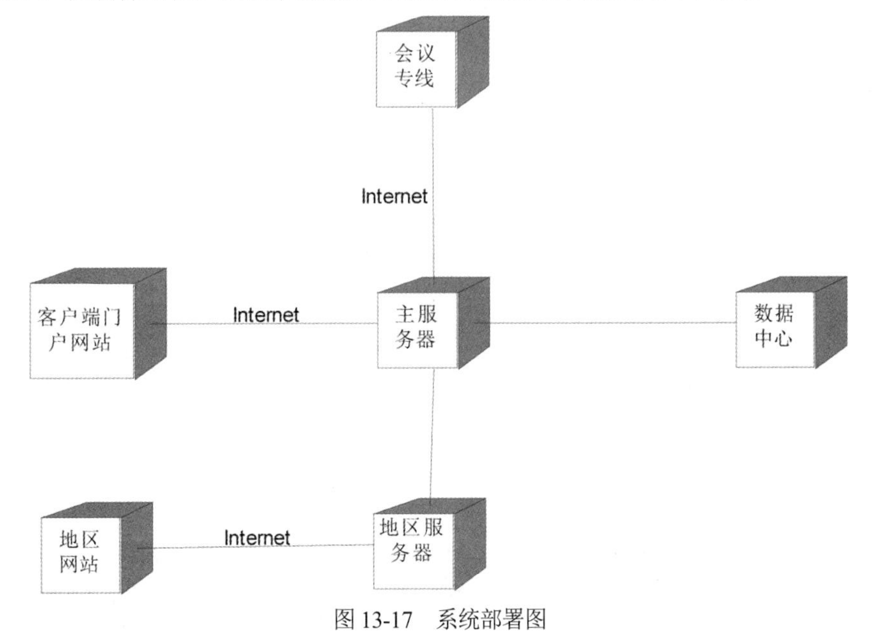

图 13-17　系统部署图

【本章小结】

本章以分析和设计一个简单的应急救援指挥调度系统为例，说明UML在软件项目开发中的应用及如何使用Rational Rose 2007 进行UML系统建模。本章从系统的需求分析开始，介绍了需求分析的作用和如何进行正确的需求分析，然后对系统进行设计，通过创建系统的用例模型、静态模型、动态模型及部署模型一步步地完成了整个系统的建模工作。

希望读者通过本示例，能够对前面学习的UML的各个知识点有更进一步的理解和认识。

☙ 第 14 章 ❧

安全培训题库管理系统

突发事件会给企业及人员带来不同程度的负面影响，企业应当意识到应急安全培训及管理的重要性，发现当前应急安全培训及管理的不足之处，从而完善应急安全培训内容，加强对员工的安全培训。安全培训及管理可以极大地加强员工对应急安全知识的掌握，同时也提高了应急安全培训的科学性和客观性。本章将使用UML的各种模型元素对一个安全培训题库管理系统进行建模。

14.1 需求分析

安全培训题库管理系统可以大大降低应急安全培训的工作量，提高工作效率，系统的功能性需求包括以下内容：培训学员可以登录系统网站浏览题目、试卷信息，查找信息和下载文件，给培训教师留言评论或询问；培训教师可以登录系统网站上传、修改试卷，对培训学员提出的疑问进行回复解答；系统管理员可以对培训教师上传的题目或试卷进行审核，如发现错误可以发回培训教师重新修改。对相关试题可以编纂加工生成试卷，将试卷发布到网站上供培训学员使用与下载，还需处理用户的相关注册申请与账户管理，对页面进行维护。

满足上述需求的系统主要包括以下几个模块。

1. 数据库管理模块

(1) 用户信息管理。包括培训学员、培训教师与系统管理员的信息管理。

(2) 试题、试卷信息管理。负责上传的试题、试卷及编辑好后加工生成的试卷文件的信息管理。

(3) 文件上传、下载记录信息管理。负责管理文件的上传与下载的历史记录。

2. 基本业务模块

(1) 试题、试卷文件的上传。培训教师可以使用此模块将试题或试卷性的文件上传到网站服务器。

(2) 试题、试卷的查找。培训学员可以使用此模块来根据输入的关键词查找自己所需的试题、试卷，浏览或下载。

(3) 试题、试卷的下载。培训学员可以使用此模块从网站上下载相应的试题、试卷文件。

(4) 消息发布。培训教师上传文件的同时，可以推介该套试题、试卷的学习方法，以及知识重点和相关文章。待系统管理员审核通过后，以消息的形式将推介信息通知给培训学员。

(5) 试题、试卷发布。系统管理员将已审核通过的试题、试卷发布到系统网站上。

(6) 页面维护。管理人员可以使用此模块对网站的页面进行维护。

(7) 用户注册申请批准。管理人员可以使用此模块批注用户的注册申请。

3. 信息浏览、查询模块

信息查询模块主要用于对网站的信息进行浏览、搜索、查找。

14.2 系统建模

下面将以安全培训题库管理系统为例，详细地讲解如何使用 Rational Rose 2007 对该系统进行建模。我们通过使用用例驱动创建系统用例模型，获取系统的需求，并使用系统的静态模型创建系统内容，然后通过动态模型对系统的内容进行补充和说明，最后通过部署模型完成系统的部署情况。

在系统建模以前，首先需要在 Rational Rose 2007 中创建一个模型。在 Rational Rose 2007 的打开环境中，选择菜单 File(文件)下的 New(新建)选项，弹出新建模型对话框。

在对话框中单击 Cancel(取消)按钮，创建一个空白的模型，模型中包含有 Use Case View(用例视图)、Logical View(逻辑视图)、Component View(构件视图)和 Deployment View(部署视图)等文件夹。选择菜单 File(文件)下的 Save(保存)选项保存该模型，并命名为“安全培训题库管理系统”，该名称将会在 Rational Rose 2007 的顶端出现，如图 14-1 所示。

图 14-1 创建项目系统模型

14.2.1 创建系统用例模型

若要进行系统分析和设计，则要先创建系统的用例模型。作为描述系统的用户或参与者所能进行操作的图，它在需求分析阶段有着重要的作用，整个开发过程都是围绕系统的需求用例表述的问题和问题模型进行的。

创建系统用例首先要确定系统的参与者，安全培训题库管理系统的参与者包含 3 类人员，分别为培训教师、培训学员和系统管理员。

- 培训教师。培训教师作为题库资源的主要贡献者，使用系统可以发布试题、试卷(当然可以附加答案与讲义等资料)。培训教师还可以与培训学员互动，通过查看培训学员对自己所出题目、试卷的回复、评论和疑问，可以更加清晰与深入地了解题库资源的使用情况。培训教师若发现自己上传的试题、试卷有错误可以请求系统管理员发回修正。
- 培训学员。如果是面向学校的培训，培训学员一般是学生；如果是面向社会，则有可能是社会大众。培训学员可以浏览题库网站展示的题目与试卷，可以分类查找，也可以按关键字查找检索。此外，培训学员可以从网站上下载题目、试卷等资源，对所用的试题、试卷可以加以评论、打分，可以对该套试题、试卷的出题人咨询留言。
- 系统管理员。系统需要专门的系统管理员来对题库精心管理操作与系统维护。系统管理员可以添加试题，对培训教师上传的试题、试卷进行审核、分类、修改、删除，并对相关多套试题进行编纂，以生成试卷，然后发布试卷。如遇错误可发回培训教师进行更正，要对题库及时更新，以保持题库的饱和度与新鲜度。

除此之外，系统管理员还需对用户的业务模块进行管理，处理用户留言、评论，对培训学员与培训教师的互动消息进行维护管理。对用户的注册申请进行审批。

系统还需进行日常的维护与管理，系统管理员负责网站的页面更新与维护、页面的美化与功能的完善及板块的调整，对试题库可以进行归档与备份，还可以生成阶段性报表。

这三者都是系统的用户，注册、登录后可以根据权限的不同，对系统进行不同的操作，因此培训教师、培训学员与系统管理员之间是泛化关系，如图 14-2 所示。

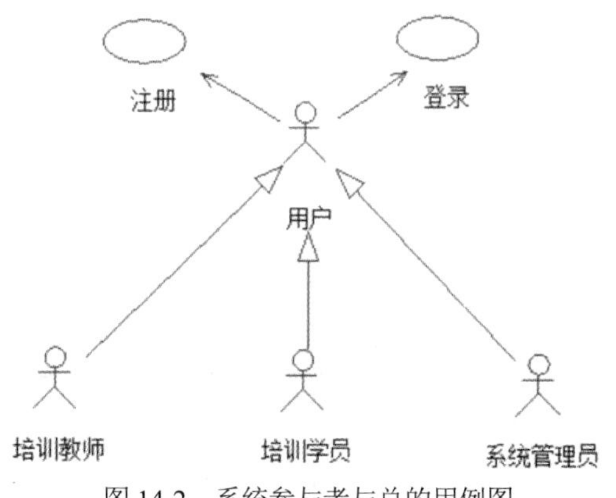

图 14-2　系统参与者与总的用例图

培训教师的用例图如图 14-3 所示，培训教师输入账号和密码后登录系统，可以查看自己的个人信息并维护；也可以将题目和试卷通过上传页面上传至服务器或是做出修改；还可以对培训学员的留言进行回复。

培训学员的用例图如图 14-4 所示，培训学员输入账号和密码后登录系统，可以查看自己的个人信息并维护；也可以浏览所有试题，或者根据关键字查找相应的题目资源，并选择文件进行下载，下载前会进行权限验证，来判断培训学员是否具有下载文件的权限；还可以对试卷进行评论或留言。

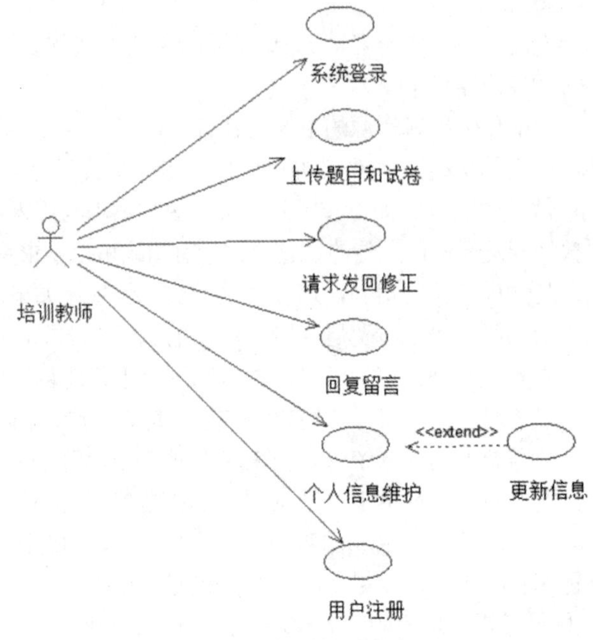

图 14-3 培训教师的用例图

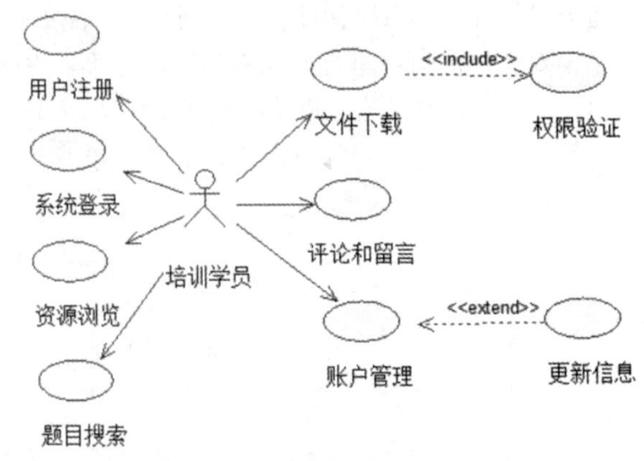

图 14-4 培训学员的用例图

系统管理员的用例图如图 14-5 所示，系统管理员输入账号和密码后登录系统，可以对用户账户信息进行维护，并通过处理注册申请来向系统中添加新的用户；可以对题目进行审核、添加、更新、分类操作，如果培训教师上传的文件不合法或不符合要求，则将其删除；能够将多套试题组织编辑后生成试卷，可以对试卷进行排版、编辑等处理，然后发布试卷，如果在培训教师留言中看到试卷问题，对试卷进行更新、更正处理；可以对页面进行美化、调整板块等维护操作，当题库中的试题、试卷累积到一定量后，数据库会显得非常庞大，这时系统管理员可以对题库资源进行归档、备份、优化等处理，以保证数据库正常、高效地运转；还可以对上传、下载等数据生成报表进行分析，统计出培训学员浏览量最大或是下载量最大的试题、试卷，对题目类型、难易程度、章节内容等进行统计，以更好地了解用户需求。

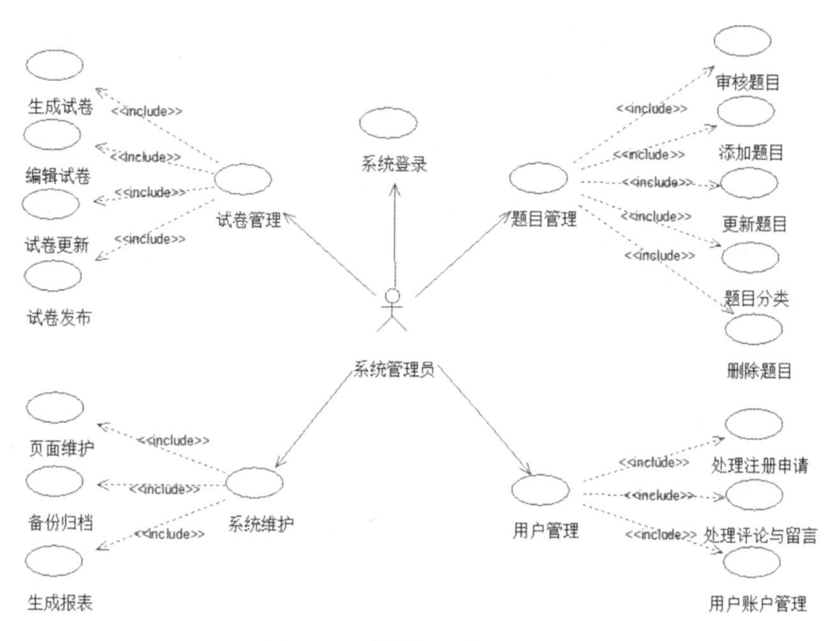

图 14-5　系统管理员的用例图

14.2.2　创建系统的静态模型

在获得系统的基本需求用例模型以后，我们通过分析系统对象的各种属性，创建系统静态模型。如图 14-6 所示的参与者基本类图中，用户类(User)是系统用户的父类，培训教师类(Trainer)、培训学员类(Trainee)和系统管理员类(Administrator)除了继承用户类的属性和方法，还构建了自己的属性和方法。

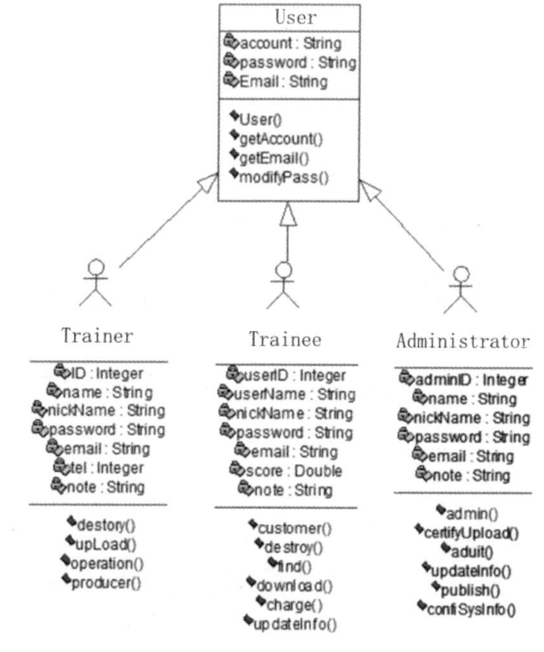

图 14-6　参与者基本类图

另外，可以确定在系统中的主要业务实体类，这些类通常需要在数据库中进行存储。例如，培训教师、培训学员和系统管理员根据权限的不同，可能会对试题文件进行上传、删除、下载等操作，因此需要一个文件类。试题文件根据内容分为不同的培训类目，试卷文件根据内容分为不同的单元测试类型，因此需要培训类目类(TrainingCategory)和单元测试类型类(TestType)。系统管理员对试题和试卷进行管理时要记录具体的信息，以便日后查阅，如管理员 id、文件 id、操作内容、IP 地址、操作时间、备注等，因此需要一个上传下载类(UploadAndDownload)。这些业务实体类的表示如图 14-7 所示。

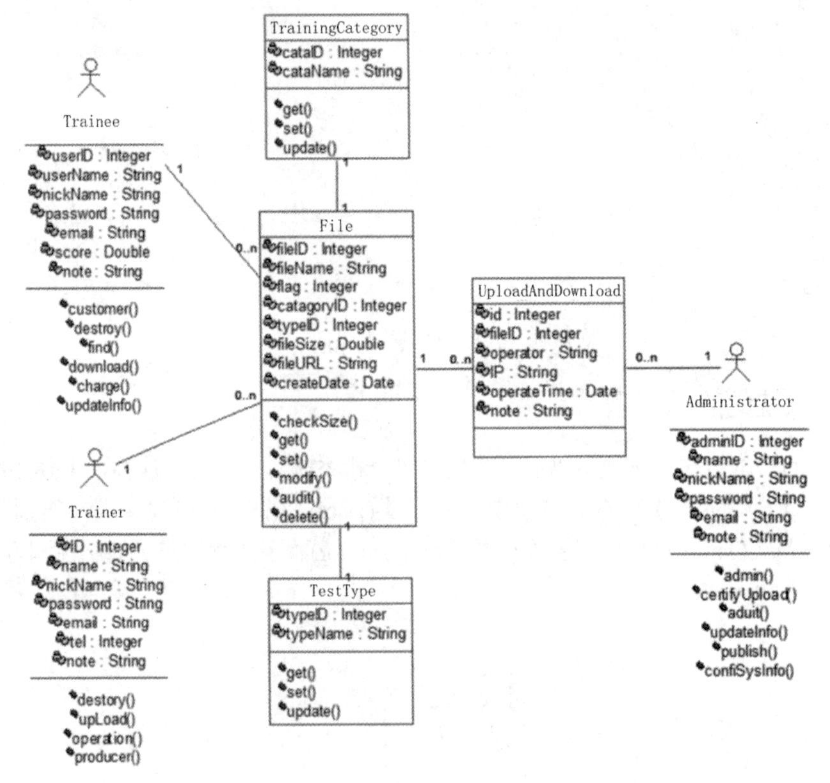

图 14-7　业务实体类

14.2.3　创建系统的动态模型

根据系统的用例模型，我们可以通过对象之间的相互作用来考察系统对象的行为，可通过两种方式进行考察：一种是以相互作用的一组对象为中心考察，也就是通过交互图，包括顺序图和协作图；另一种是以独立的对象为中心进行考察，包括活动图和状态图。对象之间的相互作用构成系统的动态模型。

1. 创建顺序图和协作图

顺序图描绘了系统中的一组对象在时间上交互的整体行为。协作图描绘了系统中的一组对象在几何排列上的交互行为。在安全培训题库管理系统中，通过上述用例，可以获得以下交互行为。

- 培训教师注册账号、登录系统、上传题目和试卷、请求发回修正、回复留言和维护个人信息。
- 培训学员注册账号、登录系统、浏览文件资源、对试题或试卷评论和留言、根据关键字对题目进行搜索、通过权限验证后从系统中下载文件和维护个人信息。
- 系统管理员登录系统、生成试卷、编辑试卷、更新试卷、发布试卷、审核题目、添加题目、更新题目、分类题目、删除题目、维护页面、备份归档、生成报表、处理注册申请、处理评论与留言和维护用户账户。

本小节中以培训教师登录后上传文件和培训学员登录后下载文件的交互行为为例画出顺序图与协作图。

1) 培训教师登录后上传文件的工作流程

(1) 培训教师登录后进入上传资源页面。

(2) 培训教师将要上传的试题、试卷等文件资源选中并单击上传。

(3) 服务器根据上传文件的命名、大小等要求验证文件。

(4) 服务器向数据库发送保存文件请求。

(5) 数据库将通过服务器验证的文件保存下来。

(6) 数据库返回文件保存成功的信息。

(7) 服务器文件的上传信息。

(8) 上传页面显示操作结果。

根据基本流程，培训教师登录后上传文件至安全培训题库管理系统的顺序图如图 14-8 所示，与顺序图等价的协作图如图 14-9 所示。

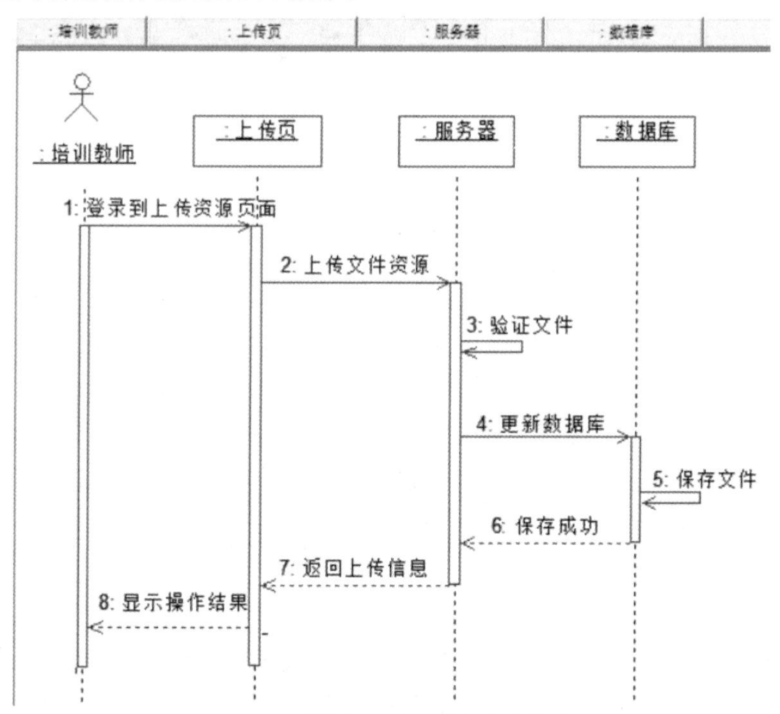

图 14-8　培训教师上传文件的顺序图

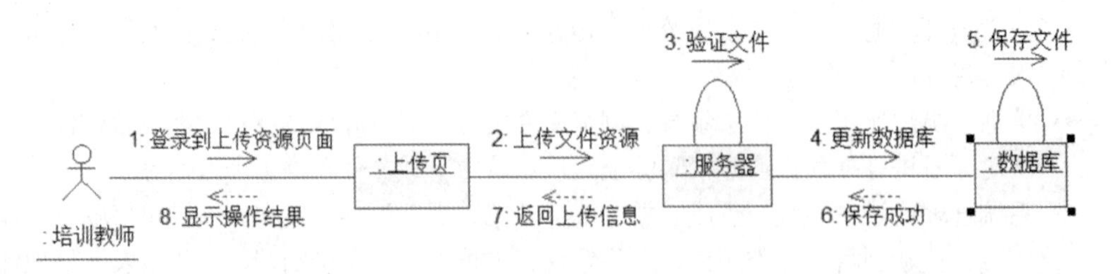

图 14-9　培训教师上传文件的协作图

2) 培训学员下载文件的工作流程

(1) 培训学员登录后进入下载资源页面。

(2) 培训学员选中要下载的文件，单击下载，并向服务器发送下载请求。

(3) 服务器向数据库发送请求，验证用户是否具有下载权限。

(4) 数据库返回文件的验证结果。

(5) 服务器返回下载文件的 URL 信息。

(6) 下载页面显示下载的 URL 链接。

根据基本流程，培训学员下载文件的顺序图如图 14-10 所示。

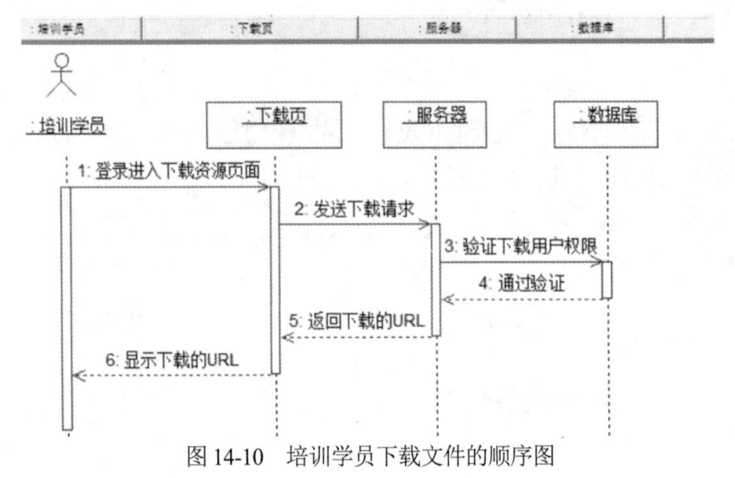

图 14-10　培训学员下载文件的顺序图

与顺序图等价的协作图如图 14-11 所示。

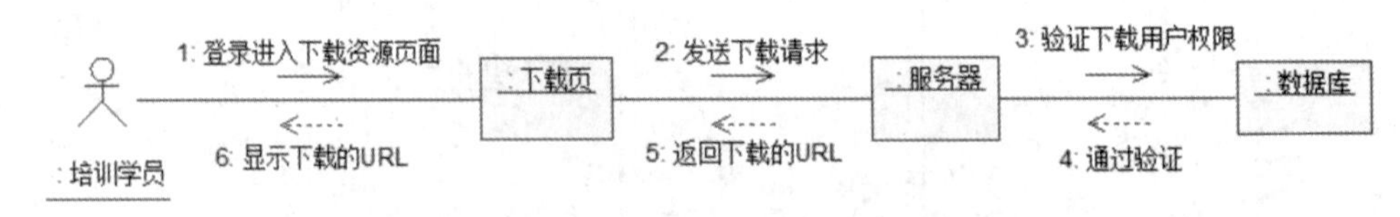

图 14-11　培训学员下载文件的协作图

2. 创建状态图

上面描述了用例的活动状态，它们都是通过一组对象的交互活动来表达用例的行为。接着，需要对有明确状态转换的类进行建模。在安全培训题库管理系统中，有明确状态转换的类是文件。下面使用状态图进行描述。

文件包含 4 种状态：待上传的文件、通过校验的文件、通过审核的文件和存储于数据库的文件。它们之间的转化规则为：当培训教师在上传页选中文件并单击上传后，服务器会对待上传的文件进行验证，如验证文件命名、文件大小等，通过验证后的文件会由系统管理员审核，通过审核的文件最终会被存储于数据库中。根据文件的各种状态及转换规则，创建文件的状态图如图 14-12 所示。

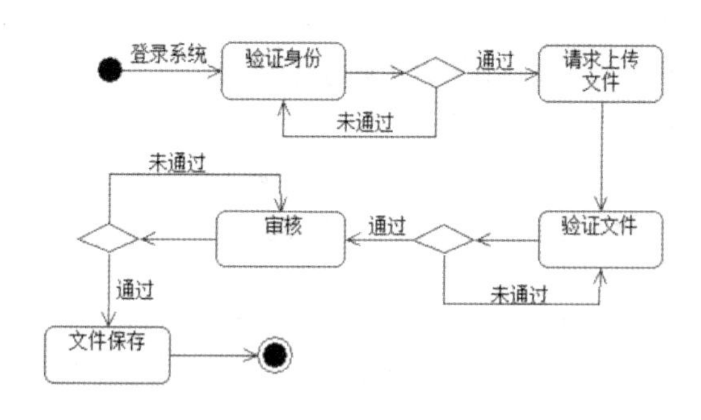

图 14-12　文件状态图

3. 创建活动图

我们还可以利用系统的活动图来描述系统的参与者是如何协同工作的。如图 14-13 所示，以系统管理员登录、管理、维护系统为例的活动图中，创建了两个泳道及管理员和系统两个对象，具体的活动过程描述如下。

(1) 管理员在登录界面输入用户名和密码，提交登录。

(2) 界面将信息提交给系统，与系统数据库进行验证，如果验证成功，则登录到个人主页，否则返回登录页面。

(3) 管理员选择要执行的操作，以备份数据库为例，设置备份路径和备份时间，选择要备份的数据库后备份，以备不时之需。

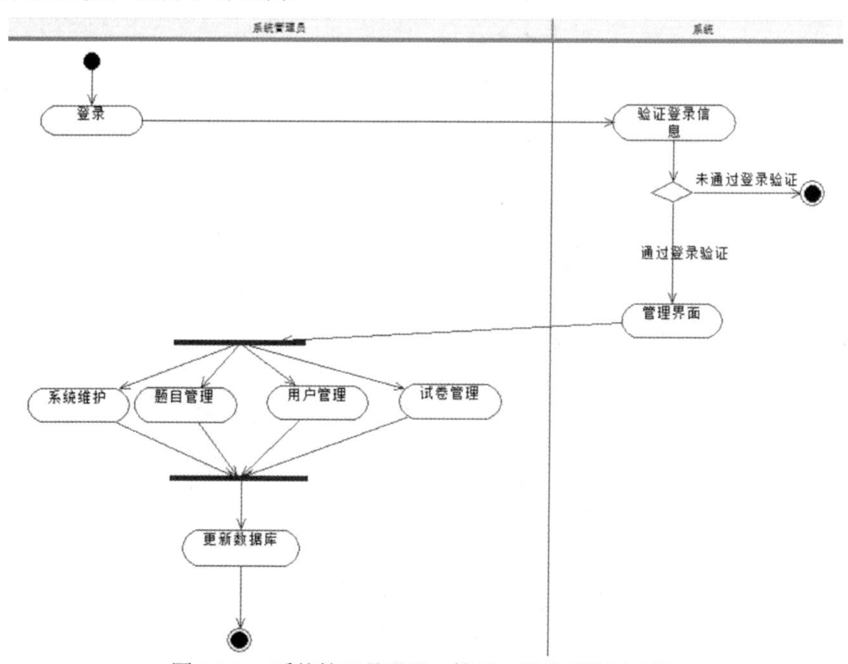

图 14-13　系统管理员登录、管理、维护系统活动图

14.2.4 创建系统的部署模型

前面的静态模型和动态模型都是按照逻辑的观点对系统进行概念建模，我们还需要对系统的实现结构进行建模。对系统的实现结构进行建模的方式包括两种，即组件图和部署图。

构件，即构造应用的软件单元。组件图中不仅包括构件，同时还包括构件之间的依赖关系，以便通过依赖关系来估计对系统构件的修改给系统可能造成的影响。在安全培训题库管理系统中，通过将构件映射到系统的实现类中，说明该构件物理实现的逻辑类。

在安全培训题库管理系统中，可以对系统的主要参与者和业务实体类分别创建对应的构件并进行映射。前面在类图中创建了培训教师类、培训学员类、系统管理员类、培训类目类、试题类型类、文件类及上传和下载类，所以可以映射出相同的构件，包括培训教师构件、培训学员构件、系统管理员构件、培训类目构件、试题类型构件、文件构件及上传和下载构件，除此之外，还必须有一个主程序构件。根据这些构件及其关系创建的组件图如图 14-14 所示。

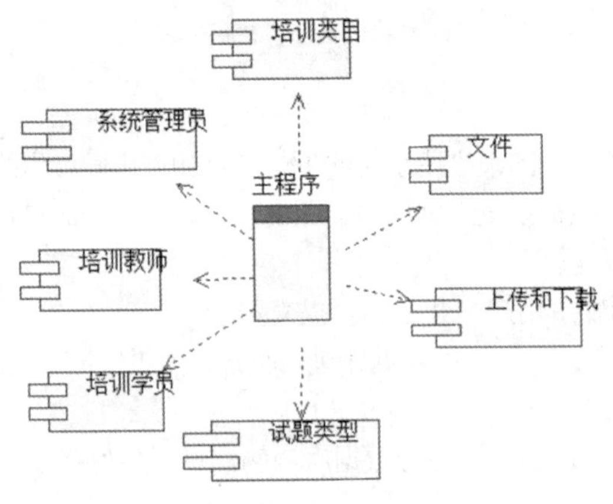

图 14-14　基本业务组件图

系统的部署图描绘的是系统节点上运行资源的安排。在安全培训题库管理系统中，系统包括 6 种节点，分别是服务器、数据库、IO 设备、系统管理员客户端、培训教师客户端、培训学员客户端。安全培训题库管理系统的部署图如图 14-15 所示。

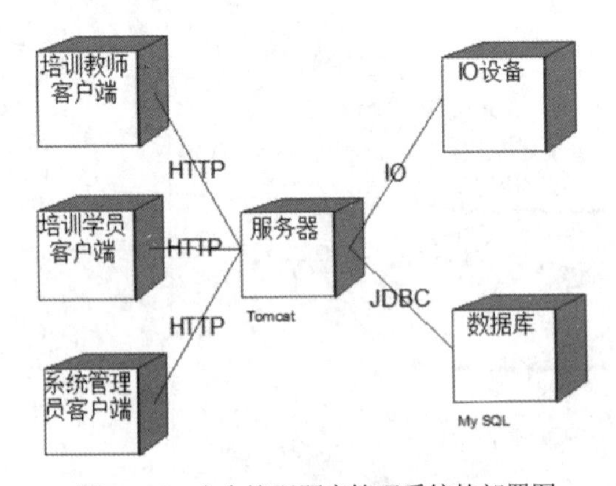

图 14-15　安全培训题库管理系统的部署图

【本章小结】

本章介绍了一个简单的安全培训题库管理系统，通过对该系统的面向对象分析和设计，进一步讲解了 UML 在项目开发中的综合运用。我们使用用例图来描述系统的需求，使用类图和对象图进行系统静态模型的创建，使用活动图、状态图对系统的动态模型进行建模，最后通过组件图和部署图完成了系统结构的实现。学习该示例能够加深大家对 UML 的理解，从而能在实际项目中灵活地使用所学到的知识。

ஐ 附录 ௸

课 程 实 验

课程实验一　饭店预订管理系统

饭店预订管理系统是中小型酒店餐饮企业用来对客人的预订活动进行管理的信息管理系统(management information system，MIS)。该信息系统不仅能够为客人提供方便的饭店预订功能，同时也能够达到提高饭店管理效率的目的。

一、需求分析

饭店预订管理系统的用户主要有两类：一类是饭店服务员；另一类是饭店管理员。本系统的功能需求分析简述如下。

- 饭店服务员使用电话为客人提供预订服务，根据客人的预订要求，在指定的时间和指定的桌位安排好客人的用餐事宜；按客人的要求执行修改订单的操作；在客人临时取消预订时删除预订信息；在客人预订时间到达前，及时提供电话提醒服务。
- 饭店管理员在预订客人到达饭店时和离开饭店后分别在系统做好记录并保存；能够为客人注册成为会员；可以查询、修改和删除会员信息；可以为客人提供换桌服务。

二、系统建模

在系统建模以前，我们首先需要在 Rational Rose 中创建一个模型，并命名为“饭店预订管理系统”。

1. 创建系统用例模型

若要创建系统用例，则需先确定系统的参与者。根据前面的需求分析可知饭店预订管理系统的参与者包含两种：饭店服务员和饭店管理员。

我们根据参与者的不同分别画出各个参与者的用例图。

1) 管理员用例图

管理员在本系统中可以记录预订信息，将客人的预订要求输入系统中予以保存；在客人预订的用餐时间之前给客人一个提醒，同时再次确认预订信息；如果客人临时取消预订，则可以将系统中的预订信息予以取消。通过这些活动创建的管理员用例图如附图 1 所示。

2) 服务员用例图

服务员在本系统中可以在有预订的客人到饭店时，在系统中记录预订客人已到店的信息并保存；在预订的客人离开饭店后，在系统中记录预订客人预订过程结束的信息；在客人同意加入成为本饭店会员时，有为客人注册成为新会员的权力；可以对饭店会员信息进行修改和删除；当客人对用餐桌位不满意时，可以为客人提供更换餐位的服务并在系统中做好记录。通过这些活动创建的服务员用例图如附图 2 所示。

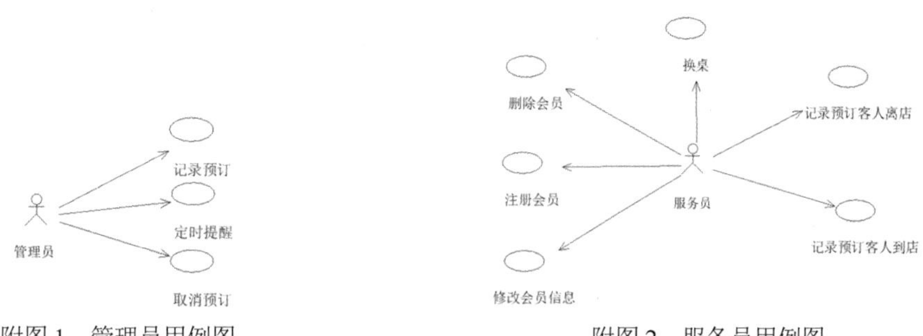

附图 1 管理员用例图　　附图 2 服务员用例图

2. 创建系统静态模型

从前面的需求分析中，我们可以确定饭店预订管理系统中主要的 8 类对象：“员工”类(Employee)、“服务员”类(Waiter)、“管理员”类(Manager)、“顾客”类(Customer)、“会员”类(Member)、“预订”类(Book)、“菜单”类(Menu)和“餐桌”类(Table)，创建完整的类图如附图 3 所示。

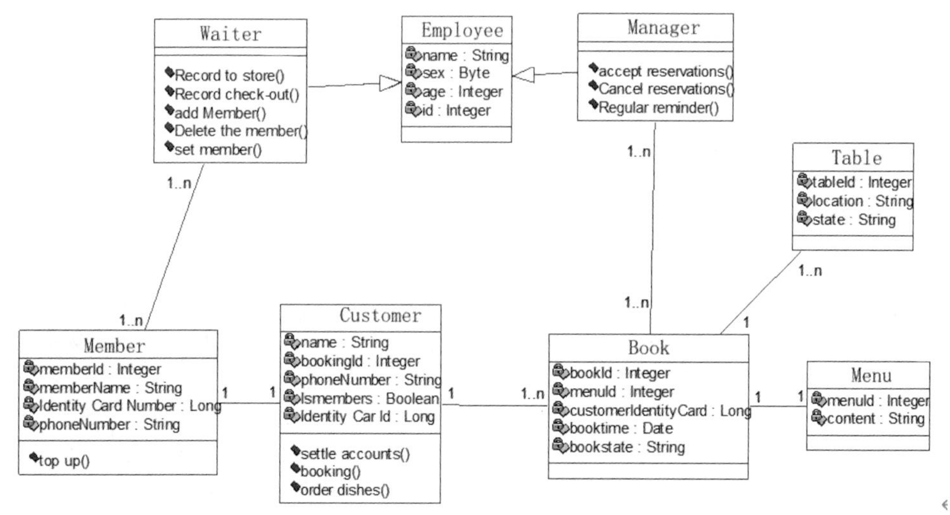

附图 3 饭店预订管理系统类图

3. 创建系统动态模型

饭店预订管理系统的动态模型可以使用交互作用图、状态图和活动图来描述。

4. 创建顺序图和协作图

饭店管理员接受预订的活动步骤如下。

(1) 饭店管理员接到客人要求预订的电话。

(2) 登录系统进入预订界面。

(3) 输入客人的会员编号，系统查询客人的会员信息并返回显示。

(4) 根据客人的要求将预订的信息输入并提交。

(5) 系统创建新的预订信息记录。

(6) 预订类对象返回订餐成功的信息。

根据以上步骤创建的顺序图和协作图如附图 4 和附图 5 所示。

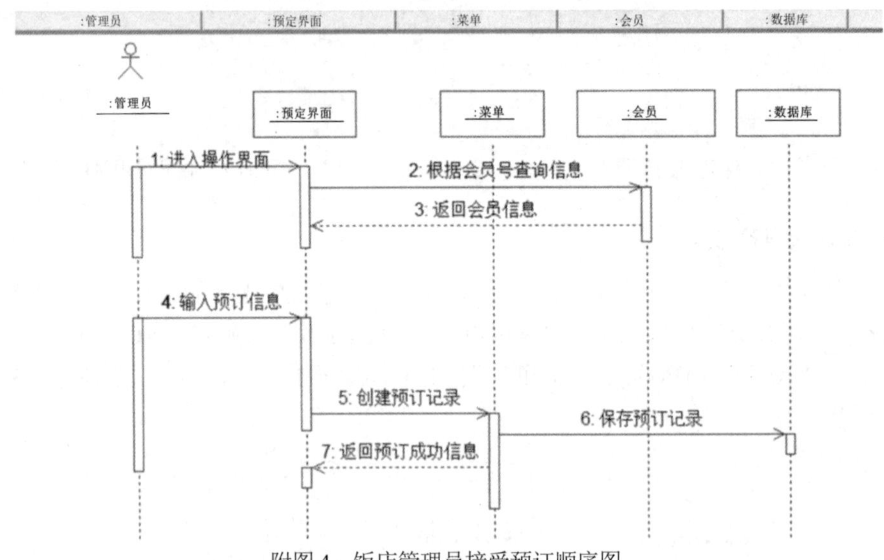

附图 4　饭店管理员接受预订顺序图

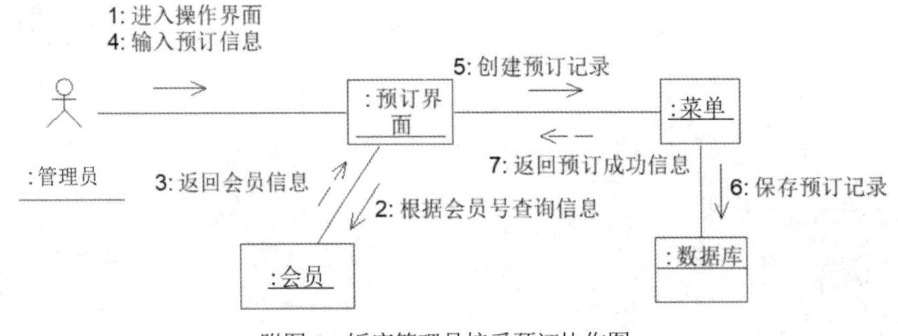

附图 5　饭店管理员接受预订协作图

饭店服务员注册新会员的活动步骤如下。

(1) 饭店服务员进入操作注册会员界面，并在界面中提交客人的信息。

(2) 注册会员界面将提交的信息传递给会员类对象。

(3) 会员类对象查询数据库判断该客人是否已经是会员，并将结果返回给注册会员界面显示。

(4) 如果该客人不是会员，则提交会员注册信息到会员类对象。
(5) 会员类对象创建新的会员对象，并将该对象的信息保存到数据库中。
(6) 向注册会员界面返回注册会员成功的提示信息。
根据以上步骤创建的顺序图和协作图如附图 6 和附图 7 所示。

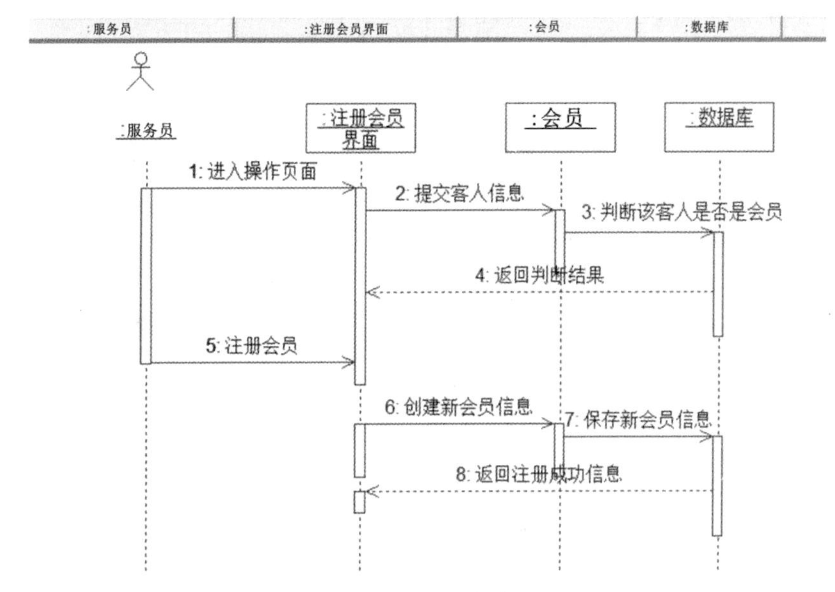

附图 6　饭店服务员注册新会员顺序图

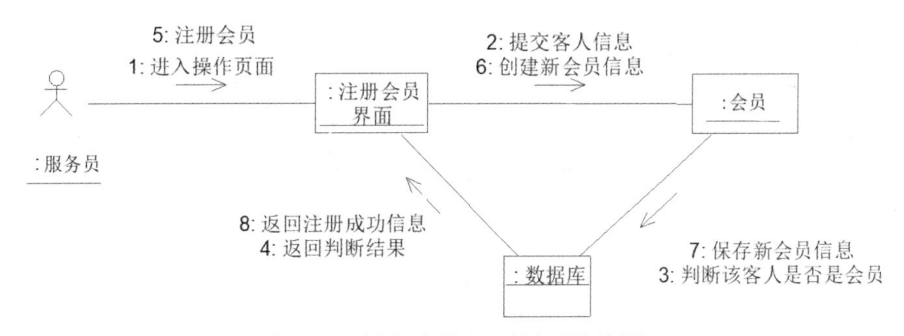

附图 7　饭店服务员注册新会员协作图

5. 创建活动图

我们还可以利用系统的活动图来描述系统的参与者是如何协同工作的。饭店预订管理系统中，根据饭店管理员取消预订的活动步骤，创建活动图如附图 8 所示。

6. 创建状态图

在饭店预订管理系统中，最具有描述作用的是预订类，根据预订的各种状态及转换规则，创建预订类的状态图如附图 9 所示。

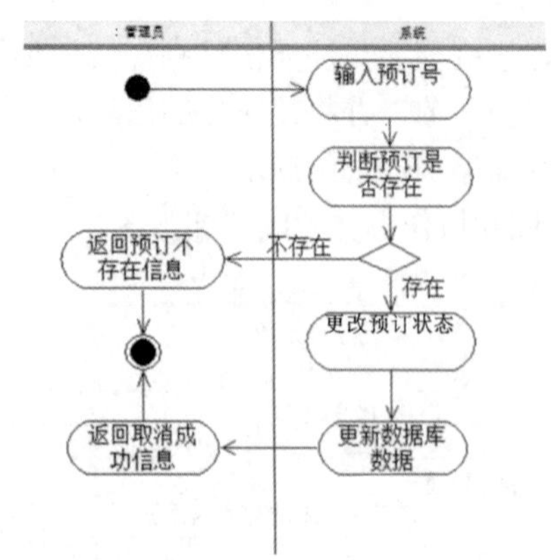

附图 8　管理员取消预订活动图

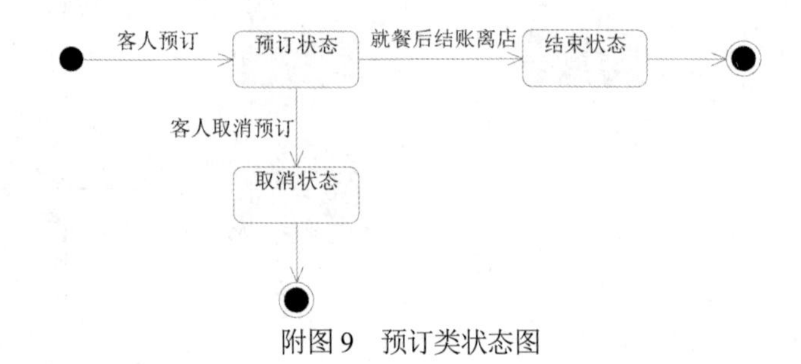

附图 9　预订类状态图

7. 创建系统部署模型

对系统的实现结构进行建模的方式有组件图和部署图两种。饭店预订管理系统的组件图通过构件映射到系统的实现类中，说明该构件物理实现的逻辑类在本系统和饭店预订管理系统中，可以对“顾客”构件、“会员”构件、“服务员”构件、“管理员”构件、“餐桌”构件、“预订”构件、“菜单”构件、“界面”构件分别创建对应的构件进行映射，除此之外，我们必须有一个主程序构件。饭店预订管理系统的组件图如附图 10 所示。

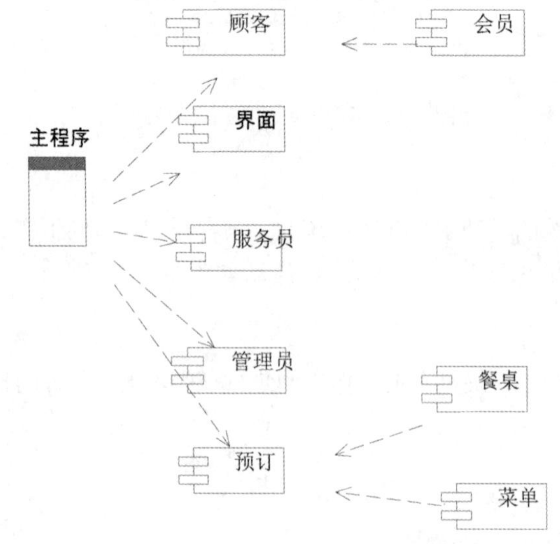

附图 10　饭店预订管理系统的组件图

饭店预订管理系统的部署图描绘的是系统节点上运行资源的安排。本系统包括 4 种节点，分别是：数据库节点，由一台数据库服务器负责数据的存储、处理等；系统服务器节点，用于处理系统的业务逻辑；客户端节点，用户通过客户端登录系统进行操作；打印机节点，用于打印数据报表。饭店预订管理系统的部署图如附图 11 所示。

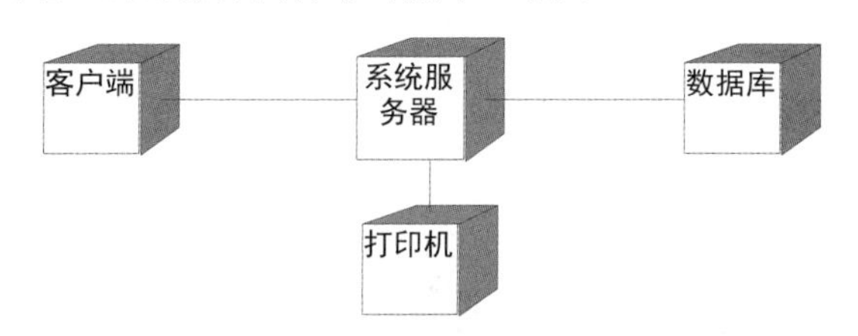

附图 11　饭店预订管理系统的部署图

课程实验二　酒店客房管理系统

随着国家的经济发展，旅游度假和商务旅行已经成为人们的一种生活需求，国家也把旅游业作为一个支柱产业来发展，各地的宾馆、酒店越来越多，行业间的竞争也越发的激烈。如何在残酷的市场中得以生存和发展，是每个宾馆、酒店企业面临的重大课题。传统的管理模式已经不能适应现代酒店管理的发展，利用高科技的计算机网络技术来处理宾馆、酒店经营数据，已经成为提高企业管理效率、改善服务的关键。

一、需求分析

酒店客房管理系统的用户主要有两类：一类是前台接待员人员；另一类是酒店管理人员。本系统的功能需求分析简述如下。

- 接待员可以处理各类客人的预订请求，预订可以通过各种方式，如电话、E-mail、传真等。
- 当客人实际入住时，接待员需要及时输入客户信息，以便今后查询。
- 接待员可以根据各种信息查询客人是否入住及入住的情况。
- 接待员进行收费管理，包括入住时的定金、各类其他消费情况和最终的结账管理。
- 管理员能够输入客房信息，包括每间客房的大小级别、地理位置、预设租金等。
- 管理员能够对客房信息进行查询，及时掌握客房情况，并且协助做出决策。
- 管理员能够对前台操作员进行管理，设置前台操作员的密码和基本信息。
- 管理员将各类信息进行统计。

二、系统建模

在系统建模以前，我们首先需要在 Rational Rose 中创建一个模型，并命名为“酒店客房管理系统”。

1. 创建系统用例模型

若要创建系统用例，则需先确定系统的参与者。根据前面的需求分析可知酒店客房管理系统的参与者包含两种：酒店管理员和前台接待员。

我们根据参与者的不同分别画出各个参与者的用例图。

1) 管理员用例图

管理员在本系统中可以进行登录系统、权限设置、密码设置、操作员设置、客房设置权限等活动。通过这些活动创建的管理员用例图如附图12所示。

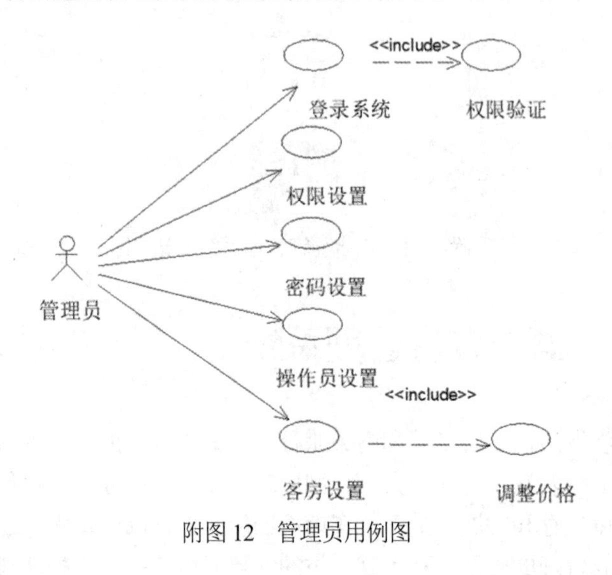

附图12 管理员用例图

2) 前台接待员用例图

前台接待员在本系统中可以进行登录系统、客房查询、房态查看、住宿登记、调房登记、退宿结账、挂账查询、住宿查询、退宿查询等活动。通过这些活动创建的前台接待员用例图如附图13所示。

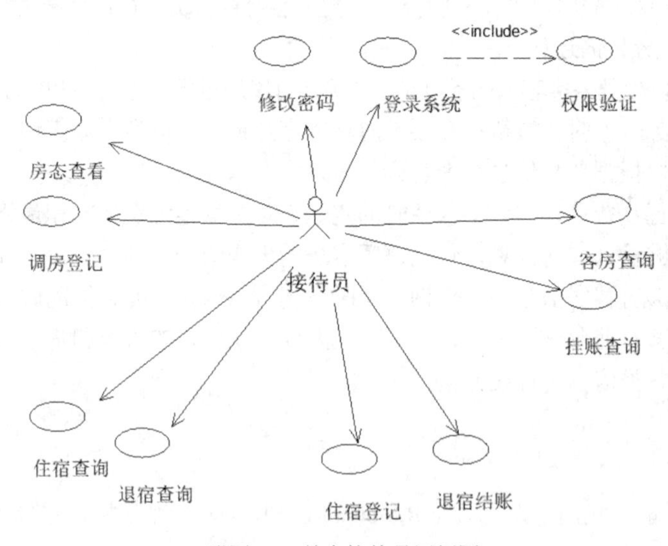

附图13 前台接待员用例图

2. 创建系统静态模型

从前面的需求分析中，我们可以确定酒店预订管理系统中主要的10个类对象："用户"类(User)、"接待员"类(Waiter)、"管理员"类(Manager)、"客人"类(Customer)、"客房"类(Room)、

“预订”类(Book)、“挂账明细”类(AccountHanging Detail)、“退房信息”类(CheckOutInfo)、“住宿”类(Accommodation)和“预收费用”类(AdvanceCharge)。创建完整的类图如附图 14 所示。

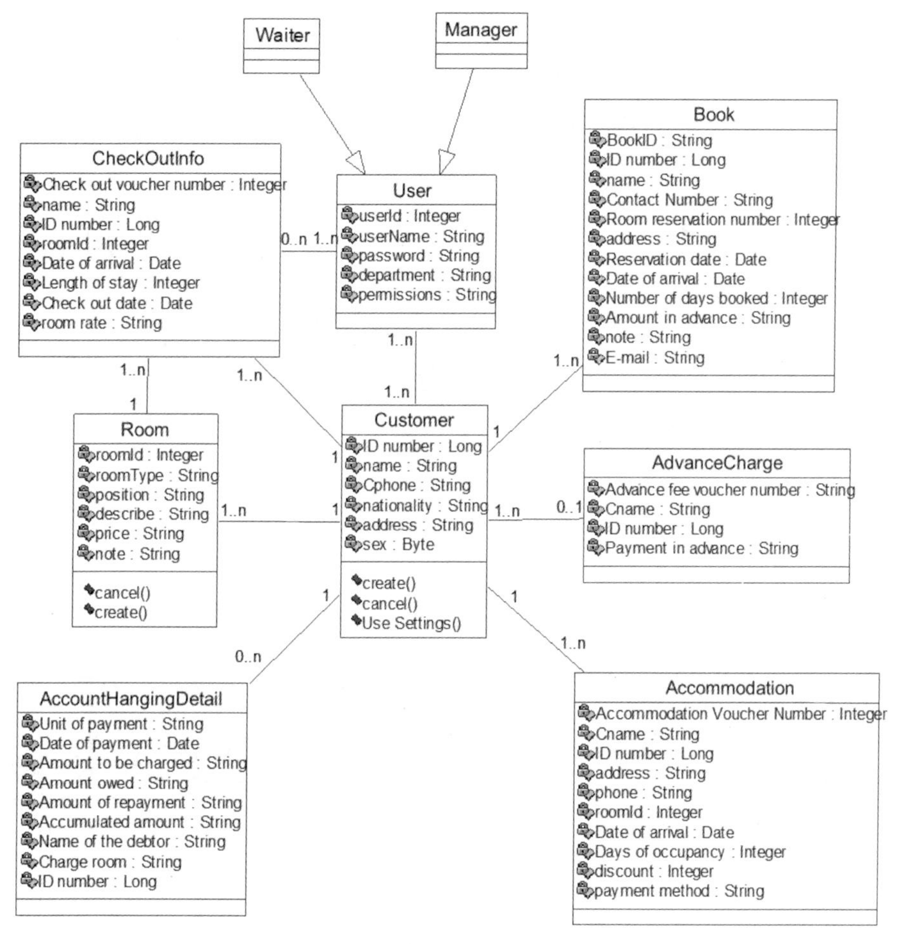

附图 14 酒店预订管理系统类图

3. 创建系统动态模型

酒店客房管理系统的动态模型可以使用交互作用图、状态图和活动图来描述。

4. 创建顺序图和协作图

前台接待员住宿登记的活动步骤如下。

(1) 打开住宿登记界面。

(2) 使界面进入登记状态。

(3) 查询是否有空房并查询客房信息。

(4) 登记本次住宿的所有信息。

(5) 登记成功，返回主界面。

根据以上步骤创建的顺序图和协作图如附图 15 和附图 16 所示。

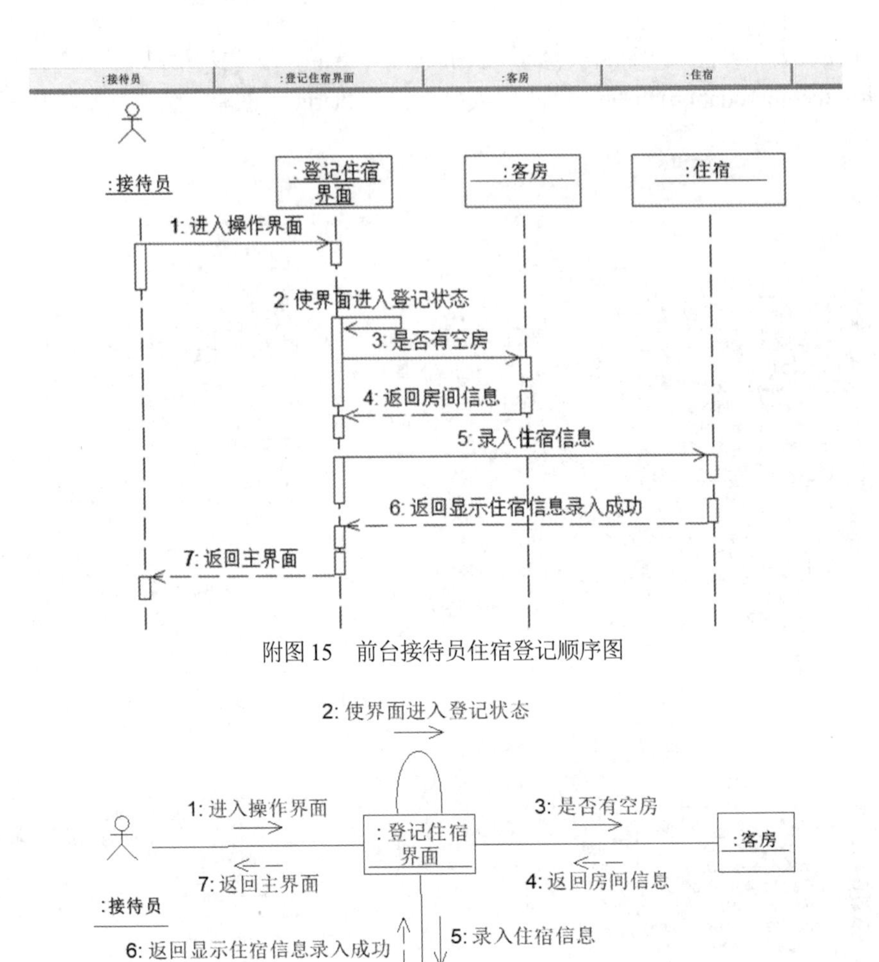

附图 15　前台接待员住宿登记顺序图

附图 16　前台接待员住宿登记协作图

前台接待员退宿结账的活动步骤如下。

(1) 打开退宿结账界面。

(2) 使界面进入退房状态。

(3) 生成本次退宿编号。

(4) 输入住宿凭证编号和住宿信息，系统生成本次客户退宿信息。

(5) 退宿成功，返回主界面。

根据以上步骤创建的顺序图和协作图如附图 17 和附图 18 所示。

5. 创建活动图

我们还可以利用系统的活动图来描述系统的参与者是如何协同工作的。酒店客房管理系统中，根据酒店客房管理的活动步骤，创建活动图如附图 19 所示。

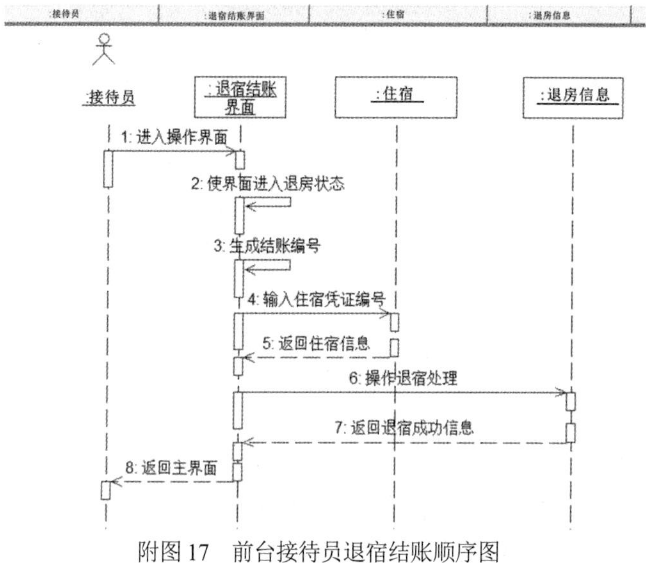

附图 17　前台接待员退宿结账顺序图

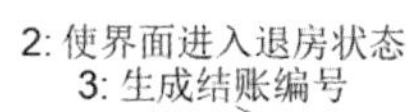

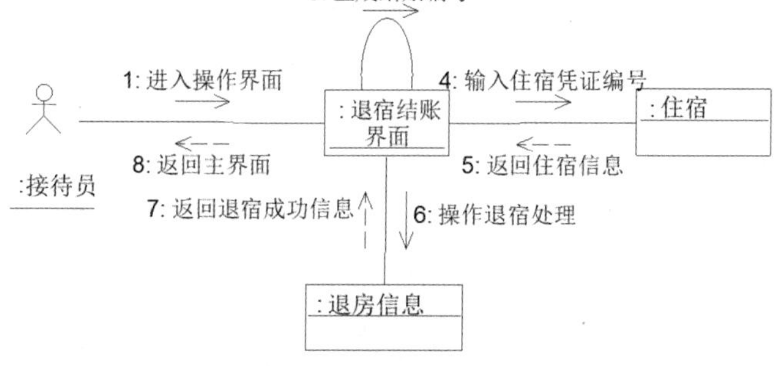

附图 18　前台接待员退宿结账协作图

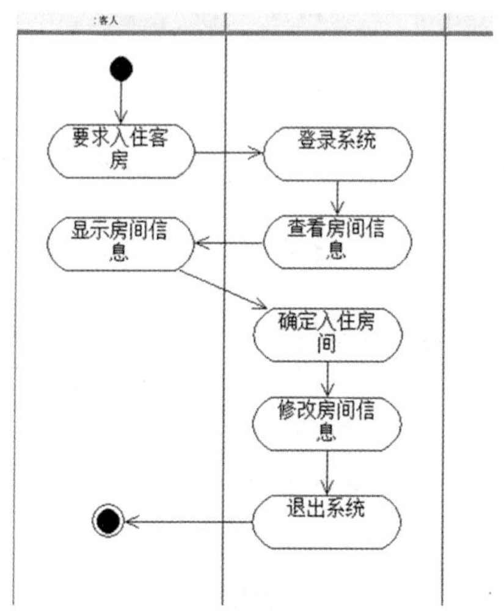

附图 19　酒店客房管理活动图

6. 创建状态图

在酒店客房管理系统中，最具有描述作用的是客房类，根据客房的各种状态及转换规则，创建客房类的状态图如附图 20 所示。

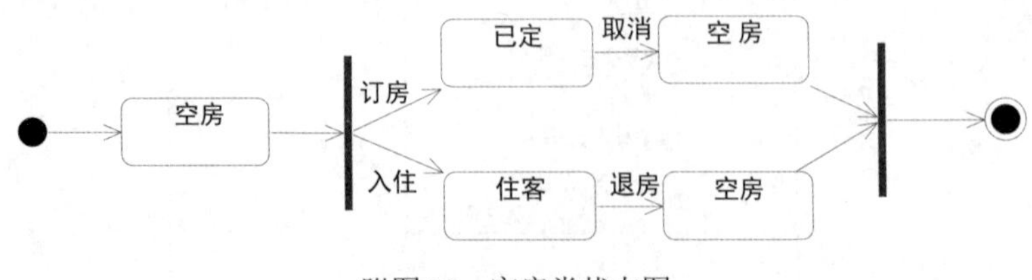

附图 20　客房类状态图

7. 创建系统部署模型

对系统的实现结构进行建模的方式有两种，即组件图和部署图。酒店客房管理系统的组件图通过构件映射到系统的实现类中，说明该构件物理实现的逻辑类在酒店客房管理系统中，可以对“用户”类、“接待员”类、“管理员”类、“客人”类、“客房”类、“预订”类、“挂账明细”类、“退房信息”类、“住宿”类、“预收费用”类和“界面”类分别创建对应的构件进行映射，除此之外，我们必须有一个主程序构件。酒店客房管理系统的组件图如附图 21 所示。

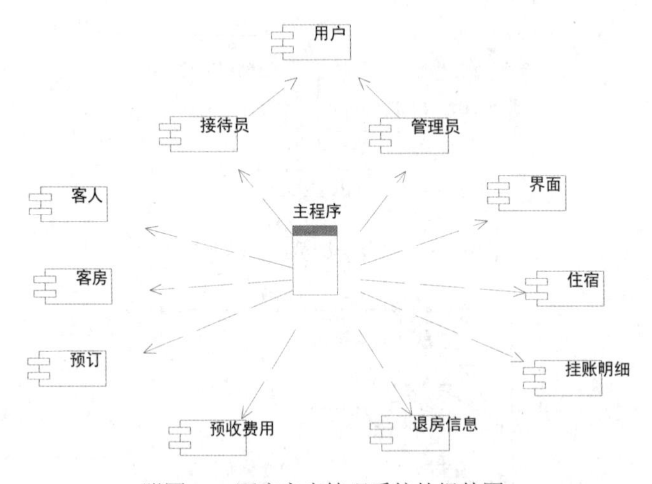

附图 21　酒店客房管理系统的组件图

酒店客房管理系统的部署图描绘的是系统节点上运行资源的安排。本系统包括 3 种节点，分别是：数据库节点，负责数据存储、处理等；后台客户端节点，管理员通过该节点进行后台维护，执行管理员允许的所有操作；前台客户端节点，接待员进行登录、选择住宿和退宿等一系列操作活动。酒店客房管理系统的部署图如附图 22 所示。

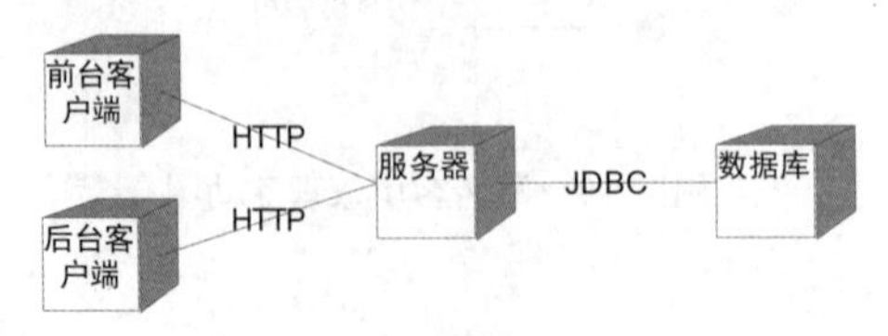

附图 22　酒店客房管理系统的部署图

课程实验三 药店管理系统

随着我国经济的快速发展，人们更加关注健康问题，医药产业发展迅速，药品种类不断增加，数据量急剧加大，传统零售药房的库存管理过度依赖人工、库存管理混乱、仓储数据滞后等问题日渐暴露，同时，新冠疫情进一步暴露了这一弊端。为了扭转困局，药店应当降低仓库人力成本，提高仓储工作效率，并利用数据资产赋能业务增长，实现仓库智能化转型。药店管理系统的出现改变了这种现状。药店管理系统是一个面向药店进行药品日常信息管理的信息系统(MIS)。该信息系统能够方便地为药店的售药员提供各种日常的售药功能，也能够为药店的管理者提供各种管理功能，如订购药品和统计药品等。

一、需求分析

药店管理系统的用户主要有以下几种：售药员、库存管理员、订药管理员、统计分析员、系统管理员，他们的具体功能需求分析简述如下。

- 售药员登录后为顾客提供服务。接收顾客购买药品需求，根据系统的定价计算出药品的总价，顾客付款并接收售药员打印的购药清单，系统自动保存顾客购买商品的记录。
- 库存管理员负责药品的库存管理并对药品进行盘点，当发现库存药品有损坏时，及时处理报损信息。当药品到货时，检查药品是否合格后并将合格的商品进行入库。当药品进入商店时，进行出库处理。
- 订药管理员负责药品的订货管理，即对医院所缺药品进行订药处理，包括统计所订的药品和制作订单等步骤。当订药员发现库存药品低于库存下限时，根据系统供应商信息，制作订单进行商品订货处理。
- 统计分析员使用系统的统计分析功能对药品进行统计分析管理，了解药品信息、销售信息、供应商信息、库存信息和特殊药品信息，以便能够制订出合理的销售计划。
- 系统管理员通过系统管理功能对售药人员进行管理和维护系统，不仅能够掌握药店员工的信息，还能够对系统进行维护。

二、系统建模

在系统建模以前，我们首先需要在Rational Rose中创建一个模型，并命名为“药店管理系统”。

1. 创建系统用例模型

若要创建系统用例，则需先确定系统的参与者。根据前面的需求分析可知药店管理系统的参与者包含6种：售药员、顾客、库存管理员、订货员、统计分析员和系统管理员。

我们根据各个参与者所执行的具体职责，创建系统的顶层用例。

- 员工登录必须进行身份验证。登录后可以修改信息与密码。
- 售药员进行销售管理。销售药品包括获取药品信息及更新销售信息。
- 库存管理员进行处理盘点、处理报销、药品入库、药品出库、管理设置(包括特殊药品设置)、更新商品基本信息、更新供应商信息操作。
- 订货员进行订货管理。

- 统计分析员进行统计分析。
- 系统管理员进行员工管理和系统维护。

根据这些参与者的职责，创建的顶层用例如附图 23 和附图 24 所示。

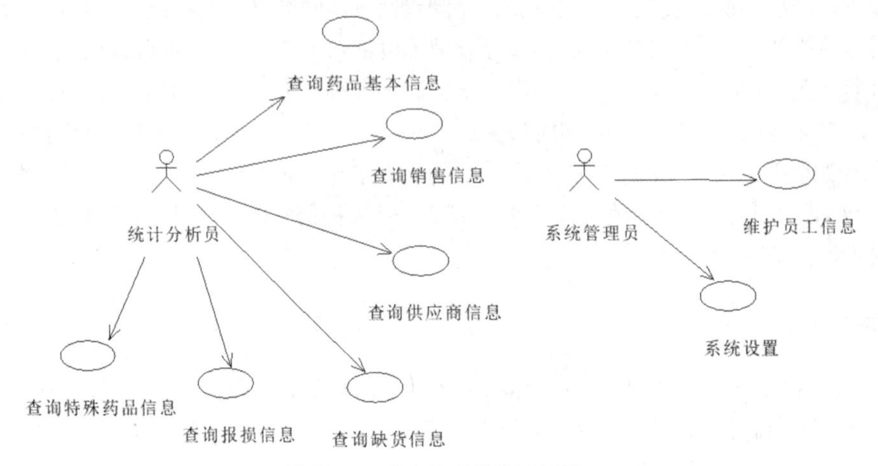

附图 23　药店管理系统用例图 1

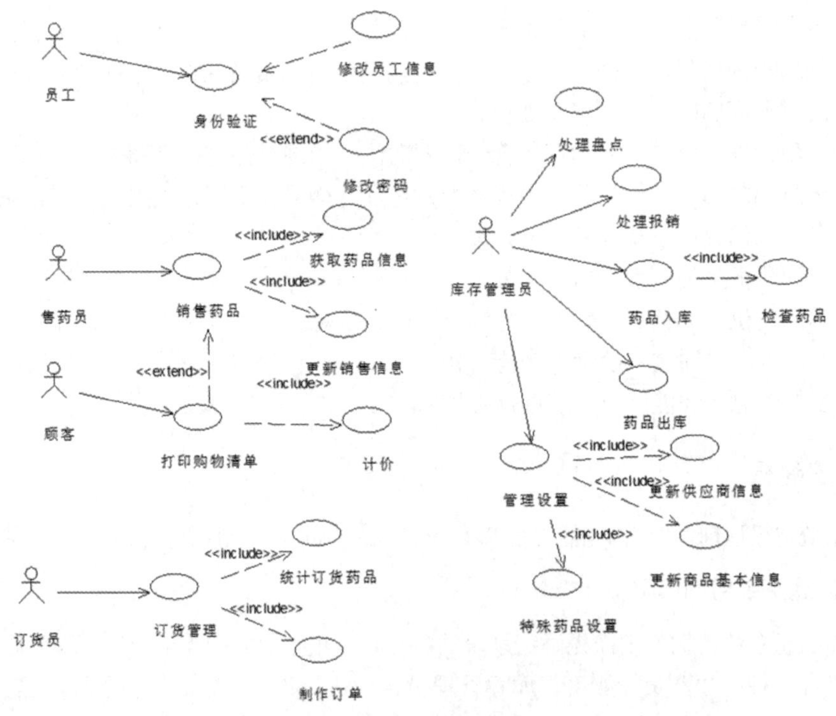

附图 24　药店管理系统用例图 2

2. 创建系统静态模型

从前面的需求分析中，我们可以确定药店管理系统中主要的 9 个类对象：“售药员”类(MedicineSalesmen)、“顾客”类(Customer)、“员工”类(Employee)、“库存管理员”类(Inventory Manager)、“订货员”类(Orderer)、“统计分析员”类(StatisticalAnalyst)、“系统管理员”

类(Administrator)、“药品”类(Medicine)和“供应商”类(Supplier)。创建完整的类图如附图 25 所示。

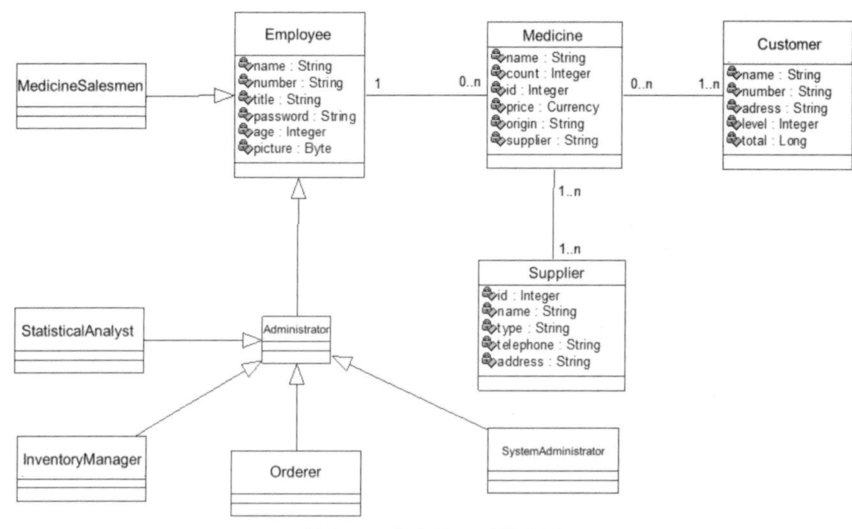

附图 25 药店管理系统类图

3. 创建系统动态模型

药店管理系统的动态模型可以使用交互作用图、状态图和活动图来描述。

4. 创建顺序图和协作图

售药员销售药品的活动步骤如下。

(1) 顾客将购买的药品提交给售货员。

(2) 售货员通过销售管理子系统中的管理药品界面获取药品信息。

(3) 管理药品界面根据药品的编号请求该药品的信息。

(4) 药品类实例化对象根据药品的编号加载药品信息并提供给管理药品界面。

(5) 管理药品界面对药品进行计价处理。

(6) 管理药品界面更新销售药品信息。

(7) 管理药品界面显示处理药品。

(8) 售药员将药物提交给顾客。

根据以上步骤创建的顺序图和协作图如附图 26 和附图 27 所示。

库存管理员处理药品入库的活动步骤如下。

(1) 库存管理员通过系统中的药品入库界面获取药品信息。

(2) 药品入库界面根据药品的编号请求该类药品信息。

(3) 药品类实例化对象根据药品的编号加载药品信息并提供给药品入库界面。

(4) 库存管理员通过药品入库界面增加药品数目。

(5) 药品入库界面修改药品信息。

(6) 药品类实例化对象向药品入库界面返回修改信息。

(7) 药品入库界面向库存管理员显示添加成功信息。

根据以上步骤创建的顺序图和协作图如附图 28 和附图 29 所示。

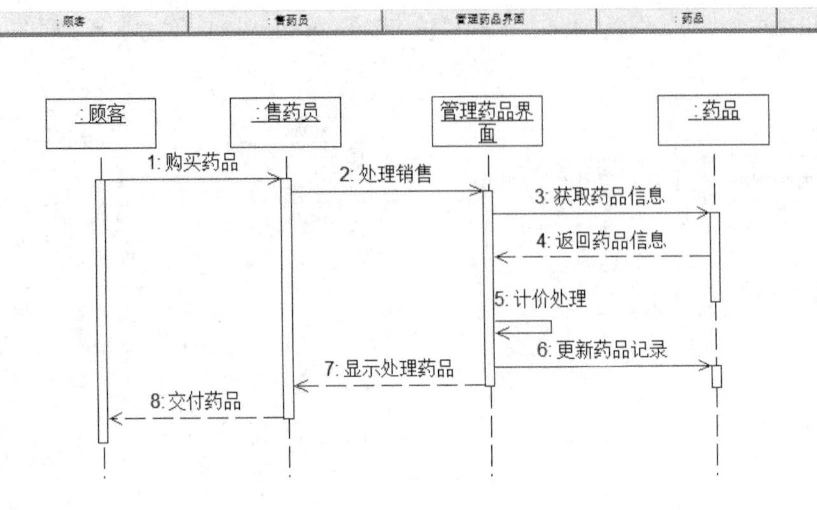

附图 26　售药员销售药品顺序图

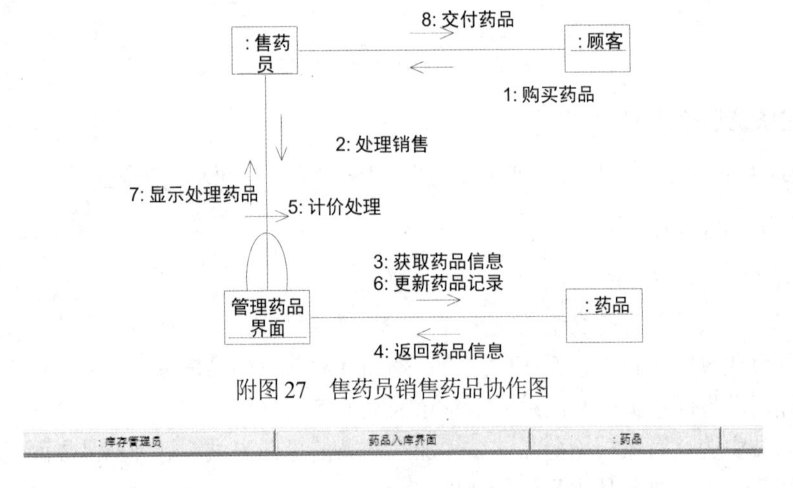

附图 27　售药员销售药品协作图

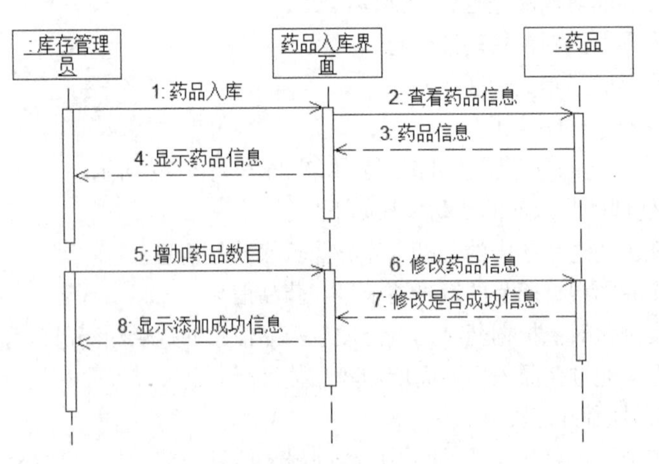

附图 28　库存管理员处理药品入库顺序图

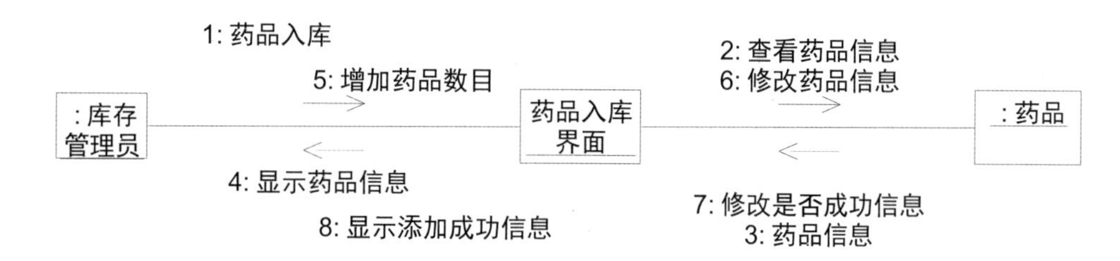

附图 29 库存管理员处理药品入库协作图

订货员进行订货管理的活动步骤如下。

(1) 订货员通过订货管理界面查看订货药品。

(2) 通过订货管理页面查询待订货的药品。

(3) 药品类实例化对象根据药品的编号加载药品信息并提供给订货管理界面。

(4) 订货员通过订货管理界面显示待订货药品信息。

(5) 订货员通过订货管理界面联系厂商。

(6) 通过订货管理界面获取与订货相关的厂商信息，查询供应商信息。

(7) 供应商实例化对象根据供应商的编号加载厂商信息并提供给订货管理界面。

(8) 在订货管理界面显示厂商信息反馈给订货员。

(9) 订货员根据订货管理界面显示厂商信息制作订单。

(10) 根据订货管理界面制作订单信息。

(11) 订货管理界面制作订单信息返回给订货员。

根据以上步骤创建的顺序图和协作图如附图 30 和附图 31 所示。

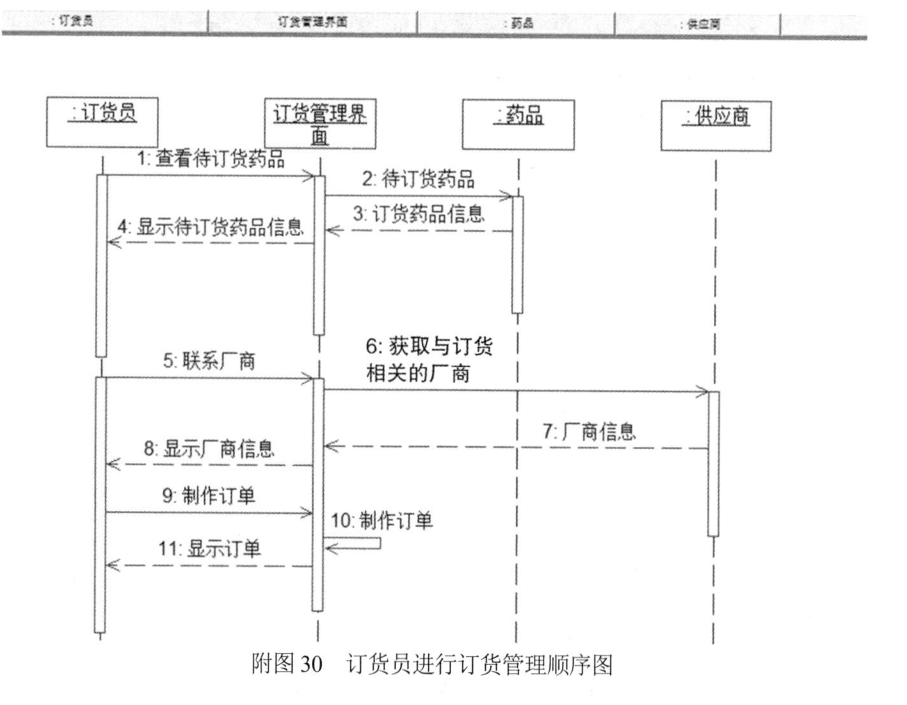

附图 30 订货员进行订货管理顺序图

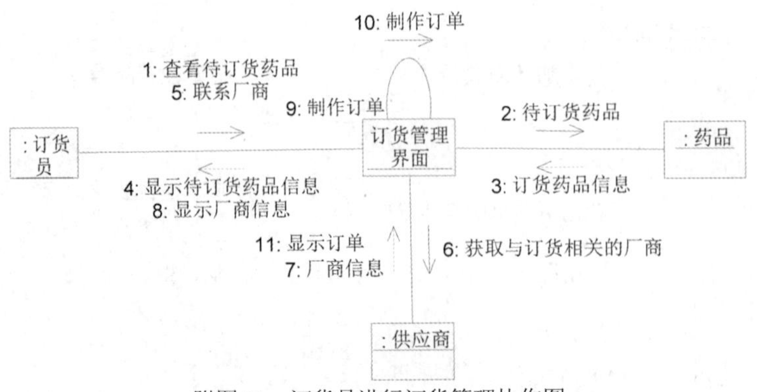

附图31　订货员进行订货管理协作图

统计分析员查询商品信息的活动步骤如下。

(1) 统计分析员通过查询药品信息界面获得药品信息。

(2) 在药品信息界面根据药品查询信息对药品类进行查询。

(3) 药品类实例化对象根据药品的编号加载药品信息并提供给药品信息界面。

(4) 通过统计分析员操作，在药品信息界面生成药品报表。

(5) 药品信息界面制定报表。

(6) 药品信息界面制定报表返回显示给统计分析员。

根据以上步骤创建的顺序图和协作图如附图32和附图33所示。

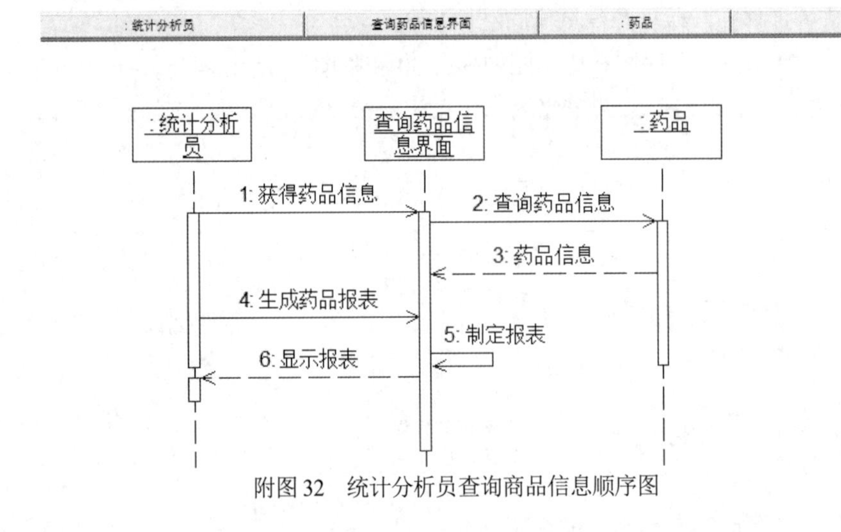

附图32　统计分析员查询商品信息顺序图

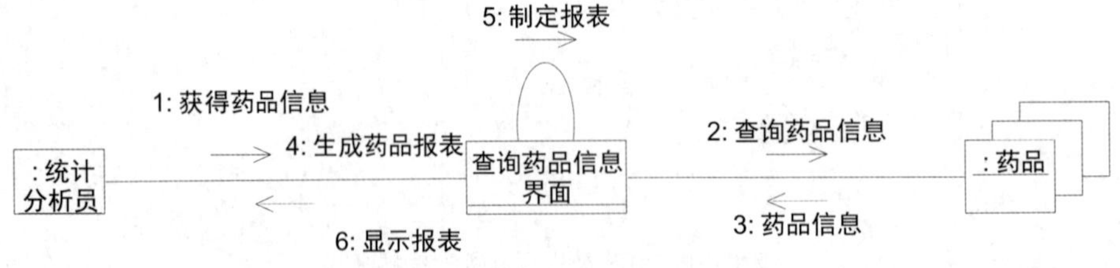

附图33　统计分析员查询商品信息协作图

5. 创建活动图

我们还可以利用系统的活动图来描述系统的参与者是如何协同工作的。药店管理系统中，根据员工验证密码的活动步骤，创建活动图如附图 34 所示。

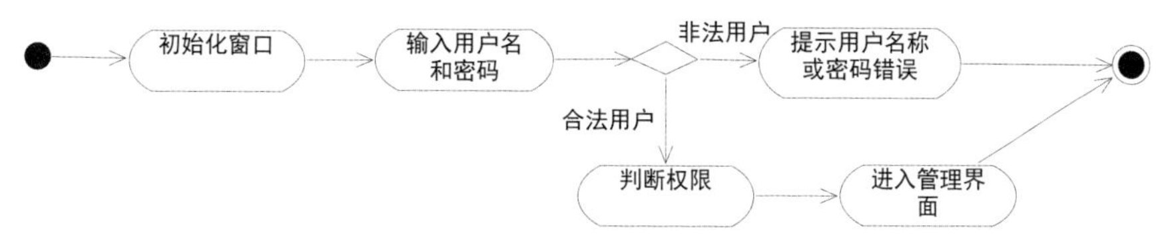

附图 34 员工验证密码活动图

6. 创建状态图

在药店管理系统中，最具有描述作用的是药店中的药品，从刚被购买还未入库后的药品到被添加能够出售的药品，再到药品被出售或药品被回收。药品状态图如附图 35 所示。

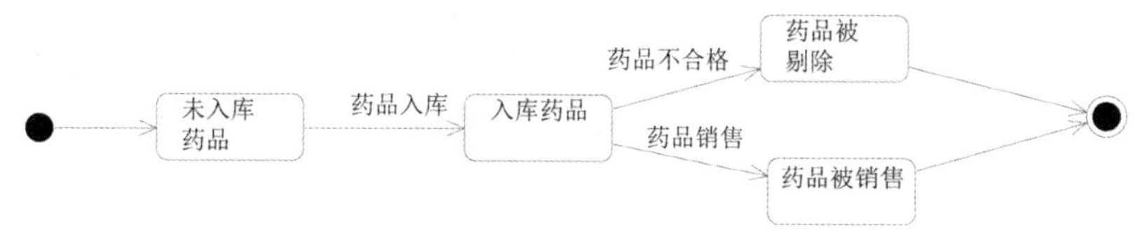

附图 35 药品状态图

7. 创建系统部署模型

对系统的实现结构进行建模的方式有两种，即组件图和部署图。药店管理系统的组件图通过构件映射到系统的实现类中，说明该构件物理实现的逻辑类，在本系统和药店管理系统中，可以对“员工”类、“顾客”类、“药品”类和“供应商”类分别创建对应的构件进行映射。另外，考虑业务功能执行过程中可能触发产生的各种异常错误，也提供了相应功能的错误处理构件。网上购物商店的组件图如附图 36 所示。

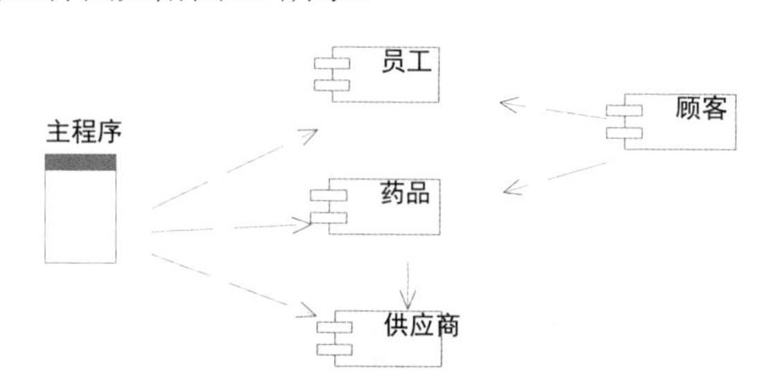

附图 36 药店管理系统的组件图

药店管理系统的部署图描绘的是系统节点上运行资源的安排。本系统包括 6 种节点，分别是数据库服务器、售药机、系统管理节点、库存管理节点、订货管理节点和统计分析节点。创建后的部署图如附图 37 所示。

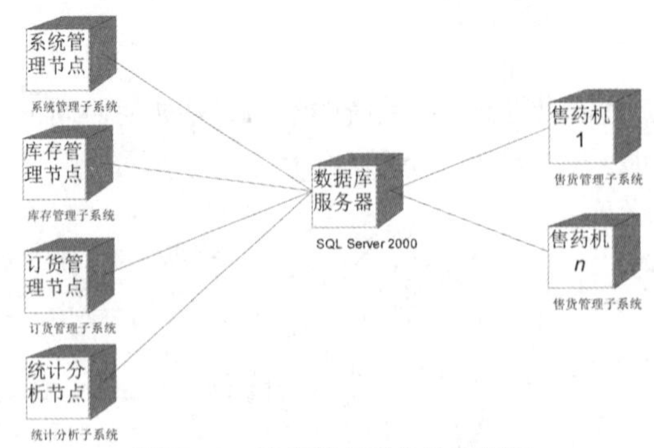

附图 37 药店管理系统的部署图

课程实验四 应急预案管理系统

应急预案是根据法律法规和各项规章制度，综合以往的经验与实践积累，针对各种类型突发事件事先制订的一套能保证迅速、有序、有效解决问题的行动计划或方案。近年来，我国一些自然灾害、安全生产、环境污染等事件频频发生，给人民群众的生命财产安全带来了巨大的损失和严重的威胁。每次事件的发生都牵动着全国各族人民的心，有些事件甚至引起国际上的广泛关注。成功应对突发事件，就会把一场灾难转化为一次机遇，更加凝聚人心。应对突发事件的能力和绩效，已经成为考验政府公共管理水平和行政能力的重要标志。同时，加强应急管理信息化建设是加快应急管理队伍建设，提高应急管理工作水平和应急处置能力，有效预防事故发生，减少和控制事故扩大的重要手段。

根据政府的紧急事件的处置机制，建设一套辅助政府应急预案管理的信息系统，系统遵照危机管理理论，平时进行应急预案的编制、管理和完善；在突发事件发生时，快速检索和匹配预案，指导工作人员完成应急响应的协调、联络和监督等工作；在突发事件处置完成后，及时进行善后处理及对事件进行评估并对预案进行修正，从而不断完善和提升政府应对公共事件处理的能力，为政府应对突发公共事件提供重要的信息保障。

一、需求分析

应急预案管理系统主要实现以下功能。

(1) 建立合适的应急预案模板。

(2) 实现应急预案审核、预案批准、预案上报下达的完整的流程化管理功能模块。

(3) 提供应急预案的查询、浏览及维护功能。

(4) 建立合适的应急预案评价方法，并提供接口进行应急预案评价方法的参数修正。

(5) 建立具有不同权限级别的用户层，并对系统内容进行分级管理。

(6) 系统数据的备份、恢复功能。

二、系统建模

在系统建模以前，我们首先需要在 Rational Rose 中创建一个模型，并命名为“应急预案管理系统”。

1. 创建系统用例模型

若要创建系统用例，则需先确定系统的参与者。应急预案管理系统的参与者包括 4 种：应急指挥中心、预案编写员、预案评审小组和系统管理员。

应急指挥中心是系统的主要使用者，进行预案编制管理，提出预案审批，进行预案信息发布等；预案编写员规范预案录入模板，并查询、录入相关信息；预案评审小组进行预案评价方法的制定，并对生成的预案结果进行评价；系统管理员设定各用户的权限，执行相关数据的备份、恢复功能。通过这些活动创建的用例图如附图 38 所示。

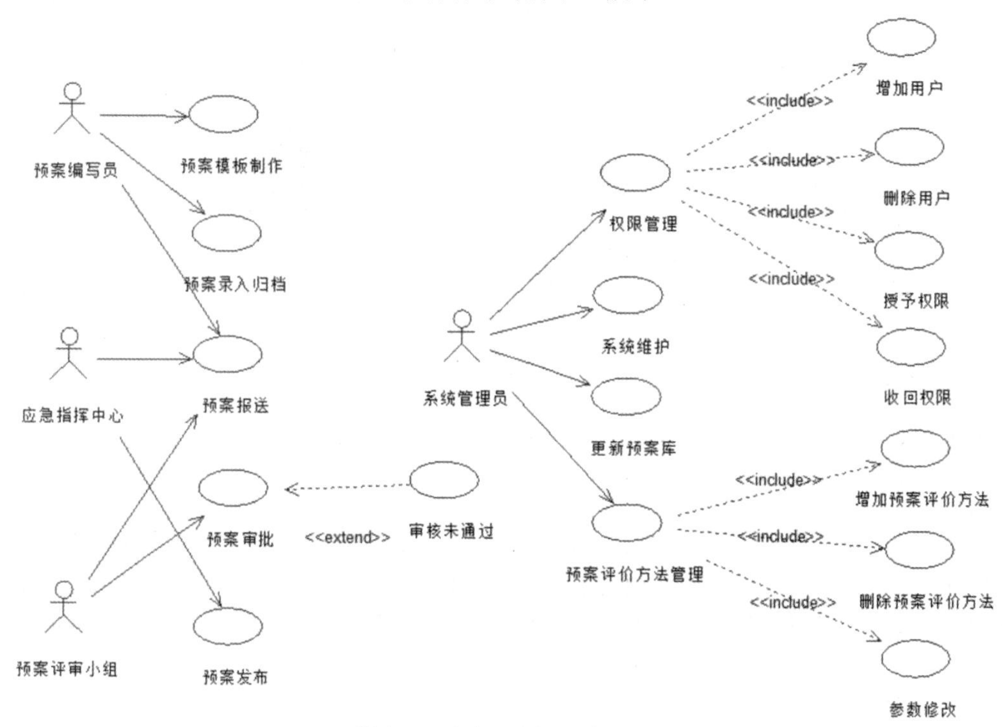

附图 38　应急预案管理系统用例图

2. 创建系统静态模型

从前面的需求分析中，我们可以确定应急预案管理系统中主要的 6 个类对象："预案编写员"类(ContingencyPlanWriter)、"应急指挥中心"类(EmergencyCommandCenter)、"预案评审小组"类(ContingencyPlanReviewTeam)、"预案模板"类(ContingencyPlanTemplate)、"预案基本信息"类(ContingencyPlanBasicInformation)和"用户登录"类(UserLogin)。

预案编写员的属性有用户名、姓名、所属单位、级别；预案评审小组的属性有用户名、组别、级别、所属部门；应急指挥中心的属性有用户名、级别、所属部门、联系地址、办公电话、责任范围；预案基本信息的属性有预案编号、预案发布时间、预案生效时间、应急响应范围、应急响应条件、审核通过部门等；预案模板的属性有模板编号、模板使用对象、模板发布时间等；用户登录的属性有用户名、密码、权限、终止日期、所属用户组。创建系统实体类的类图如附图 39 所示。

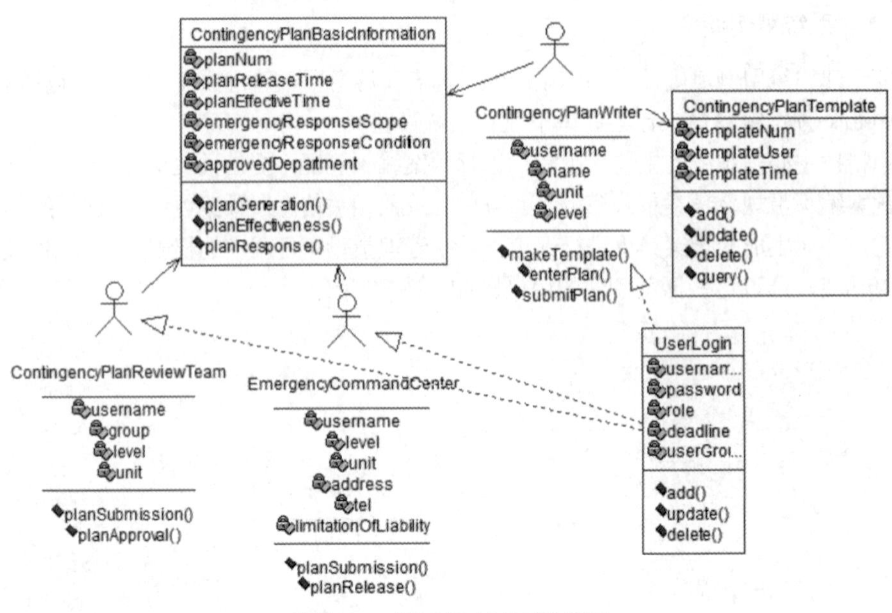

附图 39 应急预案管理系统类图

3. 创建系统动态模型

系统的动态模型可以使用交互作用图、状态图和活动图来描述。

4. 创建顺序图和协作图

预案编写员登录系统进行身份验证，通过验证后进入与自身级别相对应的预案录入窗口，然后选择预案模板进行预案的录入、修改等操作，确定后提交录入信息，交由主管部门审批。根据以上步骤创建的顺序图和协作图如附图 40 和附图 41 所示。

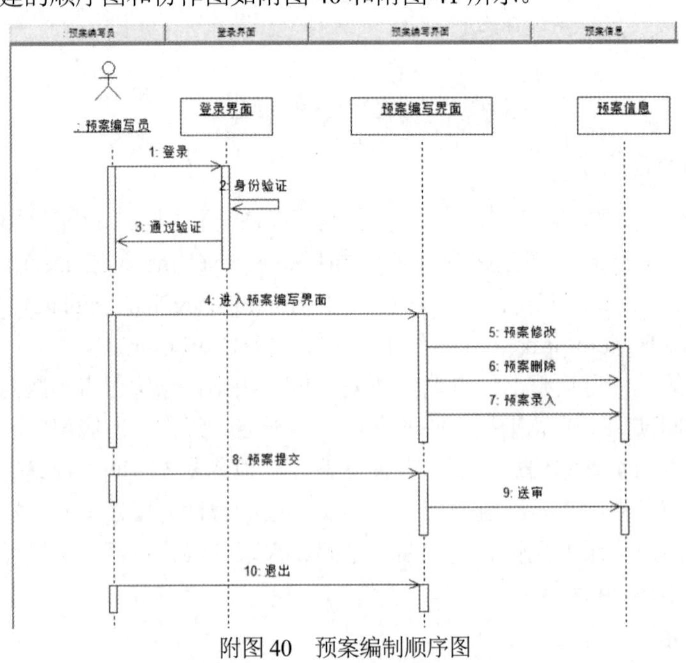

附图 40 预案编制顺序图

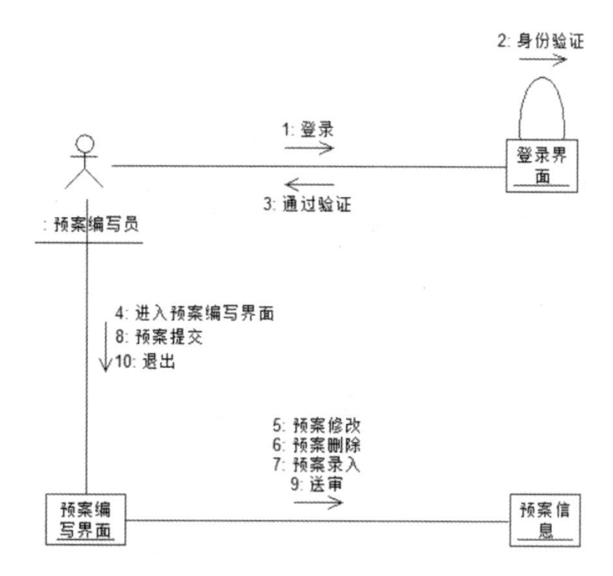

附图 41 预案编制协作图

5. 创建活动图

我们还可以利用系统的活动图来描述系统的参与者是如何协同工作的。应急预案管理系统中，根据预案审核的活动步骤创建活动图如附图 42 所示。预案编写员完成的预案提交给预案评审小组后，审核通过的预案交由主管部门进行发布和存档，未通过的预案则予以删除。

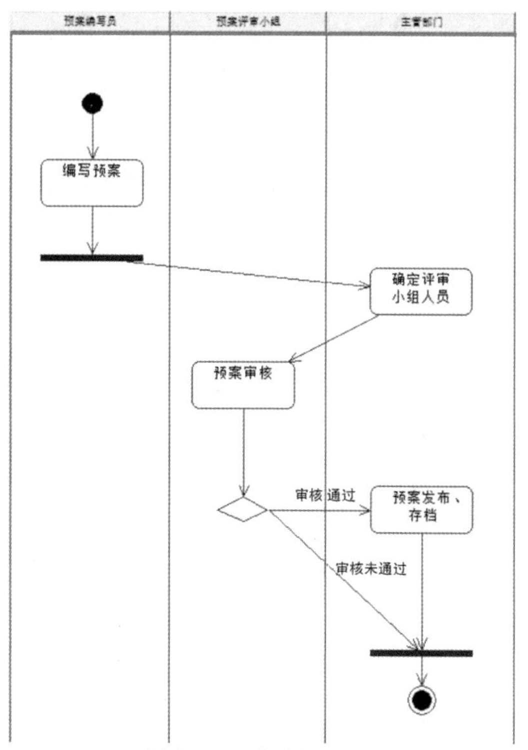

附图 42 预案审核活动图

6. 创建状态图

在应急预案管理系统中，预案的状态具有典型的意义，根据 UML 状态图的建模方法，其状态图如附图 43 所示。预案编写员编写完成预案并提交送审后，由预案评审小组进行审核，通过审核的预案状态变为已审核未发布；已审核未发布的预案经主管部门或是系统管理员发布后，状态变为已发布未生效；预案到生效时间后，状态变为生效中预案；生命周期结束后状态变为已删除预案。

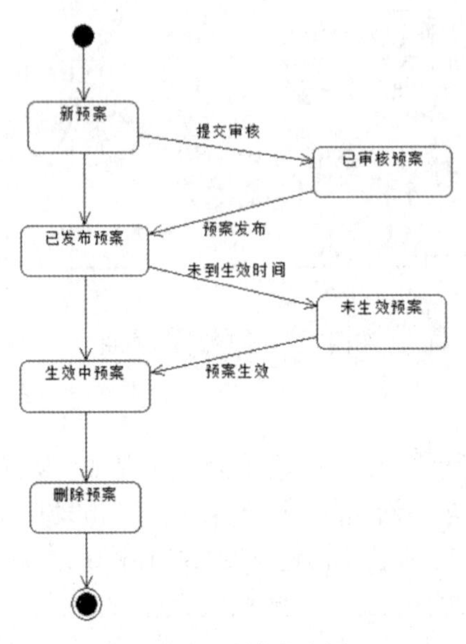

附图 43　预案状态图

7. 创建系统部署模型

对系统的实现结构进行建模的方式有两种，即组件图和部署图。应急预案管理系统的组件图通过构件映射到系统的实现类中，说明该构件物理实现的逻辑类，在本系统中，我们可以对“预案基本信息”类、“预案编写员”类、“预案评审小组”类、“预案模板”类、“用户登录”类、“应急指挥中心”类和“主程序”类分别创建对应的构件进行映射。应急预案管理系统的组件图如附图 44 所示。

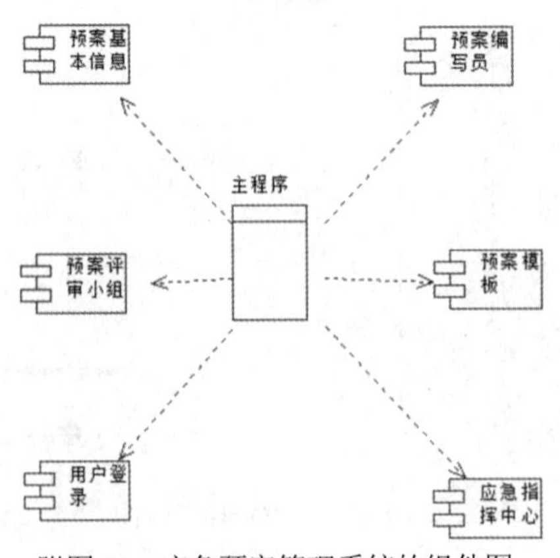

附图 44　应急预案管理系统的组件图

应急预案管理系统的部署图描绘的是系统节点上运行资源的安排，包括3个节点，分别是客户端、Web服务器和数据库服务器节点，创建后的应急预案管理系统部署图如附图45所示。

附图45　应急预案管理系统的部署图

课程实验五　图书馆管理系统

随着科技的发展，计算机科学使人类的生活发生了日新月异的变化，同时网络也给人们的生活带来了很多便利。通过互联网，不仅缩短了人们之间的距离，还使数据信息变得更加透明，例如，我们可以通过互联网搜索、查询各类资讯消息，而图书馆管理系统(library management system，LMS)正是社会发展、时代进步的必然产物。用网络操作来代替员工笔录，用网络查询来代替人工搜索，这样不仅提升了图书馆管理人员的工作效率，也大大降低了人类工作的负荷，还使效率更高、更准确，有利于图书馆的工作和管理，便于用户的使用，使用户查询、搜索、预订等操作都变得更加方便。最重要的是，既提升了准确性，也提升了安全性，用户信息不再登记到厚厚的笔记本上，而是通过计算机注册入库，不容易出错和发生数据丢失现象，图书、用户信息都可以得到很好的保护。

一、需求分析

图书馆管理系统的用户主要有两类：一类是借阅者；另一类是图书管理员。本系统的功能需求分析简述如下。

- 借阅者可以通过网络查询书籍信息和预订书籍。
- 借阅者能够借阅书籍和还书。
- 图书管理员能够处理借阅者的借阅和还书请求。
- 图书管理员可以对系统的数据进行维护，如增加、删除和更新书目，增加、删除和更新借阅者账户，增加和删除书籍。

满足上述需求的系统主要包括以下几个模块。

- 基本数据维护模块。基本数据维护模块提供了使用者录入、修改并维护基本数据的途径，如对借阅者、书籍的各项信息的更新与修改。
- 基本业务模块。基本业务模块主要用于实现用户借书与还书的管理，例如，借阅者可以登录系统预订书籍，图书管理员可以取消书籍的预订，当然还可以进行借书、还书等操作。
- 数据库管理模块。在系统中，所有书籍的信息及借阅者的账户信息都要统一管理，书籍的借阅情况、预订情况也要进行详细的记录，所以要用统一的数据库平台进行管理。
- 信息查询模块。信息查询模块主要用于查询书籍和借阅者的信息。

二、系统建模

在系统建模以前，我们首先需要在 Rational Rose 中创建一个模型，并命名为“图书馆管理系统”。

1. 创建系统用例模型

若要创建系统用例，则需先确定系统的参与者。图书馆管理系统的参与者包括两种：借阅者和图书管理员。

我们根据参与者的不同分别画出各个参与者的用例图。

1) 借阅者用例图

借阅者在本系统中可以进行注册、预订、还书、管理个人信息、管理借阅信息、检索图书的活动，通过这些活动创建的用户用例图如附图 46 所示。

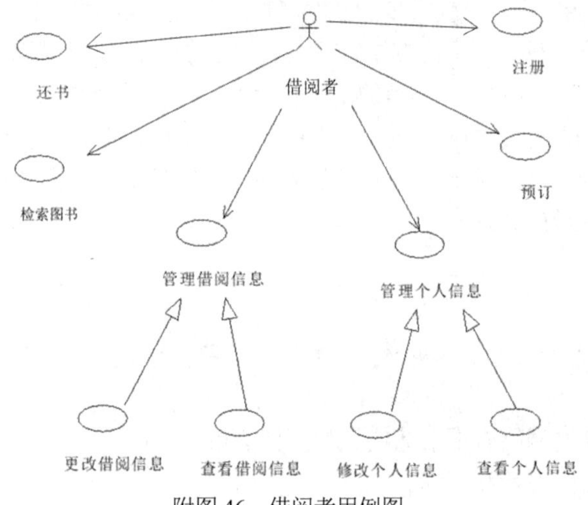

附图 46　借阅者用例图

2) 图书管理员用例图

图书管理员在本系统中可以进行图书管理(包括增加、删除、修改图书)、借阅信息管理(包括增加、删除、修改借阅者信息)、审核借阅申请、审核预约申请、发送逾期及扣费信息等活动，通过这些活动创建的用户用例图如附图 47 所示。

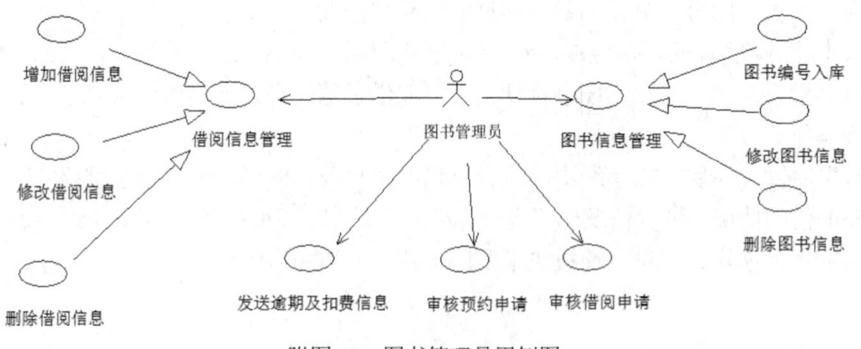

附图 47　图书管理员用例图

2. 创建系统静态模型

从前面的需求分析中，我们可以确定图书馆管理系统中主要的 6 个类对象：“借阅者” 类(Borrower)、“罚款表”类(Fines)、“借书证”类(LibraryCard)、“借阅表”类(BorrowingForm)、“图书信息表”类(BookInfo)和“书目”类(BookType)，创建系统实体类的类图如附图 48 所示。

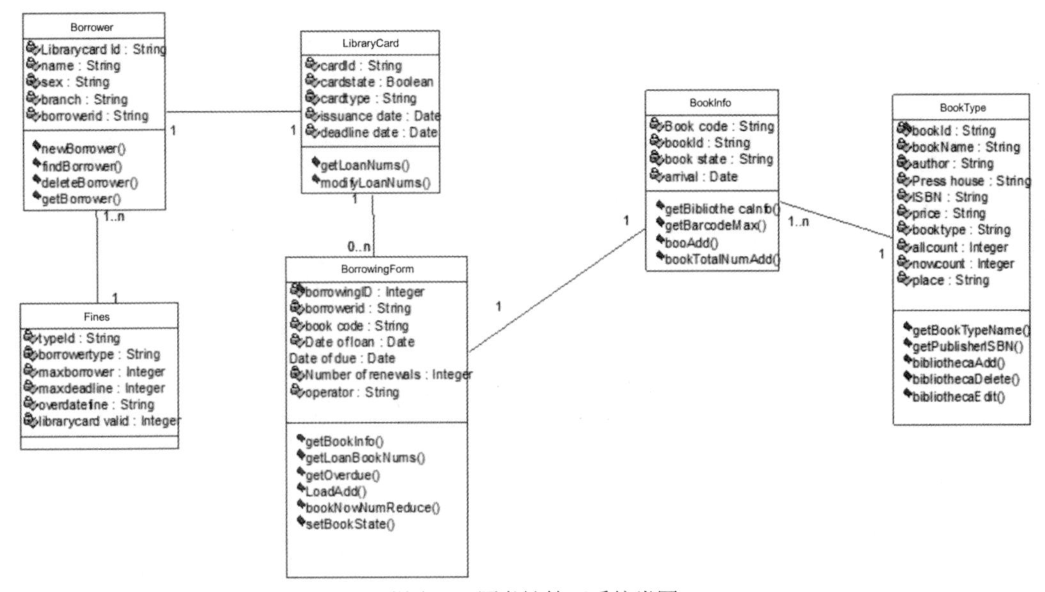

附图 48 图书馆管理系统类图

3. 创建系统动态模型

系统的动态模型可以使用交互作用图、状态图和活动图来描述。

4. 创建顺序图和协作图

借阅者借书用例的活动步骤如下。

(1) 借阅者登录图书馆管理系统，进入借书界面。

(2) 系统记录该借阅者的信息并检查其合法性(判断是否能借书)。

(3) 若不合法，则显示非法信息；若合法，则从图书信息表中读取图书信息并显示出来。

(4) 借阅者选择需要借阅的图书。

(5) 系统记录借书信息并更新借书记录。

(6) 系统显示该读者的借书信息。

根据以上步骤创建的顺序图和协作图如附图 49 和附图 50 所示。

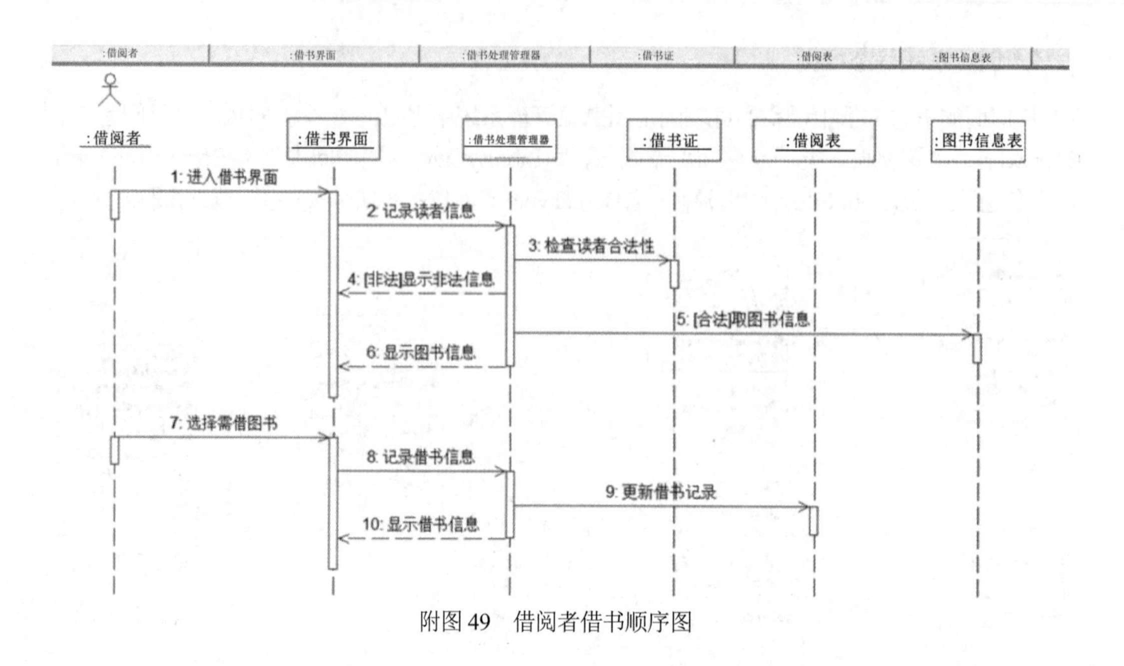

附图 49　借阅者借书顺序图

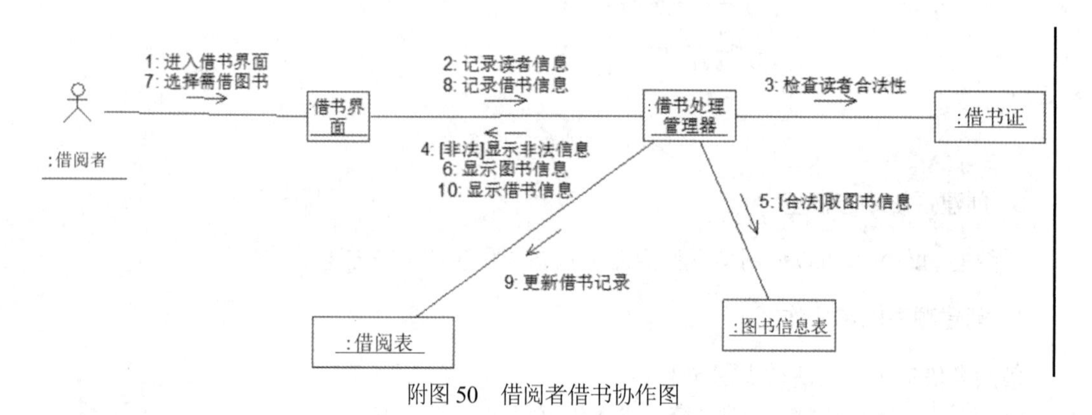

附图 50　借阅者借书协作图

借阅者还书用例的活动步骤如下。

(1) 借阅者登录图书馆管理系统，进入还书界面。

(2) 系统扫描书籍条形码，从系统中读取该图书信息并显示。

(3) 借阅者确认归还此书。

(4) 系统记录还书信息并更新借阅表。

(5) 系统显示还书成功。

(6) 若该书逾期，则显示逾期信息并更新罚款表。

根据以上步骤创建的顺序图和协作图如附图 51 和附图 52 所示。

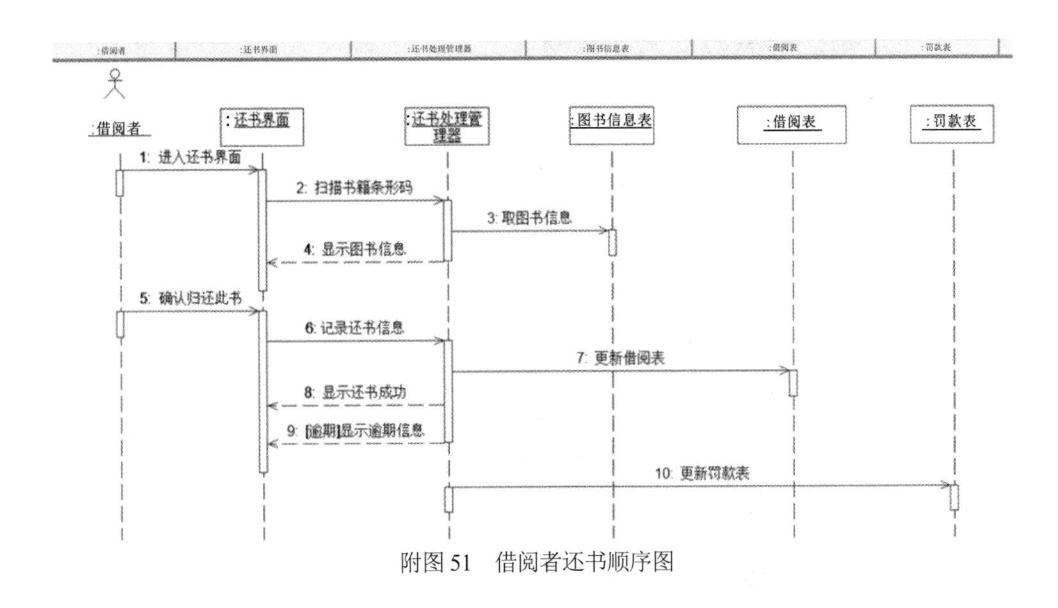

附图 51 借阅者还书顺序图

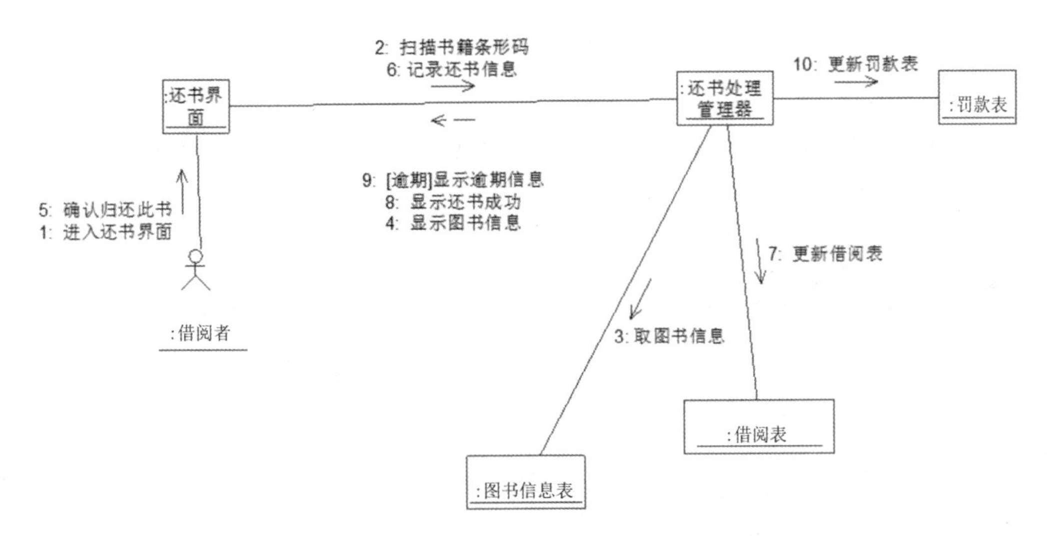

附图 52 借阅者还书协作图

5. 创建活动图

我们还可以利用系统的活动图来描述系统的参与者是如何协同工作的。图书馆管理系统中，根据借阅者预约图书的活动步骤创建活动图如附图 53 所示。

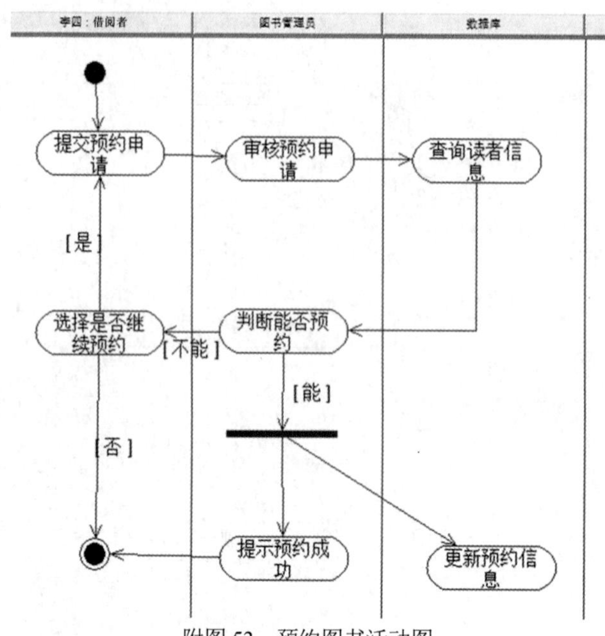

附图 53　预约图书活动图

6. 创建状态图

在图书馆管理系统中，借阅者登录的状态具有典型的意义，根据 UML 状态图的建模方法，其状态图如附图 54 所示。

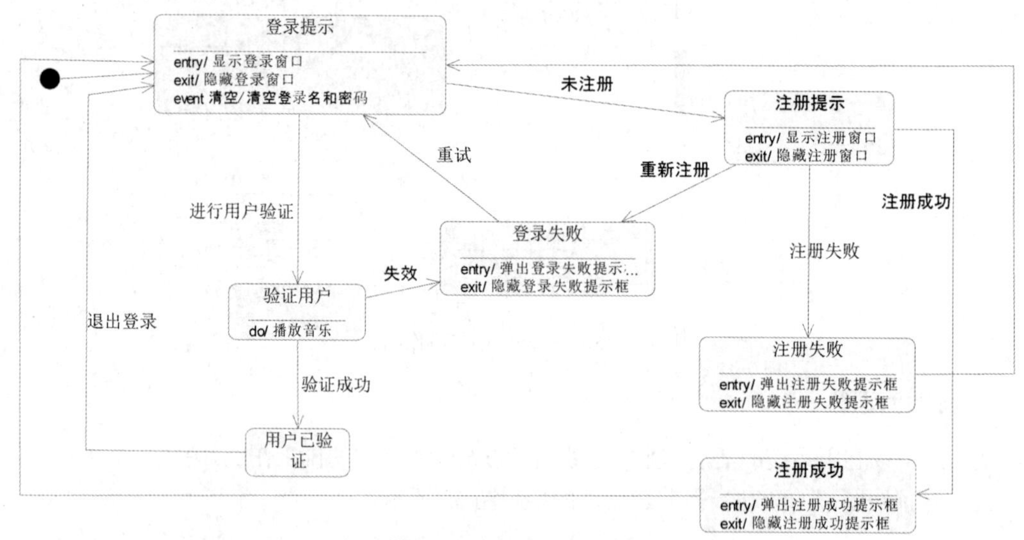

附图 54　借阅者登录状态图

7. 创建系统部署模型

对系统的实现结构进行建模的方式包括两种，即组件图和部署图。图书馆管理系统的组件图通过构件映射到系统的实现类中，说明该构件物理实现的逻辑类在本系统和图书馆管理系统中，可以对“借阅者”构件、“罚款表”构件、“图书管理员”构件、“借阅表”构件、“书目类”构件、“借书证”构件、“借书”构件、“还书”构件分别创建对应的构件进行映射，除此之外，我们还必须有一个主程序构件。图书馆管理系统的组件图如附图55所示。

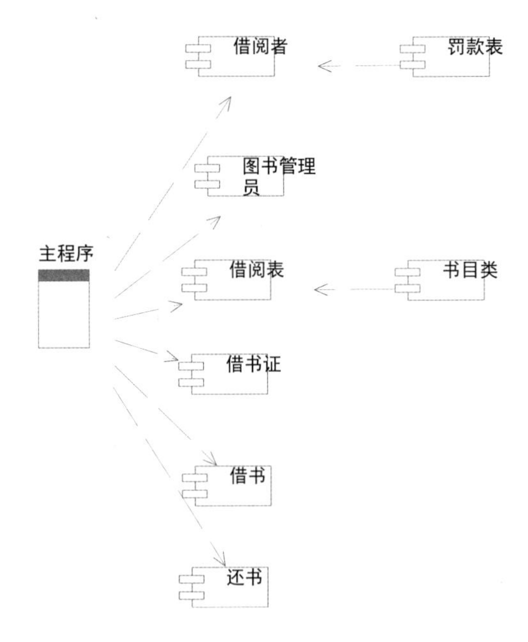

附图55 图书馆管理系统的组件图

图书馆管理系统的部署图描绘的是系统节点上运行资源的安排，包括4个节点，分别是客户端、管理员端、服务器端和数据库节点，创建后的部署图如附图56所示。

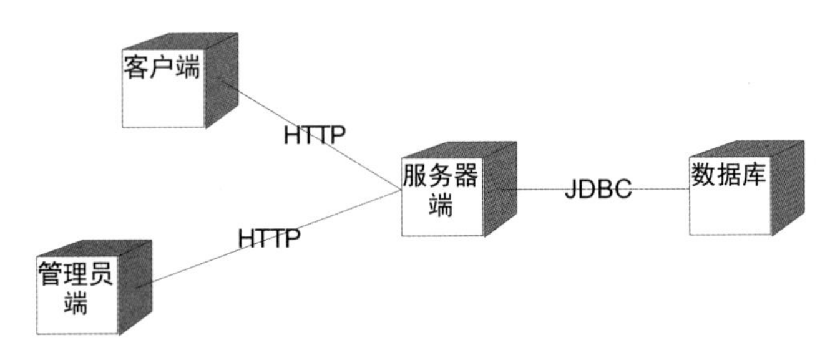

附图56 图书馆管理系统的部署图